教育部哲学社会科学研究重大课题攻关项目（15JZD012）
国家社会科学基金项目（17BJL043）
西安交通大学人文社会科学学术著作出版基金

ANNUAL REPORT OF
ENVIRONMENTAL QUALITY COMPREHENSIVE
EVALUATION IN CHINA

中国环境质量综合评价报告

2018

袁晓玲 杨万平 张跃胜 邸 勍 等◎著

·北 京·

图书在版编目（CIP）数据

中国环境质量综合评价报告. 2018 / 袁晓玲等著.
—北京：中国经济出版社，2019.2
ISBN 978-7-5136-5351-0

Ⅰ. ①中…　Ⅱ. ①袁…　Ⅲ. ①环境质量评价-综合评价-研究报告-中国-2018　Ⅳ. ①X821.2

中国版本图书馆CIP数据核字（2018）第205897号

责任编辑　杨　莹
文字编辑　郑潇伟
责任印制　巢新强
封面设计　任燕飞

出版发行　中国经济出版社
印 刷 者　北京艾普海德印刷有限公司
经 销 者　各地新华书店
开　　本　710mm × 1000mm　1/16
印　　张　19.25
字　　数　313千字
版　　次　2019年2月第1版
印　　次　2019年2月第1次
定　　价　88.00元
广告经营许可证　京西工商广字第8179号

中国经济出版社 **网址** www.economyph.com **社址** 北京市西城区百万庄北街3号 **邮编** 100037
本版图书如存在印装质量问题，请与本社发行中心联系调换（联系电话：010-68330607）

版权所有　盗版必究（举报电话：010-68355416　010-68319282）
国家版权局反盗版举报中心（举报电话：12390）　　服务热线：010-88386794

编委会成员

姓名	职称	职务
任景明	高级工程师	中华人民共和国生态环境部环境评价中心副主任
侯永志	博士	国务院发展研究中心研究员
苏　剑	教授	北京大学国民经济研究中心主任
刘学敏	教授	北京师范大学资源经济与政策研究中心主任
张治河	教授	陕西师范大学陕西省区域创新与改革发展软科学研究基地主任
姚晓军		陕西省大气污染治理办公室主任
王作权	教授	西安市社会科学院院长
徐　楠		西安市人民政府研究室巡视员
李　博		西安市生态环境局副局长
杨新铭	博士	中国社会科学院经济研究所研究员
王朝阳	博士	中国社会科学院财政与贸易经济研究所副研究员
李金铠	教授	河南省高等院校3E（能源—环境—经济）研究中心主任
方　兰	教授	陕西师范大学西北历史环境与经济社会发展研究院副院长
吴忠涛	博士	陕西省生态环境厅宣教处处长

序
PREFACE

中国改革开放40年来经济发展成就显著，但是资源约束问题逐渐凸显，环境承载力接近上限，低效率的要素粗放型发展方式已经难以维持社会经济继续健康稳定向前发展。2017年，党的十九大报告明确指出当前中国经济已由高速增长阶段进入高质量发展阶段，而良好的自然环境是影响经济高质量发展的重要因素，是构建高质量经济体系的必然要求，同样也是新时代人民对美好生活的迫切需求。因此，全面治理环境，提升环境质量就成为了根本之策，这就需要更加科学地认识环境质量，厘清环境质量的现状及演变规律，进而找到提升环境质量的有效办法。众所周知，环境质量评价是正确认识环境质量状况、准确把握环境演变规律的前提，更是分析环境质量影响因素，探索改善环境质量可行路径的基础工作，所以科学地评价环境质量显得尤为重要。基于上述背景，本书在延续此前三版报告研究方法和研究思路的基础上，进一步总结和梳理环境质量评价的现有成果，丰富和完善环境质量的评价方法，从环境污染和环境吸收的双重视角对中国环境质量进行评价与分析，从而为建设“美丽中国”及实现经济高质量发展提供必要的理论和实践支撑。

这一版报告的主要内容仍然以教育部哲学社会科学研究重大课题攻关项目（15JZD012）的研究为支撑，选取化学需氧量、氨氮、二氧化硫、氮氧化物排放总量、烟（粉）尘排放总量、二氧化碳排放量、工业固体废弃物产生量、生活垃圾清运量、化肥使用量和农药使用量10项污染排放指标以及城市绿地面积、平均相对湿度、年降水量、水资源总量、湿地面积和森林面积6项环境吸收因子指标，利用纵横向拉开档次法构建环境污染排放指数、环境吸收因子指数和环境质量综合指数，进而根据指数结果判断全国及各地区的环境质量水平，总结环境质量的变化规律，剖析影响环境质量结果的主要原因。与上一版报告相比，新版报告在以下几个方面进行了拓展研究：一是选取的指标数据分为省级和市级两个层次，尤其将省级数据样本区间拓展为1996—2016年，然后再根据省级各项指数的测算结果，计算合成国家级和8个区域级的各项指数，这样可以更好地总结20年内环境质量的变化规律；二是引入了2005—2016年74个环境重点监测城市的样本，测算了不同城市的各项环境指数，并且对74个城市的环境质量相关问题进行了着重分析，形成了“国家—区域—省级—城市”4个层面研究内容的纵向配置，使得研究内容更加丰富，研究成果更加完整；三是以西安市的大气环境质量为典型案例进行研究，通过污染和吸收两个方面测算了西安市月度空气质量指数和年度空气质量指数，对西安市的大气环境质量进行了规律总结。在此基础上，利用EKC（环境库兹涅茨曲线）原理，选取西安市年度空气质量指数和GDP两个指标分析了环境与经济发展之间的关系，最后分析了影响西安市大气环境质量水平的主要影响因素。这种把社会经济发展和环境质量联系起来的分析模式，可以更好地为当地政府及相关部门了解目前大气环境保护的发展趋势，切实有效地制定大气环境治理政策提供有力支撑，也为我们研究团队下一步努力方向提供了前期探索。

全书由西安交通大学中国环境质量综合评价中心、陕西省经济高质量发展软科学研究基地、西安交通大学中国西部质量科学与技术研究院共同完成。参与编纂和撰写的人员如下：袁晓玲教授担任总编著。第一部分总论的撰写人员是杨万平、张跃胜、邸勍、郭保民。第二部分包含第四章至第十一章的内容，第四章由刘禹恒、李政大负责撰写；第五章由李冬、黄晓洲负责撰写；第六章由张媛媛、张江洋负责撰写；第七章由郭林涛、范玉仙负责撰写；第八章由李晓婧、邓锐负责撰写；第九章由董坤、赵金凯负责撰写；第十章由俞瑞麒、王军、谢慧莹负责撰写；第十一章由赵冰钰、姚进才负责撰写。第三部分包含第十二章至第十四章的内容，第十二章由贺斌、孙少华、张宏娜、任小静负责撰写；第十三章由李浩、李思蕊、班斓、谢慧莹负责撰写；第十四章由李朝鹏、郭嘉悦、白津卉、任小静负责撰写。第四部分由邸勍、刘禹恒、赵锴、郭保民负责撰写。此外，数据收集工作主要由李思蕊、郭嘉悦、杨文韬等完成，图表制作由刘禹恒、孙少华完成，最终由邸勍、刘禹恒进行统稿。在写作过程中，涉及大量的文献搜集和数据处理工作，难免存在错误和疏漏，欢迎各位读者批评指正。

经过研究团队所有成员在过往一年时间里的不懈努力，新一版报告已撰写完毕，出版面世。报告的完成得到了西安交通大学新兴学科项目“开创中国环境质量综合评价指数及相关研究”及西安交通大学人文社科学术著作出版基金的支持与资助。在此，我们诚挚感谢西安交通大学所提供的科研平台、资金支持和学术资源，以及为本报告出版付出努力的所有工作人员。

环境质量综合评价作为一项涉及多学科交叉融合的研究工作，无论是在研究视角、研究方法还是在指标选取方面，均处于不断摸索和完善的阶段，报告的内容存在很多不足之处，期待着社会各界人士提出宝贵意见。在今后的研究工作中，西安交通大学中国环境质量综合评价中心将继续聚焦“环境质量综合评价”这一主题，不断深化研究内容，拓展研究视角，发挥好专业性智库作用。

袁晓玲
2018年12月

目 录
CONTENT

第一部分 总 论

第二部分 八大区域及省级环境质量分析

第三部分　74个国家环境重点监测城市环境质量分析

第一部分　总　论

第一部分的研究内容在全部研究中起到了总领作用。

第一章以改革开放40周年时间节点为背景，梳理了中国40年经济发展与环境质量的关系变化历程，认为经济建设与环境质量发展极不协调，提出了科学评价环境质量并改善环境质量，从而推动经济高质量发展的理念。在此背景下，通过梳理和总结国内外环境评价的研究成果，提出了要以多要素的视角整体看待环境，并基于污染和自净的双重视角界定了环境质量概念。

第二章是在已有的理论基础上对中国环境质量综合评价体系的构建思路、评价步骤以及指标和数据的选取进行详细的解释说明。在指标选取和指数构建方面，选取了污染排放和环境吸收两大类指标，并分别选取省级和市级年度面板数据，通过构建模型计算出环境污染排放指数和环境吸收因子指数，二者又构成环境质量综合指数。最后基于省级指数计算国家级和区域级的各项指数。

第三章集中展示了计算得出的环境污染排放指数、环境吸收因子指数和环境质量综合指数。首先阐述了1996—2016年国家层面的环境质量状况，随后分别对东北、北部沿海、东部沿海、南部沿海、黄河中游、长江中游、西南和西北8个区域1996—2016年的环境质量情况进行了描述性分析，接下来对全国30个省、自治区、直辖市（不包括西藏、台湾、香港和澳门）1996—2016年的环境质量进行了描述性分析，最后针对2005—2016年全国74个环境重点监测城市（除北京、上海、天津、重庆4个直辖市）的评价结果进行阐述和总括分析。

第一章 基础理论阐述

本章是全书研究的理论基础，首先对改革开放以来中国环境质量与经济发展的关系进行梳理，然后对20世纪60年代以来研究环境评价的文献进行研究和总结，进而重新界定了环境质量的概念，最后提出了本书在新时期、新背景下环境质量评价的研究思想。

第一节 中国环境质量与经济发展的关系

改革开放40年来，中国经济发展成就巨大，已经成为世界第二大经济体。然而，长期以规模和数量为目标的发展模式造成污染问题加剧，环境承载力吃紧，自然资源告急。低效率的要素粗放型发展方式已经对自然环境造成了严重破坏，给人民群众的健康和财产带来巨大损失。同时，环境破坏和资源短缺的现状也难以维持可持续发展。

很多发达国家在发展初期都走了“先污染后治理，以资源环境换增长”的道路，这启示我们经济发展与环境质量是对立统一的，需要相互促进，如果不能妥善处理二者关系将会给社会经济发展带来巨大危害。经济发展过程中如果过度排污和浪费资源，人类就会失去优良的生存空间，随之而来的各种自然灾害还会给人类社会造成巨大的经济损失，发展也就失去了原本的意义和初心；相应地，环境质量的损失还将导致人类缺乏资源保障和发展空间。可见，好的环境质量是经济发展的必要条件和根本基础。然而，新中国成立初期由于经济基础薄弱，工业化体系不健全，首要任务是解决温饱问题和改善物质条件，故改革开放初期只能以经济建设为中心，将要素配置到见效快、不确定性小的粗放型项目中去，无暇兼顾环境质量。进入21世纪，中国成为“世界工厂”，低附加值、高耗能、高污染的产业呈现“井喷式”发展，直接导致自然资源不断减少，生态系统不断退化，污染程度不断加剧。虽然国家对环境治理的力度不断增大，但是治理速度赶不上破坏速度，环境问题已成为制约经济发展的一大因素。

21世纪初，党中央高瞻远瞩地提出以全面协调可持续发展为中心的科学发展观。2012年党的十八大又将生态文明建设纳入“五位一体”战略布局。党的十九大报告在面对新时代的发展机遇和挑战时更加突出以人民为中心的发展理念，将“美丽中国”建设上升为建设社会主义强国的高度，提出要从数量型经济发展模式向高质量经济发展模式转变。实现经济高质量发展，意味着要用较少的投入换取较多的产出，要对环境的负面影响越来越小，促使经济建设与环境质量协调共生，从而让人民有更多的获得感、幸福感和安全感，否则发展就不是绿色发展，更不能称之为高质量发展。近年来，习近平总书记也多次强调:“在经济已由高速增长转向高质量发展的阶段，需要跨越一些常规性和非常规性关口，需要把经济社会发展同生态文明建设统筹起来，在发展中保护环境，用良好的环境保证更高质量的发展”。因此，处理好金山银山和绿水青山的关系，构建经济与环境相协调的新型发展模式是实现经济高质量发展的必然要求和重要途径。

第二节　如何从科学、客观的视角来研究中国的环境质量

由于良好的自然环境是影响高质量发展的重要因素，是构建高质量经济体系的必然要求，同样也是新时代人民对美好生活的迫切需求。因此，全面治理环境，提升环境质量就成为了根本之策，这就需要更加科学地认识环境质量，清楚环境质量的现状及演变规律，进而找到环境质量提升的有效办法。所以说环境质量评价就是掌握环境质量现状的根本前提，也是探索环境质量提升路径的基础工作。

一、环境评价研究现状

研究有关环境质量的问题，首先要考虑选取什么指标以及用什么方法

来衡量环境质量。

Green（1966）最早将指数概念应用到了空气污染方面的研究，选取二氧化硫和烟雾两个指标构建了空气污染指数，为环境质量测评奠定了基础。之后，在Green等人的研究基础上，学者们又以二氧化硫（黄滢，2016）、二氧化氮（Merlevede et.al.，2006）、悬浮颗粒物（Akbostanci et.al.，2009）、一氧化碳（Bartz et.al.，2008）、二氧化碳（Huang et.al.，2008；林伯强等，2009）、水污染物（Roca et.al.，2007）、固体废弃物产生量（Song et.al.，2008）等单一污染物作为指标对环境质量进行了衡量。由于单一指标往往不能反映环境的整体质量，因此，部分学者开始基于多指标体系对环境质量进行衡量。如黄菁等（2010）通过工业废水、工业二氧化硫、工业烟尘三个指标来反映环境污染程度，张红凤等（2011）以液体污染排放物、气体污染排放物以及固体污染排放物的数量来分别衡量不同的环境污染要素。但是由于各种污染物相互关联及多种污染物在时空上的叠加，导致污染物在生成、输送、转化过程中产生复合污染作用，对环境系统造成协同性负面影响。

由于孤立的指标很难综合反映环境质量（袁晓玲等，2013），因此，部分学者开始构建综合指标体系对环境质量进行测算，如通过模糊测算法（Li et.al.，2008）、层次分析法（Wang et.al.，2008；张圣兵等，2017）、熵值法（袁晓玲等，2009；陈工等，2016）、主成分法（刘臣辉等，2011；隋玉正等，2013）、因子分析法（朱承亮等，2011；高苇等，2018）、纵横向拉开档次法（杨万平，2010）来构建环境质量综合测算体系。这些方法中，模糊测算法、层次分析法、熵值法虽然过程规范，但支撑计算的权重矩阵和决策偏好信息受人为主观因素影响较大，不能准确反映客观规律。因子分析法和主成分法可以解决这一问题，但是因子分析法本身计算复杂，容易出现错误；主成分法易受研究内容和人为因素制约，经常出现重要成分被遗漏或错选的情况。纵横向拉开档次法相比其他方法能够更好地消除主观因素影响，最大限度地反映客观事实。

二、更加全面科学认识环境质量

环境是指影响人类生存和发展的各种天然和经过人工改造的自然因素的总体（《中华人民共和国环境保护法》）。Michael Common et al.（2012）着眼于自然层面，认为岩石圈、水圈和大气圈三者状态决定环境质量。马红芳（2013）认为，环境质量反映着自然因素本身的优良程度，而自然因素主要由大气、土壤、水体三方面组成。因此，可以界定环境质量是人类生存和社会发展所需的大气、土壤、水体等要素的状态条件。

但是结合以往研究成果可以看出，当前环境质量评价研究均是将环境污染等同于环境质量。依据近些年的研究表明，仅通过污染程度这一单一视角难以全面解释环境质量，而且在国内许多地区，当前的治污投入和环境质量改观程度并未吻合，这也从侧面证明环境质量不只是受环境污染影响。事实上，自然界本身具有天然的物理、化学和生物反应，环境本身也是一个物质与能量交换的复杂系统，能够吸收污染物，对自身起到了净化作用（方淑荣，2011）。以大气为例，通过自身的化学反应、降水淋洗、植被调控等方式，可以实现有效大气净化：以水体为例，通过水体流动和微生物作用可以有效降低水体污染；以土壤为例，生物降解能够明显降低污染物浓度。Fang J.et.al（2018）根据中科院关于中国陆地生态系统固碳能力的强度和空间分布的研究数据，指出2001—2010年期间，陆地生态系统年均固碳抵消了同期化石燃料碳排放的14.1%，效果明显。这力证了环境本身具有的吸收能力，但这是有限的，一旦超过环境极限承载力，环境污染将会加剧。所以，环境质量是污染物经过环境吸收后的结果，环境吸收能够有效降低污染浓度，直接影响环境质量好坏。因此，环境质量不仅同人类活动所产生的污染排放相关，还和生态修复、环境保护、资源减排、产业升级等相关投入密切相关。为提高环境质量研究的科学性、有效性和准确性，研究视角需要综合环境污染和环境吸收两方面。

第二章 中国环境质量综合评价体系构建

本章的主要内容是阐述如何针对中国环境质量，运用适当的数学方法，建立一套综合评价指标体系，进而得出一个客观合理的判断。

第一节 指标选取与指数构建

一、污染排放指标的选取

环境污染排放指标选取大气、土壤和水体三大要素中存在的10种污染物构建污染排放测算体系，具体选取如下：

表1.2.1 污染排放指标选取

序号	分指数	污染受体	子指标	指标单位	省级区间	市级区间	指标属性	污染源
A	污染排放	大气	氮氧化物排放总量	万吨	2006—2016	2005—2016	负向	工业、生活
			二氧化硫排放总量	万吨	1996—2016	2005—2016	负向	工业、生活
			烟（粉）尘排放总量	万吨	1996—2016	2005—2016	负向	工业、生活
			二氧化碳排放量	亿吨	1996—2016	2005—2016	负向	能源消费
		土壤	固体废物产生量	万吨	1996—2016	2005—2016	负向	工业
			生活垃圾清运量	万吨	1996—2016	2005—2016	负向	生活
			化肥施用量	万吨	1996—2016	2005—2016	负向	农业生产
			农药使用量	吨	1996—2016	2005—2016	负向	农业生产
		水体	化学需氧量	万吨	1996—2016	2005—2016	负向	工业、生活
			氨氮排放量	万吨	2004—2016	2005—2016	负向	工业、生活

二、环境吸收因子指标的选取

对于环境吸收因子指标的选取，由于以往的研究几乎很少涉及这一领域，所以依据“谁受污染谁自净”的原则，对照上述的污染指标，选取与大气、水体和土壤等环境要素自净能力有关的指标。具体选取指标如下：

表1.2.2　环境吸收指标选取

序号	分指数	净化受体	子指标	指标单位	省级区间	市级区间	指标属性
B	环境吸收	大气 土壤 水体	城市绿地面积	公顷	1996—2016	2005—2016	正向
			主要城市平均相对湿度	百分率	1996—2016	2005—2016	正向
			年降水量	毫米	1996—2016	2005—2016	正向
			水资源总量	亿立方米	1996—2016	2005—2016	正向
			湿地面积	千公顷	2002—2016	2005—2016	正向
			森林面积	万公顷	2003—2016	2005—2016	正向

三、环境评价指数构建

本书主要计算的环境质量评价指数包括省级和市级两大类，基于省级指数结果再进一步计算出区域级和国家级指数。每一级的指数都包括了三种指数：环境污染排放指数、环境吸收因子指数，环境质量综合指数（由环境污染排放指数与环境吸收因子指数合成）。为了解决不同的省级指标样本区间不一致的矛盾，本书借鉴陈诗一（2012）的动态评估指数构建方法，根据不同的指标数据和样本区间，设定时间跨度相异的子指数，每一套子指数有各自的指标，可以计算相应的子指数值，然后对每一套子指数重复的样本区间进行平均处理，加总成一套时间跨度与样本区间一致的总指数。

环境污染排放指数（下称污染指数），是由10项环境污染指标计算而来，用以衡量环境的污染程度，记为大写字母A。污染指数越高，则说明受污染程度越严重；反之，受污染程度越轻。环境吸收因子指数（下称吸收指数）由六项吸收因子指标计算得来，代表对该区域污染物的吸收能力，是一个百分比的概念，表征对排放的污染物吸收的百分率，百分率越高代表吸收能力越强。为了将环境吸收指数值处理为百分率的形式，采用求和归一的方法处理计算结果，并将结果称为环境吸收因子评价指数，记为大写字母B。环境吸收指数值越高，说明自净能力越强；反之，自净能力越弱。无论是衡量污染排放指数的污染指标，还是表征环境吸收的环境自净指标，指标值均为带有量纲的绝对数值。环境质量综合指数（下称综合指数）是指污染指数与吸收指数经过简单数学计算而得出的综合评价指数。综合指数越大，环境质量越差；反之，环境质量越好。

第二节　数据选取说明

本书省级研究范围覆盖除西藏、台湾、香港和澳门以外的所有省级行政区（以下均称省）构造省级年度面板数据。市级研究范围为74个2012年公布的第一批实施新空气质量标准的城市，数据来源如下：

一、环境污染数据选取

省级指标方面，《中国统计年鉴》提供了各省二氧化硫、烟（粉）尘排放量、生活垃圾清运量、化肥使用量、工业固体废物排放量、氮氧化物排放量、化学需氧量、氨氮排放量。《中国能源统计年鉴》提供了各种能源消费和电力消费的数据，根据它们各自的标准量转换系数和碳排放系数测算出各省的二氧化碳排放量。《中国农村统计年鉴》提供了农药使用量数据。市级方面，数据主要来自各省统计年鉴和Wind数据库。

二、环境吸收数据选取

省级指标数据方面，《中国统计年鉴》提供了各省的城市绿地面积、主要城市平均相对湿度、湿地面积、森林面积、年降水量。水资源总量数据来源于《中国水资源公报》。市级方面，数据主要来自各省统计年鉴和Wind数据库。

第三节　综合评价方法与步骤

在上一节确定如何选取指标、收集数据和构建指数的思路基础上，这一节将阐述具体的评价方法及评价步骤。

一、评价方法的理论基础

（一）评价方法原理

一个完整的综合评价问题需要由五个要素组成，包括评价对象、评价指标、权重系数、集结模型和评价者。

1. 被评价对象

同一类被评价对象的个数要大于1。

2. 评价指标

每一个被评价对象的状态可以用一个向量X表示，向量中的每一个分量均从不同的角度反映被评价对象的现状，所以向量X构成了被评价对象的指标体系。

3. 权重系数

与评价目的相比，评价指标的相对重要性是不同的。一般用权重系数表示评价指标间的相对重要性。比如，以 ω_{j} 代表指标 X_j 的权重系数，则会有 $\omega_{\mathrm{j}} \geq 0(j=1,2,\cdots,\mathrm{m})$，$\sum_{j=1}^{m} \omega_j = 1$。如果被评价对象的评级指标值已经确定，那么，综合评价的结果会在很大程度上依赖权重系数。因此，权重系数的确定是综合评价问题的重要方面。

4. 集结模型

所谓的多指标综合评价，就是通过一定的数学模型将多个指标值合并成一个综合评价值，可以选择“合成”的数学模型很多，关键在于如何根据评价目的和被评价对象的特征选取适当的集结方法。

比如，在获得n个体系的评价指标值 $\{x_{ij}\}$ $(i=1,2\cdots n;j=1,2\cdots m)$ $(i=1,2\cdots n;j=1,2\cdots m)$ 的基础上，如何选取或构造综合评价函数。

$y=f(\omega,x)$ 式中，$\omega=$（$\omega_1, \omega_2 \cdots \omega_3)^T$ 为指标权重向量；$X=(X_1, X_2 \cdots X_{\mathrm{m}})^T$ 为体系的状态向量。根据上式可求出各体系的综合评价值 $y_i=f(\omega,x_i)$，$x_i=(x_{i1},x_{i2}\cdots x_{im})^T$ 为第i个体系的状态向量 $(i=1,2\cdots n)$。

5. 评价者

评价目的的给定、指标的建立、模型的选择、权重系数的确定都与评价者有关。

（二）综合评价函数设置

对于综合评价问题，综合评价函数的设置十分重要，本研究这样定义综合评价函数：

$$y_i\left(t_k\right)=\sum_{j=1}^{m}\omega_j x_{ij}\left(t_k\right) \tag{2-1}$$

其中 $y_i(t_k)$ 为被评价对象在t_k时期的综合评价值；ω_j 是指标权重，$x_{ij}(t_k)$ 是在t_k时期i省或城市的第j个评价指标。

（三）评价指标预处理方法

1. 评价指标类型的一致化

对于研究者选取的指标而言，根据指标的不同类型，可以将指标集合 $X=\left\{X_1,X_2\cdots X_m\right\}$ 分为“极大型”“极小型”和“居中型”三类。如果指标集合中同时存在极大型、极小型和居中型指标，则进行综合评价前必须将评价指标的类型做一致化处理。不然会出现计算的最终综合评价值无法比较的情况，这时可以做如下的一致化处理。

以极小型指标X为例，M代表指标中的一个上界。则

$$x^*=M-X 或 X^*=\frac{1}{X} \tag{2-2}$$

通过式（2-2）就将极小型指标转换为极大型指标。

2. 评价指标的无量纲化

由于指标集合 $X=\left\{X_1,X_2\cdots X_m\right\}$ 中的各项指标会用不同的单位衡量，这会为最终比较综合评价值的大小带来困难，产生不可公度性。为了排除由于各项指标的量纲和数值的数量级间悬殊的差异所带来的影响，提供评价结果的合理性，必须对评价指标作无量纲化处理。

以极大型指标 $X_j(j=1,2\cdots m)$ 的无量纲处理为例，观测值为 $\left\{x_{ij}\mid i=1,2\cdots n;j=1,2\cdots m\right\}$。

（1）标准化处理法，如式（2-3）。

$$X_{ij}^*=\frac{X_{ij}-\overline{X_{ij}}}{S_j} \tag{2-3}$$

式（2-3）中，$\overline{X_j}$ 、$S_j(j=1,2\cdots m)$ 分别为第j项指标观测值的平均值和均方差，X_{ij}^* 为标准观测值。

（2）极值处理法，如式（2–4）。

$$X_{ij}^{*}=\frac{X_{ij}-m_j}{M_j-m_j} \tag{2-4}$$

式（2–4）中，$M_j=\max\left\{X_{ij}\right\}$，$m_j=\min\left\{X_{ij}\right\}$。

（3）线性比例法，如式（2–5）。

$$X_{ij}^{*}=\frac{X_{ij}}{X_j} \tag{2-5}$$

式（2–5）中X_j为一特殊点，一般可取m_j、M_j或$\overline{X_j}$。

（四）指标权重的确定方法

指标权重的确定是综合评价问题的核心，也是关键之处。同样的综合评价问题，指标权重的确定可以分为主观赋权和客观赋权两大类。主观赋权法能够反映评价者的主观选择，但是得出的最终结果难免会受到过于随意的质疑。本报告采用客观赋权的一种方法，即基于“差异驱动”原理的赋权方法，运用比较完善的数学理论和方法，体现客观信息。

1. 拉开档次法

本报告所采用的突出整体差异的赋权方法，为了便于综合评价值的排序，确定权重系数ω_j的原则是：从整体上尽可能体现各被评价对象之间的差异，尽最大可能拉开档次。以极大型指标$X_1,X_2\cdots X_m$的线性函数为例：

$$y=\omega_1x_1+\omega_2x_2+\cdots+\omega_mx_m=\omega^TX \tag{2-6}$$

式（2–6）称为被评价对象的综合评价函数。$\omega=(\omega_1,\omega_2,\cdots,\omega_m)^T$是权重系数向量，$X=(X_1,X_2\cdots X_m)^T$是被评价对象的状态向量。现将第$i$个被评价对象的$m$个观测值$X_{i1},X_{i2}\cdots X_{im}$带入式（2–6）中，可得：

$$y_i=\omega_1X_{i1}+\omega_2X_{i2}+\cdots+\omega_mX_{im},\ i=1,2\cdots n \tag{2-7}$$

记：

$$y=\begin{pmatrix}y_1\\y_2\\\vdots\\y_n\end{pmatrix},\quad A=\begin{pmatrix}X_{11}&X_{12}&\cdots&X_{1m}\\X_{21}&X_{22}&\cdots&X_{2m}\\\vdots&\vdots&&\vdots\\X_{n1}&X_{n2}&\cdots&X_{nm}\end{pmatrix}$$

写成矩阵的形式为：

$$y=A\omega \tag{2-8}$$

根据拉开档次法确权的思路，确定权重系数的原则是最大限度拉开被评价对象之间的差异。用数学的语言表述就是，为了使线性函数 $\omega^T X$ 对 n 个被评价对象取值的分散程度或方差尽可能大。

2. 纵横向拉开档次法

对于时刻 $t_k(k=1,2\cdots N)$，取综合评价函数为：

$$y_i(t_k)=\sum_{j=1}^{m}\omega_j X_{ij}(t_k), k=1,2\cdots N, i=1,2\cdots n$$

确定权重系数 $\omega_j(j=1,2\cdots m)$ 的原则是在时序立体数据表上最大可能地体现各被评价对象之间的差异。而 $s_1,s_2\cdots s_n$ 在时序立体数据表 $\{X_{ij}(t_k)\}$ 上的这种整体差异，可用 $y_i(t_k)$ 的总离差平方和来刻画。

$$\sigma^2=\sum_{k=1}^{N}\sum_{i=1}^{n}(y_i(t_k)-\overline{y^2})$$

由于对原始数据的标准化处理，有 $\bar{y}=\frac{1}{N}\sum_{k=1}^{n}(\frac{1}{n}\sum_{i=1}^{n}\sum_{j=1}^{m}\omega_j x_{ij}(t_k))=0$

从而有：

$$\sigma^2=\sum_{k=1}^{N}\sum_{i=1}^{n}(y_i(t_k)-\overline{y^2})\ \sum_{k=1}^{N}\sum_{i=1}^{n}(y_i(t_k))^2=\sum_{k=1}^{N}[\omega^T H_k\omega]=\omega^T\sum_{k=1}^{N}H_k\omega=\omega^T H\omega \tag{2-9}$$

式（2-9）中，$\omega=(\omega_1,\omega_2\cdots\omega_m)^T$；$H=\sum_{k=1}^{N}H_k$ 为 $m\times m$ 阶对称矩阵；而 $H_k=A_k^T A_k$，$k=1,2\cdots,N$，且

$$A_k=\begin{pmatrix} x_{11}(t_k) & \cdots & x_{1m}(t_k) \\ \cdots & & \cdots \\ x_{n1}(t_k) & \cdots & x_{nm}(t_k) \end{pmatrix}, k=1,2\cdots N \tag{2-10}$$

可证明如下结论：

（1）若限定 $\omega^T\omega=1$，当取 ω 为矩阵 H 的最大特征值 $\lambda_{\max}(H)$ 所对应的特征向量时，σ^2 取最大值。且有 $\omega^T H\omega=\lambda_{\max}(H)$。

（2）当 $H_k>0(k=1,2\cdots N)$ 时，在时刻 t_k 处，分别应用横向拉开档次法和纵横向拉开档次法所得到的关于被评价对象 S_i 的排序是相同的。

二、综合评价步骤

根据本书的具体研究内容，选用纵横向拉开档次法确定权重，采用线性比例法进行数据预处理，具体评价步骤如下：

（一）指标数据的标准化

为了最大限度地反映现实情况，排除由于指标的量纲和数量级的巨大悬殊产生的不可公度性问题，首先需要对原始指标数据进行无量纲化处理。设 $\{x_{ij}(t_k)\}$ 表示样本 i 的第 j 个指标在 t_k 时刻的数值 $(i=1,2\cdots m; j=1,2\cdots m; k=1,2\cdots m)$ 可得：

$$x_{ij}^*(t_k)=x_{ij}(t_k)/m_j(t_k) \tag{2-10}$$

式（2-10）中，$x_{ij}^*(t_k)$ 为标准化后的值；i 代表省份或城市；j 为指标；$x_{ij}(t_k)$ 为原始指标值；$m_j(t_k)$ 为第 j 个指标的最小值。

（二）计算实对称矩阵 H_k

$H_k=A_k^T A_k(k=1,2\cdots N)$ 并且

$$A_k=\begin{pmatrix} x_{11}(t_k) & \dots & x_{1m}(t_k) \\ \dots & & \dots \\ x_{n1}(t_k) & \dots & x_{nm}(t_k) \end{pmatrix},\quad k=1,2\cdots N \tag{2-11}$$

（三）求解实对称矩阵 H 的最大特征值及相应的标准特征向量 λ'

其中，$H=\sum_{k=1}^{N} H_k$ 为 $m\times m$ 阶对称矩阵，$(k=1,2\cdots N)$ （2-12）

（四）计算权重 ω_j

对标准特征向量 λ' 进行归一化处理以确定组合权向量 ω_j。

（五）计算环境污染排放指数和环境吸收因子指数 $P_i(t_k)$

$$P_i(t_k)=\sum_{j=1}^{n}\omega_j x^*{}_{ij}(t_k), k=1,2\cdots N; i=1,2\cdots m \tag{2-13}$$

P_i（t_k）代表了环境污染排放指数值和环境吸收因子指数值。式（2-13）中，P_i（t_k）为第 i 个评价对象 t_k 年的指数值；ω_j 为第 j 个指标的权重值，这个公式用来计算环境污染排放指数、环境吸收因子指数。

（六）计算环境质量综合指数——EQI

在计算得出环境污染排放指数与环境吸收因子指数之后，在两个结果

的基础之上，通过式（2-14）计算得出环境质量综合指数，如下：

环境质量综合指数=环境污染排放指数×（1-环境吸收因子指数），进而表示为：$EQI_i(t_k)=A_i(t_k)\times(1-B_i(t_k))$ （2-14）

式（2-14）中，$EQI_i(t_k)$ 表示第 i 个评价对象 t_k 年的环境质量综合指数，$A_i(t_k)$ 表示第 i 个评价对象 t_k 年的环境污染排放指数，$B_i(t_k)$ 为第 i 个评价对象 t_k 年的环境吸收因子指数。

第三章　中国环境质量综合评价结果

这一章的主要内容是对计算得出的各项环境指数进行集中阐述，并进行全局性分析。本书的国家级、区域级和省级结果区间为1996—2016年，市级结果区间为2005—2016年。然后对中国各区域、各省域的环境质量的现状进行阐述，具体研究结果如下：

第一节　全国整体环境质量综合评价结果

首先是全国整体环境质量的评价结果（如表1.3.1所示）。

从全国层面看，污染程度处于持续恶化的趋势，1996—2015年的20年间，污染指数从44.52上升为137.65。尤其是2000年以后，环境污染速度加快，直到2016年出现回转，这可能与近年来的严格治理有关，但是没有实现根本性扭转。吸收指数方面，全国的吸收能力持续波动，无法趋于稳定，形势不容乐观。因此，基于污染指数和吸收指数计算得出的综合指数来看，环境质量较差。

第二节　八大区域环境质量评价结果

在这一节，本书借鉴国务院发展研究中心发展战略和区域经济研究部的课题报告《中国（大陆）区域社会经济发展特征分析》提出的划分中国（大陆）区域的一种新方法。这种方法把中国分为八大区域，即东北、北

表1.3.1 全国环境指数值

指数＼年份	1996	1997	1998	1999	2000	2001	2002	2003	2004	2005	2006	2007	2008	2009	2010	2011	2012	2013	2014	2015	2016	均值
污染指数	44.52	42.15	75.16	70.14	70.43	69.51	67.7	70.76	72.06	77.12	78.22	79.85	79.41	79.6	82.91	94.44	94.27	92.81	128.08	137.65	96.91	81.13
吸收指数	2.32	1.88	2.4	2.1	2.62	1.78	1.9	2.72	2.43	2.76	2.35	2.77	2.43	2.82	2.68	2.99	2.45	2.46	2.77	2.31	2.34	2.4
综合指数	42.92	40.67	72.34	67.58	67.68	66.72	65.02	67.89	69.24	74.15	75.19	76.82	76.34	76.61	79.8	90.94	90.77	89.37	123.5	132.76	93.38	78.08

表1.3.2 八大区域环境污染指数值

区域＼年份	1996	1997	1998	1999	2000	2001	2002	2003	2004	2005	2006	2007	2008	2009	2010	2011	2012	2013	2014	2015	2016	均值	排名
东北	53.47	52.15	85.63	84.12	83.31	80.57	75.32	75.13	73.73	85.05	88.54	89.47	88.38	90.02	89.88	101.14	98.19	94.18	175.97	186.68	91.58	92.50	5
北部沿海	67.05	64.11	102.10	86.16	82.30	78.11	75.94	77.21	82.29	84.42	83.85	86.73	85.88	87.02	96.18	110.09	108.09	104.34	159.25	167.93	115.36	95.45	6
东部沿海	46.15	43.44	85.49	76.51	75.02	79.50	77.18	79.79	80.68	88.71	87.97	86.40	83.99	81.81	81.81	86.54	85.64	84.36	100.56	114.83	96.10	82.02	4
南部沿海	28.99	26.56	60.74	58.15	60.69	67.74	60.61	64.13	62.78	69.50	69.05	70.28	70.69	70.11	71.01	81.56	84.31	83.24	106.53	110.42	78.03	69.29	2
黄河中游	47.60	48.32	83.84	81.13	75.29	73.88	74.38	79.65	83.21	91.61	93.10	96.64	96.96	95.76	103.77	122.47	123.78	121.48	165.98	186.35	129.37	98.79	8
长江中游	50.79	44.58	84.06	82.81	83.71	82.78	84.12	88.52	90.37	92.82	94.89	97.31	97.55	98.27	99.61	109.57	108.34	107.73	145.43	154.12	114.35	95.80	7
西南	48.81	43.32	79.18	73.58	81.24	76.12	75.09	79.25	79.69	80.89	83.11	83.99	82.94	83.56	85.37	91.05	90.22	89.69	107.47	111.29	88.47	81.64	3
西北	13.56	15.55	27.63	26.82	27.59	26.98	26.24	28.38	29.30	33.15	33.86	35.70	36.31	36.16	39.77	54.59	56.40	57.43	73.43	81.65	60.36	39.09	1

表1.3.3　八大区域环境吸收指数值

年份/区域	1996	1997	1998	1999	2000	2001	2002	2003	2004	2005	2006	2007	2008	2009	2010	2011	2012	2013	2014	2015	2016	均值	排名
东北	2.42	1.88	2.14	1.48	1.64	1.75	1.64	2.81	2.98	3.03	2.88	2.68	2.39	3.12	3.23	2.99	3.02	3.87	2.76	2.57	2.63	2.57	4
北部沿海	0.81	0.35	0.57	0.36	0.48	0.45	0.27	0.82	0.78	0.71	0.56	0.75	0.70	0.73	0.62	0.86	0.72	0.71	0.53	0.56	0.61	0.62	8
东部沿海	2.27	1.96	1.93	2.35	2.09	1.88	2.20	1.75	1.56	2.02	1.99	2.11	1.81	2.12	2.18	2.10	2.30	1.78	2.16	2.58	2.40	2.07	5
南部沿海	5.84	6.42	4.18	4.31	4.93	5.93	4.76	3.80	3.57	4.64	5.76	4.44	5.01	4.45	4.86	4.45	4.76	4.99	4.45	4.42	5.46	4.83	3
黄河中游	2.00	1.02	1.92	1.00	1.61	0.98	1.03	2.44	2.26	2.23	1.99	2.13	1.93	2.24	2.07	2.61	1.94	2.40	2.16	2.05	1.78	1.89	7
长江中游	6.79	5.42	6.36	6.28	5.31	4.69	6.74	5.65	4.88	4.81	5.06	4.75	4.80	4.68	5.50	4.34	5.12	4.37	5.09	5.46	5.79	5.33	2
西南	4.39	7.15	6.72	7.40	7.38	7.78	6.92	6.43	7.20	6.29	5.99	6.76	7.09	6.30	5.74	6.19	6.13	6.04	6.63	6.36	5.76	6.51	1
西北	1.94	1.42	1.52	1.79	1.82	1.81	1.70	1.97	2.01	2.17	1.91	2.04	1.79	2.24	2.01	2.50	2.00	2.00	1.95	1.84	1.72	1.91	6

表1.3.4　八大区域环境综合指数值

年份/区域	1996	1997	1998	1999	2000	2001	2002	2003	2004	2005	2006	2007	2008	2009	2010	2011	2012	2013	2014	2015	2016	均值	排名
东北	52.20	51.22	83.86	82.96	82.08	79.22	74.18	73.09	71.58	82.62	86.17	87.24	86.41	87.49	87.12	98.35	95.33	90.86	171.13	182.06	89.36	90.22	5
北部沿海	66.19	63.71	101.12	85.65	81.65	77.53	75.62	76.13	81.26	83.44	83.11	85.68	84.92	85.99	95.23	108.58	106.85	103.16	157.90	166.45	114.23	94.49	7
东部沿海	45.02	42.52	83.57	74.49	73.20	77.89	75.34	78.12	79.31	86.69	86.02	84.31	82.29	79.87	79.89	84.35	83.44	82.66	98.09	111.41	93.39	80.09	4
南部沿海	26.70	24.11	57.25	54.80	56.78	62.02	56.49	60.64	59.61	65.10	63.44	66.00	65.69	65.98	66.51	76.63	78.84	77.52	100.27	103.54	72.34	64.77	2
黄河中游	46.58	47.83	82.44	80.42	73.93	73.20	73.61	77.82	81.52	89.69	91.39	94.67	95.21	93.76	101.69	119.48	121.47	118.76	162.39	182.42	127.05	96.92	8
长江中游	47.42	42.30	78.77	77.66	79.18	78.84	78.24	83.36	85.67	88.17	89.89	92.52	92.73	93.56	94.09	104.82	102.83	103.04	138.06	145.80	107.79	90.70	6
西南	43.27	34.68	66.98	61.49	63.17	62.12	61.75	63.22	62.43	62.44	65.52	66.13	65.55	67.04	70.16	83.89	82.87	83.04	97.91	102.27	82.57	68.98	3
西北	10.70	13.11	20.44	19.47	20.71	20.14	19.18	21.54	21.54	25.43	26.18	27.99	28.67	29.37	32.79	49.13	51.71	52.80	66.78	74.22	56.59	32.79	1

部沿海、东部沿海、南部沿海、黄河中游、长江中游、西南和西北地区。东北地区包括辽宁省、吉林省、黑龙江省；北部沿海地区包括北京市、天津市、河北省、山东省；东部沿海地区包括上海市、江苏省、浙江省；南部沿海地区包括福建省、广东省、海南省；黄河中游地区包括陕西省、山西省、河南省、内蒙古自治区；长江中游地区包括湖北省、湖南省、江西省、安徽省；西南地区包括云南省、贵州省、四川省、重庆市、广西壮族自治区；西北地区包括甘肃省、青海省、宁夏回族自治区、新疆维吾尔自治区。

污染指数方面，八大区域的污染指数值大体呈现增长趋势，这也反映出20年间全国范围污染程度都有所增加。在八大区域，西北地区环境受污染程度最低，其次是南部沿海地区受污染程度较低。西南地区、东北地区、东部沿海地区保持在中游水平。黄河中游地区污染最严重，始终排名第八。污染最严重的黄河中游地区每年的指数值都是西北地区的2倍多，东北地区和北部沿海地区的污染指数也经常超过100，是西北地区的近2倍，污染形势不容乐观。

吸收指数方面，西南地区自净能力最强，20年平均水平排名第一，这也反映出西南地区森林面积、湿地面积较大，降水较多，原始自然生态环境保护较好；长江中游地区水网众多，自净能力也比较好；而大西北地区较为干旱，雨水很少，自净能力较弱；自净能力最差的是北部沿海地区，始终排名第八，并且变化趋势非常不稳定。从全国的整体水平来看，自净能力总体保持增强的趋势。

综合指数方面，全国各区域环境质量恶化的趋势没有得到根本性扭转。在八大区域中西北地区环境质量最好。南部沿海地区和西南地区次之，但两个区域的指数值很接近；东部沿海地区和东北地区环境质量基本属于中游水平；长江中游、北部沿海和黄河中游地区环境质量基本分列最后三位。由此看出，我国不仅地理距离大的区域环境质量差异大，地理位置临近的区域环境质量差异也不小，如环境质量最差的黄河中游地区的总量指数是环境质量基本都是最好的西部地区指数的2倍多，北部沿海虽与东部沿海相邻，但其总量指数是东部沿海的3倍多。

第三节 省级环境质量评价结果

省级环境指数一直以来是中国环境质量综合评价的核心内容，接下来对全国30个省、自治区、直辖市（除西藏、香港、澳门、台湾）的三项环境指数进行分析。

通过表1.3.5中的污染指数值和排名可以看出：在30个省级行政区中，海南省环境污染指数最小，受污染程度最低；常年排名前五位的省级行政区主要有海南、北京、天津、宁夏、青海等。北京、天津等特大城市主要是污染管控和治理过程较为严格，而宁夏、青海均属于经济发展相对落后地区，地广人稀污染较轻。河北省环境质量指数最大，始终排在最后一位，环境污染程度最严重。此外，常年排名比较靠后的省级行政区分别主要是河北、辽宁、河南、广东、山东等，这些省份多是自然条件恶劣，钢铁、煤炭、造纸等行业是它们的主要支柱产业。

通过表1.3.6的吸收指数值和排名可以看出：在30个省级行政区中，四川省的吸收指数递增非常明显，自净能力逐年增强，年均水平排在第一位。20年来排名前五位的省级行政区分别是四川、云南、广西、广东、湖南，仅西南地区就占了三席，这也凸显自净能力强的省份降水量高、水网密集、森林面积较大。天津市的环境吸收指数最小，自净能力最低；排名后五位的省级行政区分别是天津、宁夏、北京、河北和山西。全国的吸收能力整体呈现“南高北低”的态势。

通过表1.3.7中的绝对总量指数值与排名可以看出：20年间全国的环境质量总体呈现恶化趋势，在30个省级行政区中，从1996—2016年，海南省环境质量指数最小，环境质量最好。平均水平排名在前五位的省级行政区分别是海南、北京、天津、青海、宁夏。这五个省级行政区中，有两个是直辖市，自然条件并不是最好的，但是环境质量名列前茅，充分说明城市发展的方式非常得当，环境治理工作非常扎实。海南是因为海岛的气候条件，并且没有较大规模的工业产业，宁夏也是因为工业产业发展较为落后。山东省环境质量指数最大，环境质量最差。排名靠后的省级行政区主要是山东、河北、辽宁、河南和江苏。这些省份常年环境治理政策落实不

表1.3.5 省级污染指数结果

省份＼年份	1996	1997	1998	1999	2000	2001	2002	2003	2004	2005	2006	2007	2008	2009	2010	2011	2012	2013	2014	2015	2016	均值	排名
北京	16.27	14.77	27.68	25.14	25.96	24.68	22.48	20.89	20.82	19.08	18.67	18.10	16.91	17.07	16.97	17.58	17.24	16.31	22.45	24.22	16.74	20.00	2
天津	11.32	13.22	28.89	21.48	24.94	16.33	15.75	18.60	19.11	22.01	21.87	21.45	21.44	21.75	22.95	21.58	21.54	20.44	30.90	35.57	25.09	21.72	3
河北	73.75	70.46	145.06	135.20	123.89	122.61	120.64	123.06	151.19	150.65	145.52	159.56	157.32	161.16	192.35	235.17	234.60	226.05	305.53	303.09	219.97	169.37	29
山西	40.05	40.41	102.19	89.96	79.01	77.90	81.48	92.35	97.31	102.51	103.44	107.63	112.61	105.09	116.01	148.05	152.10	155.89	173.83	193.19	160.67	111.03	22
内蒙古	35.14	39.56	50.20	43.98	44.53	46.49	44.88	55.60	60.12	74.45	77.92	84.53	83.11	88.00	106.02	129.35	132.15	116.91	185.10	220.69	146.86	88.84	18
辽宁	75.10	71.90	121.05	118.25	115.70	112.63	104.17	100.10	97.07	119.74	127.55	132.05	131.97	134.29	133.80	163.49	158.88	152.70	239.90	266.16	144.33	134.33	28
吉林	40.01	38.13	58.21	58.70	61.96	55.52	49.83	51.85	51.73	59.66	61.36	60.00	58.51	59.39	60.48	58.17	54.16	52.37	101.57	108.97	50.68	59.58	11
黑龙江	45.31	46.43	77.63	75.42	72.26	73.58	71.97	73.44	72.40	75.74	76.72	76.37	74.67	76.37	75.37	81.76	81.54	77.45	186.44	184.90	79.74	83.60	17
上海	23.73	20.43	47.88	45.13	42.68	41.99	44.02	45.26	40.67	42.97	42.46	42.01	40.10	37.25	36.02	34.29	32.85	31.83	35.21	38.12	32.31	37.96	6
江苏	76.54	67.20	113.98	101.57	98.82	118.36	108.71	115.10	123.34	141.00	139.38	135.45	132.10	130.23	132.01	136.63	138.00	137.36	167.19	195.88	169.47	127.54	25
浙江	38.19	42.68	94.61	82.83	83.58	78.14	78.82	79.00	78.02	82.16	82.08	81.73	79.77	77.96	77.40	88.72	86.07	83.88	99.29	110.49	86.53	80.57	15
安徽	52.32	48.18	77.54	73.73	69.32	67.90	67.56	70.73	71.83	74.96	77.90	81.78	86.96	89.02	90.93	111.40	112.31	111.45	147.67	163.36	125.60	89.16	19
福建	28.25	23.26	46.55	48.10	48.66	56.87	50.58	54.83	56.00	61.83	62.60	64.27	65.96	69.30	73.67	67.63	81.01	82.64	89.45	96.08	72.13	61.89	13
江西	37.45	30.95	63.77	62.06	66.98	65.66	68.53	74.34	79.50	81.69	83.66	86.48	85.80	87.10	89.14	103.08	101.36	102.20	122.11	129.82	120.04	82.94	16
山东	166.86	157.99	206.77	162.81	154.42	148.83	144.87	146.30	138.05	145.93	149.33	147.80	147.87	148.09	152.44	166.03	158.98	154.55	278.12	308.84	199.66	170.69	30
河南	91.20	89.03	128.08	136.13	124.06	118.47	118.34	116.59	117.16	127.73	128.81	130.38	127.57	129.46	128.39	141.30	140.66	142.41	211.08	226.93	139.49	133.96	27
湖北	56.80	52.09	98.26	100.38	101.49	96.17	96.33	94.16	92.03	93.30	96.35	95.99	95.42	96.28	100.85	107.69	107.04	105.94	150.17	153.22	107.14	99.86	20
湖南	56.58	47.12	96.65	95.08	97.04	101.39	104.08	114.85	118.12	121.34	121.65	124.99	122.01	120.67	117.50	116.10	112.66	111.32	161.76	170.06	104.64	111.22	23
广东	52.55	51.60	124.83	115.91	122.93	137.62	122.62	128.64	121.00	135.08	132.52	134.02	132.72	126.77	125.77	162.99	157.87	152.70	200.19	210.35	148.18	133.18	26
广西	65.50	66.77	105.94	99.73	128.71	108.45	109.60	122.32	125.48	133.88	135.33	132.42	130.23	128.31	126.17	92.92	94.56	92.02	113.44	117.65	89.91	110.44	21
海南	6.18	4.83	10.84	10.42	10.47	8.73	8.63	8.91	11.34	11.60	12.04	12.56	13.40	14.25	13.59	14.07	14.05	14.39	29.95	24.83	13.79	12.80	1

续表

年份 省份	1996	1997	1998	1999	2000	2001	2002	2003	2004	2005	2006	2007	2008	2009	2010	2011	2012	2013	2014	2015	2016	均值	排名
重庆	51.84	21.00	37.50	45.74	41.58	39.62	40.27	41.10	41.41	42.09	40.92	41.26	41.27	41.90	41.72	47.23	45.56	44.60	55.41	61.38	45.36	43.27	8
四川	64.03	62.74	129.97	105.68	139.01	138.84	131.41	134.71	129.74	122.26	124.83	126.59	122.34	120.17	128.69	132.51	131.99	132.24	181.63	184.11	134.22	127.51	24
贵州	27.00	25.88	60.98	53.53	47.68	44.21	44.79	49.25	51.09	51.98	54.87	55.81	54.13	59.24	60.27	63.65	64.42	65.04	70.10	75.47	71.36	54.80	10
云南	35.70	40.21	61.52	63.21	49.18	49.47	49.40	48.90	50.72	54.24	59.62	63.89	66.70	68.17	70.02	118.92	114.58	114.54	116.77	117.86	101.50	72.15	14
陕西	23.99	24.30	54.91	54.43	53.56	52.64	52.81	54.06	58.27	61.75	62.23	64.00	64.55	60.50	64.69	71.17	70.21	70.72	93.93	104.60	70.45	61.32	12
甘肃	16.30	16.56	27.77	26.20	26.06	22.98	25.58	30.35	30.22	33.34	33.49	35.55	36.11	36.09	39.14	58.43	58.68	55.85	70.17	74.51	50.67	38.29	7
青海	2.58	2.70	7.11	6.26	6.13	6.06	5.83	6.26	7.71	11.20	12.07	13.59	14.36	14.53	17.15	52.79	53.97	54.53	56.99	67.47	63.10	22.97	5
宁夏	7.26	10.13	14.33	15.08	23.33	23.93	16.75	17.34	12.80	20.52	20.23	20.89	20.59	20.56	24.97	29.58	27.65	28.51	38.99	43.73	35.09	22.49	4
新疆	17.66	24.08	34.06	32.13	28.88	29.27	30.21	33.91	37.49	38.94	41.31	44.49	45.94	49.13	52.91	60.97	71.50	77.53	107.07	117.95	82.51	50.38	9

表1.3.6　省级吸收指数结果

年份 省份	1996	1997	1998	1999	2000	2001	2002	2003	2004	2005	2006	2007	2008	2009	2010	2011	2012	2013	2014	2015	2016	均值	排名
北京	0.23	0.11	0.15	0.08	0.10	0.12	0.13	0.16	0.19	0.17	0.19	0.19	0.21	0.22	0.18	0.25	0.24	0.21	0.21	0.23	0.23	0.18	28
天津	0.11	0.03	0.05	0.02	0.02	0.04	0.03	0.07	0.09	0.07	0.07	0.07	0.09	0.09	0.06	0.10	0.14	0.12	0.08	0.08	0.10	0.07	30
河北	1.53	0.51	0.65	0.48	0.65	0.52	0.41	0.99	1.08	0.87	0.85	0.90	0.99	1.09	0.89	1.22	1.22	1.10	0.89	0.94	1.06	0.90	25
山西	0.75	0.33	0.34	0.30	0.37	0.32	0.34	0.71	0.65	0.53	0.60	0.66	0.56	0.61	0.52	0.79	0.58	0.73	0.70	0.61	0.67	0.56	26
内蒙古	3.10	1.92	3.96	1.85	1.61	1.51	1.35	3.51	4.34	3.79	3.97	3.57	3.73	4.23	3.49	4.60	3.96	5.71	4.47	4.29	3.53	3.45	13
辽宁	2.08	1.06	1.43	0.83	0.66	1.18	0.70	1.39	1.82	1.88	1.61	1.63	1.54	1.34	2.40	1.89	2.31	2.19	1.17	1.22	1.55	1.52	21
吉林	1.79	1.05	1.54	1.25	1.55	1.42	1.55	2.01	2.21	2.69	2.18	2.16	1.98	2.01	2.80	2.17	2.18	2.77	1.85	1.85	2.10	1.96	17
黑龙江	3.40	3.55	3.44	2.35	2.72	2.66	2.68	5.04	4.90	4.52	4.86	4.23	3.66	6.00	4.49	4.91	4.58	6.66	5.27	4.64	4.23	4.23	8
上海	0.16	0.13	0.15	0.32	0.15	0.21	0.22	0.09	0.14	0.12	0.15	0.17	0.17	0.30	0.24	0.25	0.24	0.23	0.30	0.35	0.30	0.21	27

续表

省份＼年份	1996	1997	1998	1999	2000	2001	2002	2003	2004	2005	2006	2007	2008	2009	2010	2011	2012	2013	2014	2015	2016	均值	排名
江苏	2.13	1.13	1.77	1.80	1.93	1.27	1.29	2.45	1.14	1.88	1.78	2.15	1.62	1.87	1.49	2.34	1.52	1.37	1.75	2.26	2.51	1.78	19
浙江	4.50	4.63	3.88	4.93	4.20	4.15	5.09	2.70	3.40	4.07	4.04	4.02	3.63	4.19	4.82	3.71	5.13	3.73	4.44	5.14	4.39	4.23	9
安徽	4.82	2.11	3.55	4.32	2.82	2.12	3.43	4.28	2.43	2.82	2.60	3.09	2.84	3.19	3.17	2.85	2.59	2.36	3.05	3.36	3.93	3.13	14
福建	5.65	6.30	5.39	5.12	5.66	5.80	4.95	3.74	3.77	5.56	6.88	4.88	4.44	3.88	5.71	3.98	5.44	4.56	4.90	5.04	6.69	5.16	7
江西	8.89	7.97	8.68	7.84	6.30	6.70	8.15	5.91	5.24	6.11	7.10	5.23	5.72	5.47	7.77	5.24	7.68	5.63	6.45	7.35	7.17	6.79	6
山东	1.37	0.78	1.43	0.85	1.16	1.12	0.51	2.08	1.76	1.75	1.12	1.84	1.52	1.54	1.34	1.87	1.29	1.41	0.94	0.97	1.07	1.32	23
河南	2.51	0.97	1.98	0.88	2.92	0.99	1.36	2.77	1.98	2.22	1.56	2.10	1.64	1.68	1.99	1.76	1.23	1.14	1.38	1.34	1.36	1.70	20
湖北	3.81	3.33	4.90	4.60	4.43	2.70	4.83	5.03	4.32	3.74	2.98	4.38	4.16	3.78	4.40	3.70	3.14	3.34	3.83	4.00	4.92	4.02	11
湖南	9.66	8.27	8.33	8.36	7.67	7.23	10.55	7.41	7.55	6.59	7.54	6.32	6.49	6.30	6.65	5.55	7.09	6.15	7.02	7.11	7.12	7.38	5
广东	9.82	11.24	6.31	6.40	7.13	9.95	7.95	6.45	6.04	7.13	9.36	7.13	8.91	7.43	7.22	7.24	7.49	8.60	6.97	7.41	8.12	7.82	4
广西	9.74	10.31	8.30	7.82	6.92	10.64	9.77	7.75	7.54	6.87	8.11	6.32	8.97	6.97	6.70	6.79	7.70	8.01	8.03	9.08	7.38	8.08	3
海南	2.05	1.71	0.86	1.42	1.99	2.05	1.38	1.21	0.89	1.22	1.04	1.30	1.68	2.03	1.65	2.14	1.35	1.82	1.47	0.82	1.56	1.51	22
重庆	1.11	1.85	2.68	2.63	2.59	1.47	2.25	2.33	2.43	1.93	1.63	2.68	2.21	2.04	1.70	2.38	1.79	1.89	2.50	1.81	2.03	2.09	16
四川	4.87	8.74	10.46	11.03	11.51	11.24	8.53	10.83	11.43	11.46	8.62	10.25	10.21	10.57	9.34	10.72	10.58	9.73	10.25	8.78	8.18	9.87	1
贵州	5.00	5.29	3.72	5.06	5.27	4.28	4.61	3.72	4.43	3.28	3.51	4.40	4.40	4.02	3.41	3.12	3.57	3.13	4.67	4.30	3.61	4.13	10
云南	1.23	9.58	8.43	10.47	10.59	11.26	9.46	7.54	10.18	7.89	8.10	10.14	9.67	7.92	7.55	7.93	6.99	7.44	7.69	7.83	7.60	8.36	2
陕西	1.67	0.85	1.39	0.98	1.54	1.08	1.06	2.74	2.06	2.38	1.82	2.20	1.80	2.45	2.27	3.29	1.98	2.03	2.08	1.94	1.58	1.87	18
甘肃	0.93	0.67	0.71	0.94	0.82	0.87	0.64	1.15	1.07	1.25	1.05	1.22	1.00	1.35	1.12	1.54	1.31	1.41	1.22	1.06	0.96	1.06	24
青海	2.71	2.06	2.12	2.82	2.65	2.54	2.33	2.35	2.82	3.33	2.51	2.86	2.66	3.72	2.57	3.27	3.12	2.57	3.13	2.35	2.16	2.70	15
宁夏	0.07	0.03	0.04	0.04	0.03	0.05	0.06	0.07	0.10	0.08	0.10	0.10	0.10	0.11	0.10	0.12	0.11	0.12	0.12	0.11	0.11	0.09	29
新疆	4.32	3.50	3.36	4.17	4.04	4.51	4.41	3.53	3.99	3.79	4.09	3.80	3.38	3.59	4.00	4.28	3.47	3.86	3.18	3.70	3.78	3.85	12

表1.3.7　省级综合指数结果

省份 \ 年份	1996	1997	1998	1999	2000	2001	2002	2003	2004	2005	2006	2007	2008	2009	2010	2011	2012	2013	2014	2015	2016	均值	排名
北京	16.24	14.75	27.64	25.12	25.94	24.65	22.45	20.86	20.78	19.05	18.64	18.06	16.88	17.03	16.94	17.54	17.20	16.27	22.40	24.17	16.70	19.97	2
天津	11.31	13.22	28.88	21.47	24.93	16.32	15.74	18.58	19.09	22.00	21.85	21.44	21.42	21.73	22.94	21.56	21.51	20.41	30.87	35.54	25.06	21.71	3
河北	72.63	70.11	144.12	134.56	123.08	121.97	120.15	121.84	149.56	149.35	144.28	158.12	155.76	159.41	190.64	232.31	231.75	223.57	302.81	300.24	217.63	167.80	29
山西	39.75	40.28	101.84	89.69	78.72	77.65	81.20	91.69	96.68	101.97	102.82	106.92	111.98	104.45	115.41	146.87	151.21	154.75	172.62	192.01	159.60	110.39	23
内蒙古	34.05	38.80	48.21	43.17	43.82	45.79	44.27	53.65	57.51	71.63	74.83	81.52	80.01	84.27	102.32	123.40	126.91	110.23	176.83	211.22	141.68	85.43	18
辽宁	73.54	71.14	119.32	117.27	114.93	111.31	103.44	98.71	95.30	117.49	125.50	129.89	129.94	132.49	130.58	160.40	155.21	149.36	237.09	262.92	142.10	132.28	28
吉林	39.29	37.73	57.31	57.97	61.00	54.73	49.05	50.81	50.58	58.06	60.02	58.70	57.35	58.19	58.78	56.91	52.98	50.92	99.69	106.95	49.61	58.41	11
黑龙江	43.77	44.79	74.96	73.65	70.30	71.62	70.04	69.74	68.85	72.31	72.99	73.14	71.93	71.79	71.99	77.74	77.80	72.30	176.62	176.31	76.36	79.95	17
上海	23.69	20.40	47.81	44.99	42.61	41.91	43.92	45.22	40.61	42.92	42.40	41.94	40.03	37.13	35.94	34.20	32.78	31.75	35.11	37.98	32.22	37.88	7
江苏	74.90	66.44	111.96	99.73	96.91	116.85	107.30	112.28	121.94	138.35	136.91	132.53	129.96	127.80	130.05	133.43	135.91	135.48	164.27	191.45	165.21	125.22	26
浙江	36.47	40.70	90.94	78.75	80.07	74.90	74.81	76.87	75.37	78.81	78.77	78.44	76.88	74.69	73.68	85.42	81.65	80.75	94.88	104.81	82.72	77.16	15
安徽	49.79	47.17	74.78	70.55	67.37	66.46	65.25	67.71	70.09	72.84	75.88	79.25	84.49	86.18	88.05	108.23	109.40	108.82	143.17	157.88	120.66	86.38	19
福建	26.65	21.79	44.04	45.64	45.91	53.58	48.08	52.78	53.89	58.39	58.30	61.13	63.03	66.61	69.46	64.94	76.60	78.87	85.08	91.24	67.30	58.73	12
江西	34.12	28.48	58.24	57.20	62.76	61.27	62.95	69.95	75.33	76.70	77.72	81.96	80.90	82.33	82.21	97.69	93.58	96.45	114.24	120.28	111.43	77.42	16
山东	164.58	156.76	203.83	161.44	152.64	147.16	144.14	143.26	135.61	143.38	147.65	145.08	145.62	145.81	150.40	162.92	156.93	152.37	275.50	305.85	197.52	168.50	30

续表

省份＼年份	1996	1997	1998	1999	2000	2001	2002	2003	2004	2005	2006	2007	2008	2009	2010	2011	2012	2013	2014	2015	2016	均值	排名
河南	88.92	88.17	125.55	134.93	120.43	117.30	116.73	113.35	114.84	124.89	126.80	127.64	125.47	127.29	125.84	138.81	138.93	140.79	208.16	223.88	137.60	131.73	27
湖北	54.64	50.35	93.45	95.76	96.99	93.57	91.68	89.43	88.05	89.81	93.47	91.78	91.45	92.64	96.41	103.71	103.68	102.40	144.42	147.10	101.87	95.84	20
湖南	51.11	43.22	88.60	87.13	89.59	94.06	93.09	106.34	109.21	113.34	112.47	117.09	114.09	113.07	109.69	109.65	104.67	104.48	150.41	157.97	97.19	103.17	22
广东	47.39	45.80	116.96	108.49	114.17	123.92	112.87	120.34	113.70	125.44	120.12	124.47	120.89	117.36	116.69	151.19	146.05	139.57	186.23	194.76	136.14	122.98	25
广西	59.11	59.89	97.14	91.93	119.80	96.91	98.89	112.84	116.03	124.69	124.36	124.05	118.54	119.36	117.72	86.61	87.28	84.65	104.33	106.97	83.28	101.64	21
海南	6.05	4.75	10.74	10.27	10.26	8.56	8.51	8.80	11.24	11.46	11.91	12.40	13.17	13.96	13.37	13.77	13.86	14.12	29.51	24.63	13.57	12.62	1
重庆	51.26	20.61	36.50	44.54	40.51	39.04	39.36	40.14	40.41	41.28	40.26	40.15	40.36	41.04	41.01	46.10	44.75	43.76	54.02	60.27	44.44	42.37	8
四川	60.91	57.26	116.37	94.02	123.02	123.24	120.20	120.12	114.92	108.24	114.07	113.62	109.85	107.47	116.67	118.31	118.02	119.38	163.00	167.95	123.24	114.76	24
贵州	25.65	24.51	58.72	50.82	45.17	42.32	42.73	47.42	48.82	50.27	52.95	53.35	51.75	56.86	58.22	61.67	62.13	63.01	66.83	72.23	68.79	52.58	10
云南	35.26	36.35	56.33	56.59	43.97	43.90	44.72	45.21	45.55	49.96	54.79	57.41	60.26	62.77	64.74	109.49	106.57	106.03	107.80	108.63	93.79	66.20	14
陕西	23.59	24.09	54.15	53.89	52.73	52.08	52.24	52.58	57.07	60.28	61.09	62.59	63.39	59.02	63.22	68.83	68.82	69.28	91.98	102.57	69.34	60.14	13
甘肃	16.15	16.45	27.57	25.95	25.85	22.78	25.42	30.00	29.89	32.93	33.13	35.11	35.74	35.61	38.70	57.53	57.91	55.06	69.31	73.72	50.18	37.86	6
青海	2.51	2.64	6.96	6.08	5.97	5.90	5.69	6.11	7.49	10.83	11.76	13.20	13.98	13.99	16.71	51.06	52.29	53.13	55.21	65.88	61.73	22.34	4
宁夏	7.25	10.12	14.32	15.07	23.32	23.92	16.74	17.32	12.79	20.51	20.21	20.86	20.57	20.53	24.95	29.54	27.62	28.47	38.95	43.68	35.05	22.47	5
新疆	16.90	23.24	32.92	30.79	27.72	27.95	28.88	32.72	35.99	37.47	39.62	42.80	44.39	47.36	50.79	58.36	69.02	74.54	103.66	113.59	79.39	48.48	9

到位，钢铁、煤炭、造纸等行业是它们的主要支柱产业，发展模式思路亟待转变，产业结构急需转型升级。

第四节　74个环境重点监测城市环境质量评价结果

城市是污染集聚的主要地方，也是增强吸收能力的主要突破口，因此在这一版报告中，选取74个环境重点监测城市（2012年按照《环境空气质量标准》（GB3095—2012）第一批实施新空气质量标准的城市）的样本进行环境指数测算和相应研究。

在分析74个环境重点监测城市的环境质量时，我们将北京、上海、天津、重庆四个直辖市纳入城市分析框架，与其他城市放入统一评价体系进行比较。

通过表1.3.8中的污染指数值和排名可以看出：在74个环境重点监测城市中，污染指数均值排名前五位的城市分别为拉萨、海口、舟山、丽水和厦门，这些城市的环境污染程度较低；污染指数均值排名后五位的城市分别为天津、上海、唐山、重庆。拉萨、海口、舟山、丽水等城市的污染指数较低，主要原因在于这些城市经济发展水平相对落后、没有重工业作为产业支撑，厦门经济发展总量虽然较高，但是主要依靠轻工业和服务业支持经济发展，因此，这些城市的环境污染指数较低。而污染指数较高的天津、苏州、上海、唐山、重庆等城市多是人口密集、经济发展较快的大城市，这些城市多数处于工业发展的中后期，前期以环境换增长的经济发展模式导致这些城市面临严重的环境污染。

通过表1.3.9的吸收指数值和排名可以看出：在74个环境重点监测城市中，吸收指数均值排名前五位的城市分别为昆明、重庆、贵阳、南宁和成都。这主要是因为这些城市都处于我国秦岭以南，年降水量较多，水网密集、森林面积较大，具有天然的地理位置优越禀赋，因此，自净能力较强，吸收能力较强。排名后五位的城市分别是嘉兴、西安、银川、西宁与沧州。这主要是因为这些城市多数处于中国西部地区，降水量稀少、森林植被覆盖率较低，因此，吸收能力较差。从全国城市吸收能力指数的总体情况来看，全国的吸收能力整体呈现“南高北低”的态势。

表1.3.8 市级污染指数结果

城市\年份	2005	2006	2007	2008	2009	2010	2011	2012	2013	2014	2015	2016	均值	排名
北京	198.02	211.31	221.50	166.13	169.22	194.98	166.13	158.12	147.84	135.47	120.13	81.47	164.19	66
上海	486.03	482.78	478.32	467.12	410.57	424.75	382.28	354.36	335.13	299.12	271.98	156.30	379.06	72
天津	197.87	196.85	220.90	215.60	228.63	252.28	321.13	304.85	288.42	267.49	234.26	135.28	238.63	70
重庆	390.98	435.15	438.49	415.23	414.29	450.91	479.05	457.51	440.71	431.01	396.25	265.34	417.91	74
石家庄	108.82	195.05	191.04	150.12	144.91	178.61	220.34	204.25	205.88	176.20	142.90	135.75	171.16	67
唐山	278.75	345.07	404.17	401.96	396.30	410.76	462.88	451.80	429.89	405.97	381.33	364.65	394.46	73
秦皇岛	54.04	56.05	60.54	57.06	59.50	74.81	91.41	125.27	84.75	86.06	62.38	53.69	72.13	40
邯郸	152.55	152.40	276.61	165.66	169.19	179.60	242.19	227.07	219.11	200.42	171.81	157.84	192.87	69
邢台	104.47	107.11	107.67	96.18	98.45	102.97	136.21	134.87	135.24	146.32	105.17	111.70	115.53	56
保定	63.30	64.36	73.71	61.12	55.95	64.16	78.40	89.05	56.13	48.11	41.24	41.47	61.42	25
张家口	105.96	101.30	108.42	106.25	99.70	97.71	114.66	110.39	105.03	103.89	90.46	89.52	102.77	52
承德	76.69	72.07	84.81	84.86	74.26	79.42	107.19	113.32	97.18	86.71	70.47	69.57	84.71	44
沧州	101.12	107.80	111.96	86.53	86.47	102.42	158.75	145.62	141.59	135.58	118.81	129.50	118.84	58
廊坊	77.84	72.88	77.93	69.88	65.61	69.20	102.75	103.23	102.49	104.75	94.87	95.71	86.43	45
衡水	78.74	70.31	63.19	54.66	51.22	53.82	67.76	67.20	63.94	61.73	55.95	56.20	62.06	28
太原	122.09	115.47	113.73	116.19	108.85	128.29	155.93	155.55	129.87	124.83	111.18	108.73	124.23	60
呼和浩特	125.61	127.73	116.30	101.11	95.63	117.31	162.25	149.62	126.03	112.30	95.58	87.95	118.12	57
沈阳	53.69	61.94	87.44	89.13	102.54	105.32	93.55	98.43	108.60	106.68	88.94	94.30	90.88	46
大连	122.95	123.71	90.29	100.15	102.97	100.73	121.27	125.46	105.77	101.50	93.13	96.60	107.04	54
长春	61.46	61.96	65.94	65.90	72.22	127.92	95.56	94.06	90.78	91.44	84.10	95.95	83.94	43
哈尔滨	71.52	74.53	83.16	94.76	94.90	95.29	114.53	151.60	105.82	109.50	95.58	101.55	99.40	50
南京	154.41	151.62	146.91	149.21	147.84	159.86	159.15	137.66	129.74	126.57	115.03	110.09	140.67	64
无锡	196.27	193.12	221.85	179.87	178.90	162.61	138.84	126.34	116.20	110.23	101.33	99.55	152.09	65
徐州	129.34	111.81	103.59	118.33	109.20	165.10	169.77	180.44	158.94	140.77	109.22	108.27	133.73	61
常州	52.53	54.61	65.01	54.95	56.57	46.04	78.29	72.26	68.27	64.12	63.18	63.19	61.58	26

续表

城市＼年份	2005	2006	2007	2008	2009	2010	2011	2012	2013	2014	2015	2016	均值	排名
苏州	289.77	280.45	299.51	290.76	259.98	336.21	237.41	219.78	200.25	193.79	170.42	171.43	245.81	71
南通	63.27	61.68	59.58	61.85	70.95	77.15	70.70	70.66	60.53	61.19	54.63	54.45	63.89	31
连云港	44.00	45.29	46.96	48.78	48.38	61.69	42.99	43.42	42.40	45.17	43.19	42.78	46.25	15
淮安	44.30	40.89	45.37	44.08	48.41	48.47	50.83	57.57	56.62	57.05	51.52	51.21	49.69	17
盐城	58.96	59.34	60.01	55.75	60.46	63.92	66.85	75.89	75.76	75.07	64.85	64.13	65.08	33
扬州	78.30	76.73	75.77	71.77	70.99	59.49	70.66	63.36	59.90	52.57	47.19	46.36	64.42	32
镇江	65.68	64.34	65.00	58.83	60.78	63.27	75.18	77.08	71.93	70.61	56.18	54.26	65.26	35
泰州	52.33	51.23	54.41	60.90	64.35	65.33	68.70	73.19	65.74	68.52	59.43	59.02	61.93	27
宿迁	30.14	29.45	28.90	34.44	33.00	37.67	41.99	44.21	41.86	43.24	37.21	37.01	36.59	10
杭州	112.79	111.66	113.07	101.04	108.04	115.79	92.32	84.29	78.34	76.88	67.26	63.72	93.77	47
宁波	152.86	154.84	185.90	160.70	189.91	224.24	225.04	209.16	192.17	154.93	130.67	129.04	175.79	68
温州	72.62	70.58	68.31	66.94	65.71	66.85	48.67	43.64	37.52	38.76	36.33	35.54	54.29	19
绍兴	74.64	74.44	71.46	60.30	62.15	54.93	51.51	53.63	51.14	52.89	50.10	49.35	58.88	23
湖州	73.34	73.29	87.95	78.41	96.10	94.13	55.46	51.95	46.07	47.12	44.94	44.40	66.10	36
嘉兴	73.15	79.36	84.21	79.54	82.62	75.31	80.40	72.81	69.58	70.70	59.70	59.37	73.90	41
金华	51.08	53.28	57.76	53.62	57.50	58.23	62.48	56.07	53.87	52.60	46.49	48.14	54.26	18
衢州	29.51	28.75	28.67	28.75	31.40	28.73	35.63	31.48	31.36	36.35	33.13	32.13	31.32	8
台州	70.11	70.62	79.13	63.72	62.58	64.44	70.52	60.34	57.93	54.42	45.38	45.50	62.06	28
丽水	21.17	21.12	21.80	19.78	22.06	25.07	29.65	25.52	24.06	24.06	25.58	23.46	23.61	4
舟山	20.82	19.68	22.66	20.59	21.98	23.06	21.36	19.70	19.88	18.27	16.75	19.41	20.35	3
合肥	31.60	33.02	28.14	26.68	29.50	52.56	93.84	91.54	80.86	76.52	67.42	62.94	56.22	21
福州	66.20	66.53	67.85	63.17	72.71	113.68	102.66	89.81	82.00	79.05	70.87	68.43	78.58	42
厦门	46.76	47.09	34.74	36.58	35.50	45.06	19.57	16.48	15.74	13.00	14.58	14.62	28.31	5
南昌	45.73	46.77	46.15	45.38	39.13	53.30	31.65	32.39	28.25	26.14	22.17	20.92	36.50	9
济南	84.31	84.35	88.75	95.24	96.53	97.67	111.59	106.63	95.42	91.59	89.35	89.85	94.27	48

续表

城市＼年份	2005	2006	2007	2008	2009	2010	2011	2012	2013	2014	2015	2016	均值	排名
青岛	114.89	111.01	103.98	103.01	106.52	97.41	95.02	95.83	84.37	79.15	80.41	80.34	95.99	49
郑州	144.12	139.50	169.70	140.32	131.50	146.35	159.80	155.69	139.85	123.28	108.36	108.59	138.92	62
武汉	180.49	179.27	171.81	171.91	166.43	155.68	129.10	122.05	110.20	105.35	94.80	93.58	140.05	63
长沙	69.67	66.07	71.78	76.43	71.25	77.22	44.28	44.79	39.23	37.78	34.63	34.76	55.66	20
广州	153.05	146.49	163.00	181.16	95.63	91.60	77.49	65.51	64.56	59.62	49.14	49.80	99.75	51
深圳	37.53	37.33	58.34	45.55	39.19	28.30	27.69	24.61	15.78	13.49	10.33	13.48	29.30	6
珠海	27.23	24.89	63.40	71.71	66.99	72.31	48.55	45.14	37.14	38.27	27.62	26.88	45.84	14
佛山	128.94	123.38	145.46	150.62	132.88	133.46	126.47	126.37	112.05	106.12	95.32	93.26	122.86	59
肇庆	23.67	20.80	28.51	31.04	29.35	31.99	32.40	34.01	32.46	31.97	29.67	29.23	29.59	7
江门	40.24	39.04	50.21	50.94	44.88	44.48	48.67	47.33	43.37	39.45	35.02	35.32	43.25	13
惠州	31.70	32.52	40.30	45.96	42.88	43.57	45.34	46.85	43.97	41.76	37.20	37.30	40.78	11
东莞	127.56	115.71	127.39	130.44	109.07	109.16	119.09	114.10	106.81	99.85	85.61	84.21	110.75	55
中山	43.70	42.53	50.54	55.32	51.38	52.58	46.71	49.17	44.57	41.93	39.74	37.90	46.34	16
南宁	49.70	48.54	48.70	48.84	49.69	52.79	32.96	38.71	40.22	41.03	31.78	31.36	42.86	12
海口	1.53	1.54	10.62	10.88	12.34	13.52	0.86	0.88	0.89	0.94	1.13	1.38	4.71	2
成都	85.85	81.00	78.75	93.82	90.06	61.81	61.95	63.36	53.83	54.61	42.79	44.00	67.65	37
贵阳	117.16	90.43	71.06	73.41	76.16	77.82	61.81	53.55	57.41	56.35	53.98	55.96	70.43	39
昆明	53.22	53.59	60.47	54.45	53.03	56.02	82.55	81.21	87.51	70.84	64.92	64.72	65.21	34
拉萨	1.57	1.65	1.43	0.91	0.85	0.37	5.22	5.75	5.55	5.79	7.04	7.23	3.61	1
西安	69.77	69.89	71.38	74.35	74.94	72.64	69.15	63.65	54.12	51.23	40.55	38.57	62.52	30
兰州	51.78	57.53	58.48	58.31	63.70	71.80	92.55	87.75	85.56	77.64	64.62	58.60	69.03	38
西宁	51.26	51.03	54.44	56.69	55.40	66.69	63.06	64.20	65.72	63.12	54.71	51.98	58.19	22
银川	52.45	52.03	54.94	20.98	30.79	35.28	74.66	90.94	91.28	74.41	70.05	70.24	59.84	24
乌鲁木齐	94.19	100.24	106.12	106.34	100.20	126.04	126.19	129.77	112.77	97.38	74.80	71.29	103.78	53

表1.3.9　市级吸收指数结果

城市＼年份	2005	2006	2007	2008	2009	2010	2011	2012	2013	2014	2015	2016	均值	排名
北京	0.71	0.66	0.84	1.05	1.57	1.09	1.36	1.37	0.98	0.97	0.97	0.98	1.04	21
上海	0.83	0.80	0.79	0.75	0.85	0.45	0.41	0.41	0.43	0.44	0.44	0.45	0.59	54
天津	1.03	0.95	0.96	1.04	1.04	1.24	0.32	0.29	0.30	0.30	0.30	0.31	0.67	44
重庆	3.36	3.54	3.46	4.92	4.48	4.51	4.60	4.49	4.94	4.97	4.83	4.90	4.42	2
石家庄	1.19	1.17	1.23	1.17	1.18	1.27	1.28	1.30	1.04	1.08	1.06	1.06	1.17	15
唐山	1.54	1.42	1.54	1.22	0.95	0.96	1.01	1.00	1.00	1.02	1.07	1.03	1.15	17
秦皇岛	0.12	0.10	0.12	0.13	0.16	0.20	0.21	1.03	1.10	1.28	1.35	1.61	0.62	51
邯郸	0.60	0.63	0.83	0.88	0.86	0.92	0.91	0.95	0.98	1.02	0.94	1.14	0.89	31
邢台	0.75	0.69	0.67	0.61	0.55	0.60	0.61	0.69	0.69	0.68	0.70	0.55	0.65	47
保定	0.34	0.36	0.54	0.61	0.63	0.64	0.66	0.62	0.56	0.59	0.62	0.63	0.57	58
张家口	0.63	0.63	0.69	0.70	0.61	0.60	0.64	0.41	0.60	0.54	0.42	0.60	0.59	54
承德	0.54	0.50	0.43	0.41	0.31	0.38	0.36	0.40	0.37	0.45	0.51	0.65	0.44	62
沧州	0.14	0.13	0.13	0.14	0.06	0.17	0.13	0.10	0.13	0.21	0.23	0.24	0.15	74
廊坊	1.30	1.25	1.40	1.48	0.43	0.51	0.49	0.61	0.64	0.59	0.75	0.64	0.84	35
衡水	0.81	0.78	0.84	0.80	0.75	0.80	0.76	0.76	0.94	0.75	0.79	0.82	0.80	38
太原	1.07	0.97	0.98	1.01	1.19	0.86	0.82	0.63	0.63	0.68	0.69	0.69	0.85	34
呼和浩特	0.34	0.10	0.15	0.82	0.46	0.11	0.13	0.41	0.15	0.18	0.94	0.80	0.38	64
沈阳	0.42	0.39	0.33	0.88	0.67	0.59	0.59	0.91	0.61	0.74	1.11	0.94	0.68	43
大连	0.42	0.27	0.43	0.72	0.53	0.54	0.60	0.82	0.53	1.10	1.12	0.98	0.67	44
长春	0.37	1.37	1.06	1.19	0.82	0.99	0.92	1.13	1.25	1.07	0.94	0.82	1.00	26
哈尔滨	0.48	0.82	0.84	0.80	0.73	0.74	0.74	1.33	1.17	1.10	1.00	0.89	0.89	31
南京	0.46	0.46	0.48	0.47	0.63	0.83	0.85	0.80	0.66	0.66	0.65	0.68	0.64	48
无锡	0.28	0.27	0.28	0.29	0.57	0.88	0.90	0.86	0.70	0.69	0.67	0.68	0.59	54
徐州	0.50	0.47	0.50	0.65	0.61	0.74	0.75	0.69	0.66	0.73	0.69	0.62	0.63	49
常州	0.48	0.52	0.59	0.56	0.52	0.50	0.52	0.51	0.49	0.49	0.49	0.52	0.51	60

续表

城市\年份	2005	2006	2007	2008	2009	2010	2011	2012	2013	2014	2015	2016	均值	排名
苏州	0.33	0.30	0.29	0.32	1.06	1.05	1.05	0.94	0.89	0.96	0.96	0.95	0.76	41
南通	0.27	0.29	0.32	0.32	0.69	0.69	0.71	0.73	0.72	0.70	0.78	0.82	0.59	54
连云港	1.56	1.40	1.29	1.12	0.93	0.93	0.96	0.87	0.87	0.74	0.73	0.74	1.01	24
淮安	0.94	0.96	1.06	1.07	1.04	1.05	1.08	1.06	1.03	1.08	1.07	1.08	1.04	21
盐城	0.55	0.61	0.72	0.77	0.85	0.85	0.88	0.87	0.88	1.03	0.96	0.96	0.83	36
扬州	0.24	0.24	0.25	0.25	0.69	0.69	0.71	0.68	0.56	0.70	0.70	0.98	0.56	59
镇江	0.24	0.19	0.27	0.24	1.08	1.08	1.11	1.09	1.16	1.12	1.11	1.11	0.82	37
泰州	0.18	0.18	0.21	0.21	0.91	0.91	0.93	0.83	0.82	0.90	0.89	0.90	0.66	46
宿迁	1.62	1.36	1.22	1.15	0.91	0.93	0.94	0.81	0.73	0.79	0.74	0.77	1.00	26
杭州	1.94	2.10	1.93	1.82	1.61	1.57	1.49	1.45	1.34	1.29	1.28	1.22	1.59	8
宁波	0.88	0.84	0.86	0.76	0.66	0.62	0.57	0.56	0.50	0.46	0.44	0.40	0.63	49
温州	1.12	1.06	1.17	1.01	0.97	0.99	1.00	1.02	0.96	0.93	0.93	0.91	1.01	24
绍兴	0.85	0.81	0.84	0.80	0.76	0.76	0.78	0.78	0.75	0.76	0.73	0.73	0.78	39
湖州	0.62	0.53	0.55	0.52	0.51	0.54	0.60	0.63	0.65	0.69	0.73	0.81	0.61	53
嘉兴	0.19	0.18	0.20	0.20	0.19	0.20	0.20	0.22	0.22	0.24	0.24	0.25	0.21	70
金华	0.66	0.66	0.67	0.60	0.60	0.65	0.60	0.64	0.56	0.63	0.61	0.59	0.62	51
衢州	0.85	0.85	0.85	0.80	0.70	0.76	0.74	0.77	0.72	0.77	0.81	0.73	0.78	39
台州	1.08	1.02	1.05	0.98	0.90	0.93	0.93	0.91	0.88	0.93	0.93	0.88	0.95	29
丽水	0.42	0.41	0.41	0.34	0.32	0.38	0.36	0.42	0.36	0.38	0.39	0.39	0.38	64
舟山	0.26	0.25	0.23	0.26	0.30	0.40	0.37	0.33	0.32	0.37	0.40	0.40	0.32	67
合肥	0.31	0.30	0.32	0.31	0.30	0.32	0.33	0.33	0.37	0.33	0.35	0.41	0.33	66
福州	1.74	1.62	1.60	1.49	1.33	1.35	1.34	1.25	1.18	1.04	1.00	0.96	1.32	13
厦门	1.16	1.13	1.17	1.13	1.05	1.07	1.09	1.09	1.04	0.95	0.91	0.85	1.05	20
南昌	1.04	1.04	0.34	1.17	1.16	1.11	1.19	1.20	1.15	1.20	1.25	1.19	1.09	19
济南	1.83	1.96	2.14	2.19	1.54	1.18	1.21	0.90	1.04	0.95	0.93	0.90	1.40	12

续表

城市＼年份	2005	2006	2007	2008	2009	2010	2011	2012	2013	2014	2015	2016	均值	排名
青岛	0.91	0.94	1.05	1.09	1.10	1.10	1.24	1.11	1.12	0.85	1.00	1.00	1.04	21
郑州	1.56	1.46	1.45	1.34	1.20	1.20	1.17	1.15	1.04	0.90	0.93	0.99	1.20	14
武汉	1.08	1.05	1.09	1.05	0.98	0.98	0.99	1.00	0.99	0.93	0.88	0.86	0.99	28
长沙	1.21	1.10	1.19	1.04	0.88	0.88	0.89	0.81	0.80	0.70	0.66	0.56	0.89	31
广州	0.79	0.77	1.11	1.03	0.94	0.95	0.96	0.93	0.92	0.91	0.91	0.87	0.92	30
深圳	1.38	1.33	1.48	1.32	1.14	1.14	1.15	1.05	1.04	1.00	0.99	0.93	1.16	16
珠海	0.25	0.24	0.27	0.25	0.96	0.96	0.97	0.92	0.91	0.90	0.88	0.88	0.70	42
佛山	0.25	0.24	0.25	0.25	0.23	0.22	0.22	0.19	0.19	0.19	0.18	0.18	0.22	68
肇庆	1.86	1.83	1.86	1.80	1.65	1.66	1.68	1.64	1.68	1.65	1.64	1.65	1.72	6
江门	2.20	1.98	1.86	1.66	0.78	0.72	0.72	0.78	0.77	0.76	0.77	0.79	1.15	17
惠州	1.86	2.06	2.08	1.86	1.52	1.48	1.27	1.21	1.20	1.19	1.17	1.20	1.51	10
东莞	1.68	1.62	1.67	1.59	1.48	1.45	1.47	1.45	1.32	1.32	1.32	1.46	1.49	11
中山	1.73	1.72	1.66	1.61	1.63	1.49	1.47	1.52	1.57	1.48	1.40	1.38	1.55	9
南宁	2.55	2.49	2.52	2.41	2.80	2.82	2.85	2.80	2.98	2.95	2.91	2.91	2.75	4
海口	0.54	0.52	0.53	0.52	0.50	0.50	0.51	0.49	0.52	0.51	0.49	0.51	0.51	60
成都	2.14	2.06	2.10	2.00	2.08	2.09	2.11	2.08	2.11	2.09	2.06	2.06	2.08	5
贵阳	3.88	3.73	3.84	3.67	4.33	4.36	4.34	4.33	4.96	5.01	4.93	4.91	4.36	3
昆明	6.91	6.67	6.86	6.55	6.90	6.96	7.00	6.88	7.19	7.13	7.04	7.07	6.93	1
拉萨	1.79	1.73	1.76	1.67	1.62	1.62	1.65	1.61	1.61	1.60	1.57	1.57	1.65	7
西安	0.31	0.25	0.14	0.18	0.27	0.27	0.20	0.17	0.22	0.25	0.16	0.11	0.21	70
兰州	0.25	0.23	0.26	0.21	0.18	0.22	0.20	0.21	0.23	0.23	0.24	0.15	0.22	68
西宁	0.22	0.19	0.20	0.19	0.16	0.15	0.14	0.14	0.14	0.14	0.13	0.13	0.16	72
银川	0.21	0.20	0.19	0.18	0.15	0.15	0.15	0.14	0.14	0.14	0.14	0.14	0.16	72
乌鲁木齐	0.18	0.20	0.25	0.30	0.29	0.36	0.46	0.52	0.56	0.60	0.58	0.54	0.40	63

表1.3.10 市级综合指数结果

城市＼年份	2005	2006	2007	2008	2009	2010	2011	2012	2013	2014	2015	2016	均值	排名
北京	196.61	209.92	219.65	164.40	166.57	192.84	163.86	155.96	146.39	134.16	118.97	80.67	162.50	66
上海	482.00	478.94	474.55	463.59	407.09	422.84	380.73	352.91	333.67	297.80	270.78	155.59	376.71	72
天津	195.82	194.98	218.78	213.37	226.24	249.15	320.09	303.95	287.56	266.69	233.56	134.87	237.09	70
重庆	377.84	419.74	423.32	394.80	395.73	430.59	457.02	436.96	418.92	409.58	377.12	252.34	399.50	74
石家庄	107.52	192.77	188.69	148.37	143.20	176.34	217.52	201.60	203.74	174.31	141.39	134.31	169.15	67
唐山	274.47	340.17	397.96	397.05	392.54	406.84	458.21	447.29	425.59	401.84	377.26	360.89	390.01	73
秦皇岛	53.98	55.99	60.46	56.99	59.41	74.66	91.22	123.99	83.82	84.97	61.54	52.82	71.65	40
邯郸	151.64	151.45	274.32	164.20	167.72	177.95	239.98	224.91	216.96	198.37	170.20	156.05	191.14	69
邢台	103.69	106.38	106.95	95.59	97.91	102.35	135.38	133.94	134.31	145.32	104.43	111.08	114.78	56
保定	63.09	64.12	73.31	60.75	55.60	63.75	77.88	88.50	55.81	47.82	40.99	41.21	61.07	26
张家口	105.29	100.66	107.68	105.51	99.09	97.12	113.93	109.93	104.40	103.33	90.08	88.99	102.17	52
承德	76.27	71.71	84.45	84.51	74.03	79.12	106.80	112.87	96.81	86.33	70.12	69.12	84.34	44
沧州	100.97	107.65	111.82	86.41	86.42	102.25	158.54	145.47	141.41	135.30	118.54	129.18	118.66	58
廊坊	76.83	71.97	76.84	68.84	65.33	68.85	102.24	102.60	101.83	104.12	94.17	95.10	85.73	45
衡水	78.11	69.75	62.66	54.22	50.84	53.39	67.24	66.69	63.34	61.27	55.50	55.74	61.56	30
太原	120.78	114.34	112.61	115.01	107.56	127.18	154.66	154.57	129.05	123.98	110.42	107.98	123.18	60
呼和浩特	125.19	127.61	116.13	100.29	95.19	117.18	162.04	149.00	125.84	112.09	94.68	87.25	117.71	57
沈阳	53.46	61.70	87.15	88.35	101.86	104.70	93.00	97.53	107.95	105.90	87.95	93.41	90.25	46
大连	122.44	123.37	89.90	99.43	102.42	100.19	120.55	124.43	105.21	100.38	92.09	95.66	106.34	54
长春	61.23	61.11	65.25	65.12	71.62	126.65	94.68	92.99	89.65	90.46	83.31	95.17	83.10	43
哈尔滨	71.18	73.92	82.46	94.00	94.21	94.58	113.69	149.58	104.58	108.30	94.63	100.65	98.48	50
南京	153.69	150.93	146.20	148.51	146.91	158.53	157.80	136.56	128.88	125.73	114.28	109.34	139.78	64
无锡	195.72	192.59	221.23	179.36	177.87	161.18	137.59	125.25	115.39	109.47	100.66	98.87	151.27	65
徐州	128.69	111.28	103.07	117.56	108.54	163.88	168.50	179.20	157.89	139.74	108.47	107.60	132.87	61
常州	52.28	54.32	64.62	54.64	56.27	45.81	77.88	71.89	67.94	63.81	62.87	62.86	61.27	27

续表

城市＼年份	2005	2006	2007	2008	2009	2010	2011	2012	2013	2014	2015	2016	均值	排名
苏州	288.81	279.61	298.62	289.84	257.23	332.67	234.92	217.72	198.47	191.93	168.78	169.81	244.03	71
南通	63.10	61.50	59.39	61.65	70.46	76.62	70.20	70.14	60.10	60.76	54.20	54.00	63.51	32
连云港	43.32	44.66	46.36	48.23	47.93	61.11	42.58	43.04	42.03	44.84	42.87	42.47	45.79	16
淮安	43.88	40.50	44.88	43.60	47.90	47.96	50.29	56.97	56.03	56.43	50.97	50.65	49.17	17
盐城	58.64	58.97	59.58	55.32	59.95	63.38	66.26	75.23	75.09	74.30	64.23	63.51	64.54	34
扬州	78.11	76.55	75.58	71.59	70.50	59.08	70.16	62.93	59.56	52.20	46.86	45.90	64.08	33
镇江	65.52	64.22	64.82	58.69	60.12	62.59	74.34	76.24	71.10	69.82	55.55	53.66	64.72	35
泰州	52.24	51.14	54.30	60.77	63.76	64.73	68.06	72.58	65.20	67.90	58.90	58.49	61.51	29
宿迁	29.65	29.05	28.55	34.04	32.69	37.32	41.59	43.85	41.56	42.90	36.94	36.73	36.24	10
杭州	110.60	109.31	110.88	99.20	106.30	113.97	90.94	83.07	77.29	75.89	66.40	62.94	92.23	47
宁波	151.51	153.53	184.31	159.48	188.66	222.85	223.75	207.99	191.21	154.22	130.09	128.52	174.68	68
温州	71.80	69.83	67.51	66.27	65.08	66.19	48.19	43.19	37.16	38.41	35.99	35.22	53.74	18
绍兴	74.01	73.84	70.87	59.82	61.68	54.51	51.11	53.21	50.76	52.49	49.73	48.99	58.42	23
湖州	72.89	72.90	87.47	78.00	95.61	93.62	55.12	51.62	45.77	46.79	44.62	44.04	65.70	36
嘉兴	73.01	79.21	84.04	79.38	82.46	75.16	80.24	72.66	69.42	70.53	59.56	59.22	73.74	41
金华	50.74	52.93	57.37	53.29	57.15	57.85	62.11	55.71	53.57	52.27	46.21	47.85	53.92	19
衢州	29.26	28.50	28.43	28.52	31.18	28.51	35.37	31.24	31.13	36.07	32.86	31.90	31.03	8
台州	69.35	69.90	78.30	63.10	62.02	63.84	69.86	59.79	57.42	53.91	44.95	45.10	61.46	28
丽水	21.08	21.04	21.71	19.71	21.99	24.98	29.55	25.42	23.98	23.97	25.47	23.37	23.52	4
舟山	20.76	19.63	22.61	20.53	21.92	22.97	21.28	19.64	19.82	18.20	16.68	19.34	20.28	3
合肥	31.51	32.92	28.05	26.59	29.41	52.40	93.53	91.24	80.56	76.27	67.19	62.69	56.03	21
福州	65.04	65.45	66.77	62.23	71.75	112.15	101.29	88.69	81.03	78.23	70.17	67.78	77.55	42
厦门	46.22	46.56	34.33	36.17	35.13	44.58	19.35	16.30	15.57	12.88	14.45	14.50	28.00	5
南昌	45.26	46.29	46.00	44.85	38.67	52.71	31.27	32.00	27.92	25.82	21.89	20.67	36.11	9

续表

城市＼年份	2005	2006	2007	2008	2009	2010	2011	2012	2013	2014	2015	2016	均值	排名
济南	82.77	82.70	86.85	93.15	95.04	96.52	110.23	105.67	94.43	90.72	88.52	89.04	92.97	48
青岛	113.85	109.96	102.89	101.89	105.35	96.34	93.85	94.76	83.42	78.47	79.61	79.53	94.99	49
郑州	141.88	137.46	167.24	138.45	129.92	144.59	157.92	153.89	138.39	122.17	107.35	107.51	137.23	62
武汉	178.53	177.38	169.93	170.10	164.80	154.16	127.83	120.83	109.11	104.37	93.97	92.78	138.65	63
长沙	68.83	65.34	70.93	75.64	70.62	76.54	43.88	44.42	38.91	37.51	34.40	34.57	55.13	20
广州	151.84	145.35	161.19	179.29	94.73	90.73	76.75	64.91	63.97	59.08	48.70	49.36	98.82	51
深圳	37.01	36.84	57.47	44.95	38.74	27.98	27.37	24.36	15.61	13.36	10.23	13.35	28.94	6
珠海	27.16	24.83	63.23	71.53	66.35	71.61	48.08	44.72	36.80	37.93	27.37	26.65	45.52	14
佛山	128.62	123.07	145.09	150.25	132.57	133.16	126.19	126.13	111.84	105.92	95.14	93.09	122.59	59
肇庆	23.23	20.42	27.98	30.48	28.86	31.46	31.86	33.45	31.92	31.44	29.18	28.75	29.09	7
江门	39.35	38.27	49.27	50.09	44.53	44.16	48.32	46.97	43.04	39.15	34.75	35.04	42.75	13
惠州	31.11	31.84	39.46	45.10	42.23	42.92	44.77	46.28	43.44	41.27	36.77	36.85	40.17	11
东莞	125.41	113.84	125.26	128.36	107.46	107.57	117.33	112.44	105.40	98.53	84.48	82.97	109.09	55
中山	42.94	41.80	49.70	54.43	50.54	51.80	46.02	48.42	43.87	41.31	39.19	37.38	45.62	15
南宁	48.43	47.33	47.47	47.66	48.29	51.31	32.02	37.63	39.02	39.82	30.86	30.45	41.69	12
海口	1.52	1.53	10.56	10.82	12.28	13.45	0.85	0.88	0.89	0.93	1.13	1.37	4.68	2
成都	84.01	79.33	77.10	91.95	88.19	60.52	60.64	62.04	52.70	53.47	41.91	43.09	66.24	37
贵阳	112.62	87.06	68.33	70.71	72.87	74.43	59.13	51.23	54.57	53.52	51.32	53.21	67.42	38
昆明	49.54	50.01	56.33	50.89	49.38	52.12	76.77	75.62	81.22	65.79	60.35	60.15	60.68	25
拉萨	1.55	1.62	1.41	0.89	0.83	0.37	5.13	5.66	5.46	5.70	6.93	7.12	3.56	1
西安	69.56	69.72	71.28	74.21	74.74	72.44	69.01	63.54	54.00	51.10	40.48	38.53	62.38	31
兰州	51.65	57.40	58.32	58.19	63.59	71.65	92.36	87.57	85.36	77.46	64.46	58.51	68.88	39
西宁	51.14	50.94	54.33	56.58	55.31	66.59	62.97	64.11	65.62	63.03	54.64	51.91	58.10	22
银川	52.33	51.93	54.83	20.94	30.75	35.22	74.55	90.80	91.15	74.30	69.96	70.14	59.74	24
乌鲁木齐	94.02	100.04	105.86	106.02	99.91	125.58	125.61	129.10	112.15	96.80	74.37	70.91	103.36	53

通过表1.3.10中的综合指数值与排名可以看出，20年间全国的环境质量总体出现恶化趋势，在74个环境重点监测城市中，2005—2016年，环境综合质量平均水平排名在前五位的城市分别是拉萨、海口、舟山、丽水和厦门。这五个城市中，拉萨地广人稀，自然资源匮乏，经济发展还处于较为落后的发展阶段，没有走以环境换取经济增长的模式；海口、舟山和丽水自然环境优越，吸收能力较强，同时以旅游服务业和轻工业发展为主，重视环境的保护与治理；厦门是国家副省级城市，也是东南沿海最重要的中心城市和港口，环境吸收能力较强，同时，也没有重工业污染，因此环境综合质量排名靠前。污染指数均值排名后五位的城市分别为天津、苏州、上海、唐山、重庆，这些城市环境综合质量较差的主要原因在于它们大多处于工业发展的中后期，前期以工业发展带动经济增长的发展模式导致环境遭到严重破坏，处于产业结构转型升级的过渡阶段。

综上，我们可以总结出环境质量指数的大致规律，规模越大的城市往往污染程度更大一些，中部地区的城市要严重于东部和西部的城市；吸收能力表现为东高西低和南高北低。

第二部分　八大区域及省级环境质量分析

第二部分的评价和分析均是基于污染指数、吸收指数和综合指数阐述的。在第三章中，我们对各项环境指数的结果进行了集中介绍，进而在这一部分，基于环境指数，分区域、分省份进行深入的分析。新版的报告中，仍将全国分为八大区域——东北地区、北部沿海区域、东部沿海区域、南部沿海区域、黄河中游地区、长江中游地区、西南地区和大西北地区，八大区域共包括中国大陆地区30个省、自治区、直辖市（除西藏自治区、香港特别行政区、澳门特别行政区、台湾地区）。每个区域作为独立的一章进行阐述，每一章分别基于区域内各省份的1996—2016年的污染指数、吸收指数以及综合指数进行阐述。报告着重分析各项指数在样本区间内的演变规律和排序变化，进行各项指数的纵横向以及区域间比较分析，同时挖掘指数变化与排序更迭背后的主要原因。

这一部分的研究结果表明：东北地区、长江中游地区和西南地区均属于典型的“高污染—高吸收”区域。其中，东北地区环境质量一直处于全国中等偏下水平。其中，辽宁省的环境质量排名全国倒数，污染非常严重；黑龙江省环境质量处于全国中等偏下水平，污染也比较严重；相对而言，吉林省的环境质量在本区域内是相对较好的；长江中游地区污染程度较为严重，经济增长对环境的破坏巨大；就西南地区而言，四川省污染程度最为严重，但它的吸收指数也相对较高。重庆市整体环境最好，经济发展代价小，对环境的破坏力最低，但由于面积相对较小，污染聚集相对严重。

三个沿海地区环境质量的内部差异性较大，但整体而言，环境质量较好。北部沿海地区两极分化严重，北京市和天津市属于“低污染—低吸收”城市，而河北省和山东省属于典型的“高污染—低吸收”区域；东部沿海地区，上海市属于典型的“低污染—低吸收”城市，这与它的产业结构相关。江苏省环境质量的特点是“高污染—低吸收”，污染程度最为严重；浙江省经济发达与到位的产业转型和快速发展的旅游业有着密不可分的关系；南海地区的环境质量整体上优于全国水平，主要得益于海南省较强的环境优势，而福建省和广东省的污染水平也位于中游。

西北地区环境质量一直处于全国上游水平，环境质量整体上具有“低污染—低吸收”的特点。其中，青海省的环境质量排名全国第四，污染较小；宁夏回族自治区环境质量排名紧随其后，然而其吸收能力靠后；甘肃省排在全国第六，总体环境质量较好；相对而言，新疆维吾尔自治区的环境质量在本区域内是最差的，这主要因为近些年来新疆的发展主要依靠高附加值的工业产业的快速发展带动，如依靠石油石化工业和高耗能工业等。

黄河中游地区整体环境质量低于全国平均水平，具有“高污染—低吸收”的特点。陕西省、内蒙古自治区、山西省和河南省环境质量低，一方面是由于粗放型发展方式导致污染排放较大，另一方面是由于生态环境自身脆弱导致的环境吸收能力不强，最终在污染和吸收的共同作用下导致环境质量较差。

详细的评价结果和相对应的结论与分析，以下将进行详细阐述。

第四章　东北地区

本书所界定的东北地区包括辽宁省、黑龙江省和吉林省，区域面积78.73万平方公里，人口规模截至2018年为1.21亿，人均GDP截至2017年为6509美元。从对东北地区环境质量的综合分析来看，东北地区环境质量一直处于全国中等偏下水平。其中，辽宁省的环境质量排名全国倒数，污染非常严重；黑龙江省环境质量处于全国中等偏下水平，污染也比较严重；相对而言，吉林省的环境质量在本区域内是相对较好的，这主要得益于其环境吸收能力较强，环境治理举措得力，污染把控严格。东北地区是属于典型的“高污染—高吸收”区域，污染程度较为严重，经济增长的环境代价较大，而东北地区得益于其在降水和森林、湿地等方面的环境资源优势，环境吸收能力依然比较强，这在一定程度上能够减轻环境污染压力。东北地区一直以来作为传统的能源工业和制造业工业基地，经济发展的方式粗放，过度依赖能源采掘和冶炼工业也为生态环境带来了极大的污染；但是，东北地区处于东部季风区，降水量和水资源较为丰富，土地面积广、森林和湿地覆盖率相对较高，自然环境的禀赋优势较强，使其环境吸收能力相对较强。近年来，东北地区环境污染出现一定程度的下降，环境质量在缓步提升，这也反映出东北地区的环境治理已经初见成效，未来仍然需要持续推进，加强环境管控，严格推进治理工作进程。

2001年以来，按照国家针对环境保护的统一部署并结合本地区的具体实际，东北地区的三个省份分别就生态环境领域出台了一系列的法规、规划和方案等，并在逐步加强对环境执法和行政的督查力度。尤其在十八大、十九大以后，生态文明建设在国家战略发展格局中已经占据了非常重要的地位。在政策的引领和号召下，东北地区环境规范和治理的进程也在进一步加快。因此，对于东北地区环境质量的“高污染—高吸收”的特点，提出如下建议：加强自然环境保护工作，继续增强环境自净能力；优化产业结构和能源结构，控制污染源头；发展循环经济、提高资源的利用率；强化环保督查工作，加大对环境违法行为的惩罚力度；加强省级协调，推进环境区域联合治理。

第一节　黑龙江省

1996—2016年黑龙江省污染指数、吸收指数以及综合指数测算结果如表2.4.1。

表2.4.1　黑龙江省环境指数结果

指数＼年份	1996	1997	1998	1999	2000	2001	2002	2003	2004	2005	2006
污染	45.31	46.43	77.63	75.42	72.26	73.58	71.97	73.44	72.40	75.74	76.72
吸收	3.40	3.55	3.44	2.35	2.72	2.66	2.68	5.04	4.90	4.52	4.86
综合	43.77	44.79	74.96	73.65	70.30	71.62	70.04	69.74	68.85	72.31	72.99

2007	2008	2009	2010	2011	2012	2013	2014	2015	2016	均值	排名
76.37	74.67	76.37	75.37	81.76	81.54	77.45	186.44	184.90	79.74	83.60	17
4.23	3.66	6.00	4.49	4.91	4.58	6.66	5.27	4.64	4.23	4.23	8
73.14	71.93	71.79	71.99	77.74	77.80	72.30	176.62	176.31	76.36	79.95	17

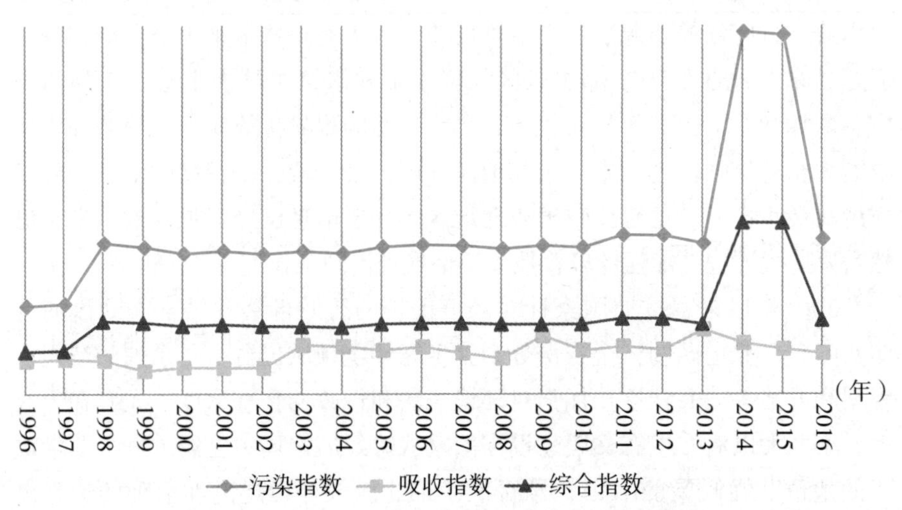

图2.4.1　黑龙江省1996—2016年环境指数变化趋势图

上面测算结果表明，黑龙江省的环境质量处于全国中等偏下水平。从污染层面来看，黑龙江省的环境污染一直处于比较严重的程度，从1996—2014年都处于不断增长的趋势，但从2015年开始出现了较大幅度的下降，这也说明地区污染管控在进一步加强，治污减排取得了较大幅度的进展。在具体的污染指标方面，氮氧化物在2006—2012年之间增长了33万吨，而2013年后开始逐渐下降，到2016年已经减少了25万吨，这10年间氮氧化物均值为59.97万吨；二氧化硫排放量在1996—2011年之间平稳上升，增长了22万吨，而2012—2016年下降明显，减幅达到19万吨；烟（粉）尘排放总量在1996—2016年间平均值为65.24万吨，全国排名20位；二氧化碳排放总量在1996—2016年间平均值为0.7亿吨，全国排名17名；工业固体废物产生量在1996—2016年间平均值为4432万吨，全国排名为15名；生活垃圾清运量、化肥施用量、农药排放量、氨氮排放量和化学需氧量等在1996—2016年间均值分别为806.8万吨、169.18万吨、5.58万吨、5.61万吨、54.6万吨，全国排名分别为26名、19名、18名、18名、19名。由此可见，黑龙江在各个具体的污染指标方面也是污染严重，处于全国中等偏下的位置。这对于黑龙江省的环境污染治理，尤其是对于氮氧化物、生活垃圾、农药等污染物排放量较严重的情况，更需要进一步细分污染治理领域、加快环境治理节奏，实现污染物全方位的下降。

从吸收层面来看，城市绿地面积在1996年为28866公顷，2016年为77048公顷，扩大1.7倍，这期间均值为59029公顷，全国排名为22名；城市平均相对湿度、年降水量、水资源量在1996年分别为59%、490毫米、698亿立方米，2016年分别为69%、537毫米、843亿立方米，这期间均值为63%、514.8毫米、770亿立方米，全国排名分别为15名、9名、18名；湿地面积在2006—2016年间均值为4535.7千公顷，全国排名28名；森林面积在2006—2016年间均值为1878.87万公顷，全国排名为29名。由此可见，黑龙江省的城市平均相对湿度、年降水量和水资源量均在全国排名较高，而黑龙江省的城市绿地面积、湿地面积和森林面积全国排名处于下游，体现了黑龙江省对环境建设的投入乏力，环境建设滞后于全国平均水平。

综上可知，黑龙江省环境质量处于全国中等偏下水平，环境污染程度位居全国下游，环境吸收程度位居全国中上游。这也说明，黑龙江省作为东北重工业发展基地，工业产业结构呈现高污染高排放的特征，而环境吸收程度高得益于城市相对湿度、年降水量和水资源等的吸收能力强。

黑龙江省污染指数上升，这背后也反映了东北老工业基地振兴的情况下，能源工业制造业依旧是黑龙江经济的命脉，随着黑龙江经济的不断恢复，环境污染程度也会进一步提高。而从2006年以来，黑龙江逐渐加大了对大气污染物排放的控制工作，从相关指标等方面进行了有效约束，这也是导致近年来黑龙江环境质量改善的重要原因。2011年以来，黑龙江持续推进经济转型建设，推进“八大经济区”和“十大工程”建设，实现了经济社会发展目标的重要任务，因此，环境保护工作面临着更加严峻的挑战。而黑龙江省在生态文明建设中重点实施了平原绿化、湿地保护、水土流失治理、草原恢复、矿山环境治理和松花江水污染防治等重点工程。目前，全省已经建成了65个国家级生态乡（镇）、16个国家级生态村、1个省级生态市、49个省级生态县、703个省级生态乡镇和2650个生态村。伴随着黑龙江一系列环境保护举措的实施，其生态环境已经取得了很大程度的改善和恢复。良好的生态环境正在转化成为全省经济发展的新优势，并将持续促进黑龙江经济全面协调可持续发展。

第二节　吉林省

1996—2016年吉林省污染指数、吸收指数以及综合指数测算结果如表2.4.2。

表2.4.2　吉林省环境指数结果

年份 指数	1996	1997	1998	1999	2000	2001	2002	2003	2004	2005	2006
污染	40.01	38.13	58.21	58.70	61.96	55.52	49.83	51.85	51.73	59.66	61.36
吸收	1.79	1.05	1.54	1.25	1.55	1.42	1.55	2.01	2.21	2.69	2.18
综合	39.29	37.73	57.31	57.97	61.00	54.73	49.05	50.81	50.58	58.06	60.02
2007	2008	2009	2010	2011	2012	2013	2014	2015	2016	均值	排名
60.00	58.51	59.39	60.48	58.17	54.16	52.37	101.57	108.97	50.68	59.58	11
2.16	1.98	2.01	2.80	2.17	2.18	2.77	1.85	1.85	2.10	1.96	17
58.70	57.35	58.19	58.78	56.91	52.98	50.92	99.69	106.95	49.61	58.41	11

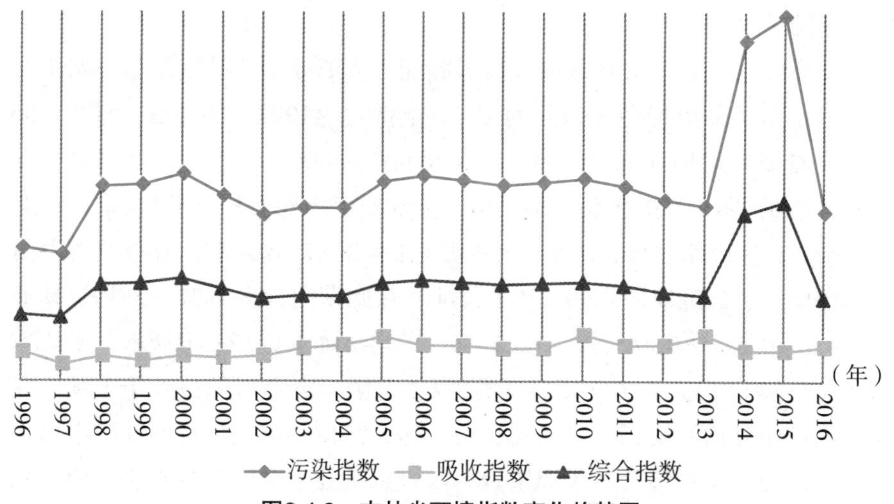

图2.4.2　吉林省环境指数变化趋势图

上述测算结果表明，吉林省的环境质量位于全国中游水平。从污染方面来看，1996—2015年吉林省的污染程度基本呈现增长的趋势，污染指数从40.01上升到108.97，2013—2015年全省污染恶化趋势急剧上升，从52.37上升到108.97，2016年全省污染恶化的趋势出现了明显转折，污染指数降至50.68，可以看出这期间吉林省推进污染管控和工业污染治理工作取得了明显突破。1996年，吉林省二氧化硫排放量达到26万吨，烟（粉）尘排放量达到55.9万吨，二氧化碳排放量0.28万吨，工业固体废弃物产生量1661万吨，生活垃圾清运量550.74万吨，化肥施用量107万吨，农药使用量1.45万吨，化学需氧量25.13万吨。而在2016年，二氧化硫排放量达到18.81万吨，烟（粉）尘排放量达到21.87万吨，二氧化碳排放量2.01万吨，工业固体废弃物产生量4006.38万吨，生活垃圾清运量534万吨，化肥施用量233.6万吨，农药使用量5.85万吨，化学需氧量17.74万吨。这期间，二氧化硫平均排放量达到32.76万吨，烟（粉）尘平均排放量达到46.57万吨，二氧化碳平均排放量0.54万吨，工业固体废弃物平均产生量3084.7万吨，生活垃圾平均清运量558.48万吨，化肥平均施用量158.93万吨，农药平均使用量3.52万吨，化学需氧量平均38.57万吨，在全国的排序分别为第7、13、9、8、19、18、13、16位。由此可见，二氧化硫排放量、烟（粉）尘排放量、化学需氧量下降明显，而同时二氧化碳排放量、固体废弃物排放量、化肥施用量和农药使用量上升明显，从中就可以看出吉林省依靠土地资源开发和传统制造业推动经济发展，长期以来形成了农业污染加剧，工业发展可持续性较差等问题。

从吸收水平看，吉林省的环境吸收能力依旧处于全国中游偏下水平，吸收水平最高值出现在2013年的2.77，最低值为1997年的1.05，而在1996年，全省城市绿地面积161.98公顷，相对湿度60%，年降水量552毫米，水资源总量366.9亿立方米。2016年，全省城市绿地面积46595公顷，相对湿度63%，年降水量890毫米，水资源总量488.8亿立方米，森林资源总量763.87万公顷，湿地面积997.56千公顷。在此期间，全省城市平均绿地面积29450公顷，平均相对湿度60.24%，平均年降水量593.43毫米，平均水资源总量384.8亿立方米，森林资源736万公顷，湿地资源1148千公顷，在全国的排序分别为第13、11、12、12、19、20位。由此可见，辽宁省城市平均绿地面积相对湿度、年降水量、水资源量处于全国中游水平，但森林资源和湿地资源在全国居于较低水平。吉林省处于东部季风区，水资源及降水都较为丰富，但长期以来的农业开发对森林资源和湿地资源的破坏严重，长期来看要促进农业经济循环发展，就必须因地制宜，通过多样化的农业模式来促进农业经济发展，并推动地区生态环境治理。

综上，吉林省环境质量处于全国中等偏上水平，一方面是由于以传统制造业为主的经济增长模式污染相对较少，另一方面是由于地区环境自净能力良好，环境治理初见成效。“十三五”期间，吉林省在持续推进污染减排攻坚工程和产业结构转型升级的关键阶段。在吉林省环境质量的进一步改善中，一是实施污染减排攻坚工程。将污染减排作为转方式、调结构的重要抓手，着力解决工业结构性污染问题，严格环境准入，持续推进清洁生产，加大工业污染源监管力度，深入实施结构减排、工程减排和管理减排三大措施，全面完成污染减排的目标任务。二是实施水资源质量提升工程。合理规划流域产业布局，突出解决水环境污染问题，深入推进重点流域水污染防治，全面提高水资源管理水平，进一步提升水资源质量。三是实施大气环境质量改善工程。以改善区域环境大气质量为目标，综合治理大气污染，控制机动车污染物排放，强化颗粒物污染防治。四是推进固体废物污染防治工程，完善固体废弃物的全过程管理制度，加强对危险废物、医疗废物的污染防治，强化工业固体废物的综合利用，逐步提高生活垃圾处理水平，实现固体废物的减量化、资源化和无害化。由此，吉林省在环境治理和生态文明建设上也将持续发力，更好地推进环境质量不断提升。

第三节 辽宁省

1996—2016年辽宁省污染指数、吸收指数以及综合指数测算结果如表2.4.3。

表2.4.3 辽宁省环境指数结果

指数＼年份	1996	1997	1998	1999	2000	2001	2002	2003	2004	2005	2006
污染	75.10	71.90	121.05	118.25	115.70	112.63	104.17	100.10	97.07	119.74	127.55
吸收	2.08	1.06	1.43	0.83	0.66	1.18	0.70	1.39	1.82	1.88	1.61
综合	73.54	71.14	119.32	117.27	114.93	111.31	103.44	98.71	95.30	117.49	125.50

2007	2008	2009	2010	2011	2012	2013	2014	2015	2016	均值	排名
132.05	131.97	134.29	133.80	163.49	158.88	152.70	239.90	266.16	144.33	134.33	28
1.63	1.54	1.34	2.40	1.89	2.31	2.19	1.17	1.22	1.55	1.52	21
129.89	129.94	132.49	130.58	160.40	155.21	149.36	237.09	262.92	142.10	132.28	28

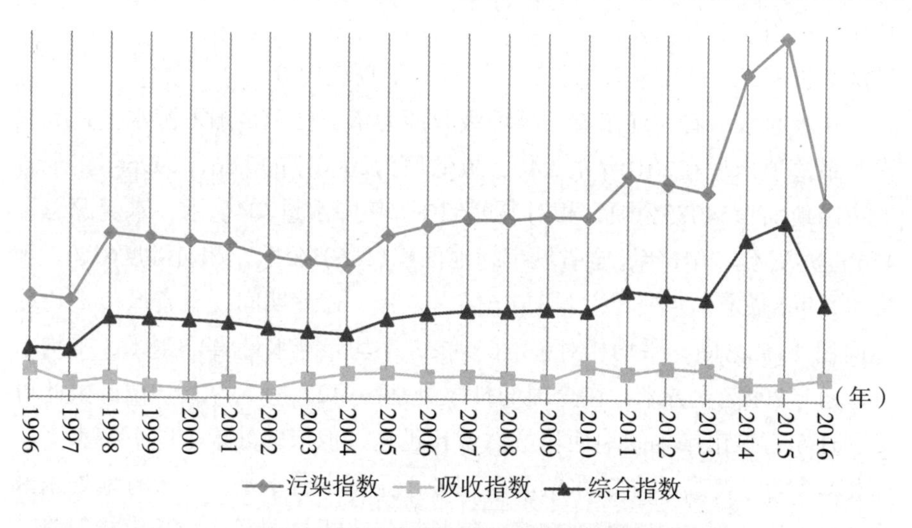

图2.4.3 辽宁省环境指数变化趋势图

上述测算结果表明，辽宁省的环境质量位于全国下游水平，属于典型的“高污染—低吸收省份”。从污染方面来看，1996—2015年辽宁省的污染程度基本呈现增长的趋势，污染指数从75.10上升到266.16，2013—2015

年全省污染恶化趋势急剧上升，从152.70上升到266.16，2016年全省污染恶化的趋势出现了明显转折，污染指数降至144.33，降幅达到122，可以看出这期间污染管控和治理工作取得了明显突破。但即便如此，污染程度依旧高居全国前列。1996年，辽宁省二氧化硫排放量达到108.6万吨，烟（粉）尘排放量达到110.06万吨，二氧化碳排放量0.45万吨，工业固体废弃物产生量6891万吨，生活垃圾清运量916.75万吨，化肥施用量110万吨，农药使用量2.8万吨，化学需氧量32.7万吨。而在2016年时，二氧化硫排放量达到50.77万吨，烟（粉）尘排放量达到64.91万吨，二氧化碳排放量4.843万吨，工业固体废弃物产生量22821万吨，生活垃圾清运量933万吨，化肥施用量148万吨，农药使用量5.6万吨，化学需氧量25.82万吨。这期间，二氧化硫平均排放量达到99.57万吨，烟（粉）尘平均排放量达到99.7万吨，二氧化碳平均排放量1.16万吨，工业固体废弃物平均产生量15399万吨，生活垃圾平均清运量843万吨，化肥平均施用量125万吨，农药平均使用量4.8万吨，化学需氧量平均60.19万吨，在全国的排序分别为第22、26、25、28、27、14、16、21位。由此可见，二氧化硫排放量、烟粉尘排放量、化学需氧量下降明显，而同时二氧化碳排放量、固体废弃物排放量和化肥施用量上升明显，从中就可以看出辽宁省一直以来高污染高能耗的经济增长模式，使得经济增长产生了巨大的环境代价。

从吸收水平看，辽宁省的环境吸收能力依旧处于全国下游水平，吸收水平最高值出现在2010年的2.40，最低值为2000年的0.66，1996年，全省城市绿地面积54075公顷，相对湿度62%，年降水量704毫米，水资源总量416亿立方米。2016年，全省城市绿地面积116601公顷，相对湿度63%，年降水量968毫米，水资源总量331.6亿立方米。在此期间，全省城市平均绿地面积78153公顷，平均相对湿度63.4%，平均年降水量644.3毫米，平均水资源总量294亿立方米，在全国的排序分别为第27、14、13、9位。由此可见，辽宁省城市平均绿地面积虽然增长迅速，但依旧处于全国下游水平，而相对湿度、年降水量、水资源量则处于全国中游水平。辽宁省地处东部季风区，降水量和相对湿度较好，但长期以来粗放的经济增长模式忽略了对城市环境建设的持续推进，而同时高能耗和高污染产业的发展也进一步制约着环境自净能力。对辽宁省来说，未来推进城市绿地建设和水资源保护，增加植被和湿地修复，对于改善地区生态环境，提高环境自净能力，推进生态文明建设显得至关重要。

综上，辽宁省环境质量低于全国平均水平，一方面是由于高污染的粗放型经济增长模式，另一方面是由于城市环境建设和生态环境保护的进程较慢，综合影响下，其环境质量处于全国下游水平。2018年以来，辽宁省先后审核通过了《辽宁省生态文明体制改革实施方案》《辽宁省实施“十三五”生态环境保护规划工作方案》，其中，指出了2017—2020年全省生态文明建设要坚持立足实际、有序推进、法治引领、主动作为的原则，按照“源头严防、过程严管、后果严惩”的治理思路，通过进行区域空间规划编制，健全国土空间开发保护制度，划定生态红线，建立省级国家保护公园体制等具体举措，在森林资源、湿地资源、水资源、草地资源、海洋资源等保护上整体推进，综合治理；在矿产资源管理上提高能源效率，建立循环经济模式以及资源有偿使用和生态环境补偿制度；在环境管理体制上加强环境税费改革、污染物排放许可、污染物区域联动防治机制、环境信息公开以及生态环境损害赔偿制度，推进市场排污权交易和碳排放权交易制度，推进生态绩效考核和环境监督机制改革，并结合试点试验、舆论引导、督促落实等保障措施共同推进全省环境治理和生态环境保护机制改革。因此，辽宁省在环境治理和生态文明建设进程中，节能减排与环境养护持续推进，能源结构和产业结构持续调整，逐渐实现经济改革与生态文明建设双重发展。

第五章　北部沿海地区

本书中界定的北部沿海地区包括北京市、天津市、河北省和山东省。这一区域总面积为36.96万平方公里，2017年末总人口约为2.12亿。从本章对4个省份的环境污染和吸收指数来看，北部沿海地区的环境质量很不理想，主要受到了河北省和山东省这两个环境污染大省的影响。北部沿海地区的环境污染指数在21世纪初的十年内出现了较为明显的增长，在之后出现了一些波动，但是均值基本维持稳定，因为河北和山东的影响，北部沿海地区的污染指数处于全国末位水平，说明污染程度在全国范围属于相当严重的程度。从污染吸收的角度来看，北部沿海地区的吸收指数大幅落后于全国平均水平，说明环境自净的能力在全国范围比较落后。总体来说，北部沿海地区的环境指数始终高于全国平均水平，而且两者差距正在逐渐拉大，说明该地区的环境恶化程度较全国平均水平来说更为显著。2009—2015年，尤其是2013—2015年，环境污染指数呈明显上升，给环境造成了极大的压力。分地区来看，北京市、天津市、河北省、山东省的环境综合指数分别位于全国第2、3、29、30位，两极分化非常严重。从环境吸收指数来看，四个省市的排名分别为28、30、25、23位，从中可以看出自净能力最强的省份是天津市。

综上所述，北部沿海地区的环境污染情况两极分化非常严重，北京和天津属于典型的“低污染—低吸收”省份，而河北省和山东省属于典型的“高污染—低吸收”省份。河北省由于自身脆弱的生态环境和相对落后的产业结构，导致高耗能高污染产业数量众多，污染问题严重。传统工业在河北地区依然是主导产业。北京由于产业结构转型升级，经济发展质量高、效益好；另一方面，北京是我国的政治中心，环境治理工作成果显著，而且相应地制定了许多法规和纲领性文件。由于北部沿海地区主要属于温带季风和大陆性季风气候，全年降雨量分布非常不均匀，导致环境污染吸收能力较差，而且北部沿海森林资源也较少，更加影响了吸收水平的提高。为了提高生态环境质量，北部沿海地区一方面要出台更加严格的法律法规，加大控制污染物排放的力度，同时，继续推进生态文明建设，树立生态优先的理念，把生态建设摆上沿海开发的重要位置；另一方面，要加快发展方式转变，打造沿海生态经济示范区，大力发展循环经济，积极培育战略性新兴项目，发展壮大现代服务业。

第一节　北京市

1996—2016年北京市污染指数、吸收指数以及综合指数测算结果如表2.5.1。

表2.5.1　北京市环境指数结果

年份 指数	1996	1997	1998	1999	2000	2001	2002	2003	2004	2005	2006
污染	16.27	14.77	27.68	25.14	25.96	24.68	22.48	20.89	20.82	19.08	18.67
吸收	0.23	0.11	0.15	0.08	0.10	0.12	0.13	0.16	0.19	0.17	0.19
综合	16.24	14.75	27.64	25.12	25.94	24.65	22.45	20.86	20.78	19.05	18.64

2007	2008	2009	2010	2011	2012	2013	2014	2015	2016	均值	排名
18.10	16.91	17.07	16.97	17.58	17.24	16.31	22.45	24.22	16.74	20.00	2
0.19	0.21	0.22	0.18	0.25	0.24	0.21	0.21	0.23	0.23	0.18	28
18.06	16.88	17.03	16.94	17.54	17.20	16.27	22.40	24.17	16.70	19.97	2

上述测算结果表明，北京市的环境质量位于全国前列，属于典型的“低污染—低吸收”省份。从污染层面看，在经历1997—1998年的污染指数大幅增长后，北京市的污染指数在1998—2013年呈现逐年降低的趋势，污染指数从27.68减少至16.31。2014年和2015年连续两年的污染指数又呈现恶化趋势，但是到2016年又得到了好转，污染指数从24.22降低至16.74。在污染物排放方面，自1996年以来，北京市二氧化硫平均排放量为17.1万吨、氮氧化物排放量平均为17.8万吨、烟（粉）尘平均排放量为10.5万吨、工业固体废物平均排放量为1125.1万吨、化肥施用量平均为14.8万吨，分别位列全国倒数第3、3、2、2、3位，污染物排放量在全国属于较

少地区。这表明北京市的发展模式是一种低污染物排放的绿色发展模式，属于一种理想的发展方式，在保持经济稳定发展的同时，将污染排放水平控制在一个非常理想的范围。表明北京当前正在以较少的能源消耗产业领域支撑经济增长，创新驱动和高端服务业成为北京经济发展的新动力，良好的产业结构使得北京的经济总量和质量始终处于全国领先的地位。

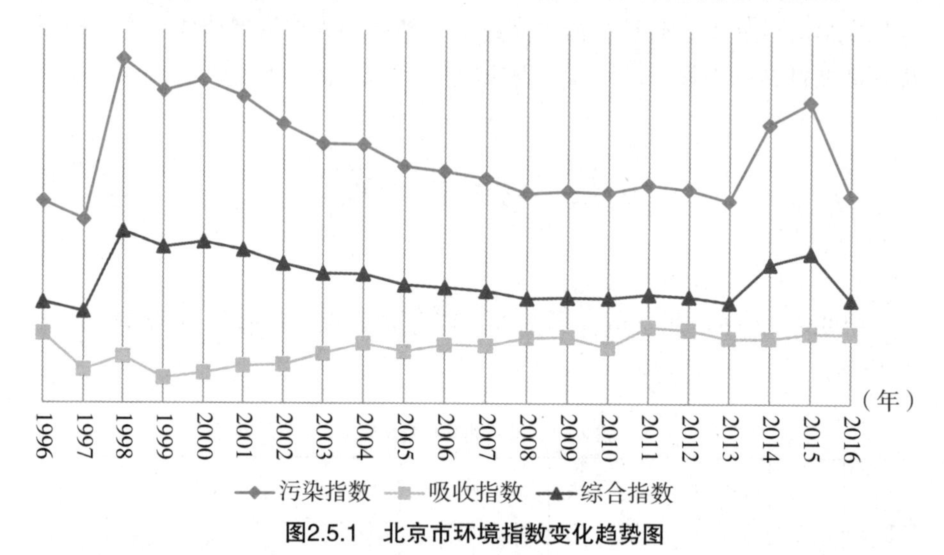

图2.5.1　北京市环境指数变化趋势图

从吸收方面来看，全市的环境吸收能力处于全国下游水平。吸收指数的变化情况与污染指数基本保持一致，总体来说较为平稳，最高为2011年的0.25，最低为1999年的0.08。北京全市平原地区的森林覆盖率在2016年达到了26.8%，基本形成了“郊区新城滨河森林公园、一道绿隔地区郊野公园、中心城休闲森林”为骨干的三级城市森林公园体系，在污染吸收上起到了一定效果。

综上，北京市环境质量较好，一方面是由于产业结构转型升级，经济发展质量较高、效益较好；另一方面是由于北京在环境治理方面作出了巨大的努力。在过去近十年，北京从“集聚资源求增长”向“疏解功能谋发展”转型，服务经济、知识经济、绿色经济、总部经济特征愈发明显，新技术、新产业、新模式成为首都经济新的增长点。2016年北京服务业增加值达到了2万亿元，占GDP比重80.3%，对经济增长贡献近90%，第三产业的高质量、高速度发展减小了环境治理的负担，提高了经济发展的效益。党的十八大以来，北京市围绕“五位一体”总体布局和“四个全面”战略部署，牢固树立创新、协调、绿色、开放、共享的发展理念，加快疏功能、转方式、治环境、补短板、促协同，以PM2.5污染治理为重点，大力推进大气污染防治工作。2013—2016年是北京市大气污染防治力度最大、措施最丰富、成效最显著的几年，全市组织完成的重点治理工程约是之前十年的总和。在水环境治理上，北京市人大连续多年把水环境治理和流域水系综合整治作为重点督办议案，强化系统治理、综合整治，进一步推动完善水治理体制机构和政策制度，为保障首都水环境安全提供了有力支撑。

第二节　天津市

1996—2016年天津市污染指数、吸收指数以及综合指数测算结果如表2.5.2。

表2.5.2　天津市环境指数结果

年份 指数	1996	1997	1998	1999	2000	2001	2002	2003	2004	2005	2006	2007	2008	2009	2010	2011	2012	2013	2014	2015	2016	均值	排名
污染	11.32	13.22	28.89	21.48	24.94	16.33	15.75	18.60	19.11	22.01	21.87	21.45	21.44	21.75	22.95	21.58	21.54	20.44	30.90	35.57	25.09	21.72	3
吸收	0.11	0.03	0.05	0.02	0.02	0.04	0.03	0.07	0.09	0.07	0.07	0.07	0.09	0.09	0.06	0.10	0.14	0.12	0.08	0.08	0.10	0.07	30
综合	11.31	13.22	28.88	21.47	24.93	16.32	15.74	18.58	19.09	22.00	21.85	21.44	21.42	21.73	22.94	21.56	21.51	20.41	30.87	35.54	25.06	21.71	3

从上述测算结果可以看出，天津市生态环境质量综合指数全国排名第3位，天津市平均污染指数排名全国第三，污染吸收指数全国排名最后1位，属于典型的“低污染—低吸收”地区。从污染方面来看，在1997—2000年、2013—2016年，天津市的污染指数经历了较大幅度的波动，而在其余的年份呈小幅度增长的趋势。1996—2015年天津市污染指数从11.32上升到了35.57。2016年全市污染情况明显好转，污染指数下降到25.09。自1996年以来，天津市二氧化硫平均排放量为23.2万吨、氮氧化物平均排放量为24.5万吨、烟（粉）尘平均排放量为11.4万吨、工业固体废物平均排放量为1126.9万吨，化肥施用量平均为21.1万吨，分别处于全国倒数第4、

4、3、3、4位，排放量在全国属于较少水平，在环境保护方面作出了表率作用。天津市产业主要以电子信息和现代医药业为主的高新技术产业、以石油化工业为主的临港工业板块、以汽车造船业为主的交通运输设备产业。

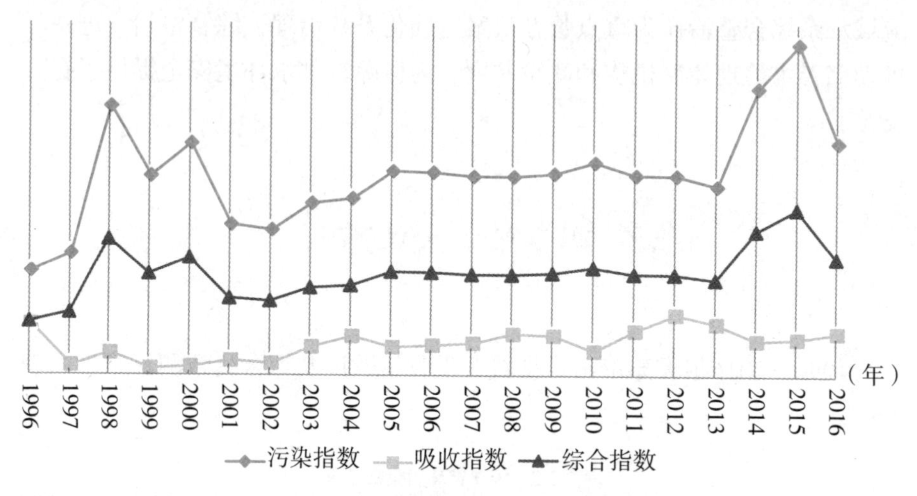

图2.5.2　天津市环境指数变化趋势图

从吸收层面来看，天津市的环境吸收能力处于全国下游水平。吸收指数最高值为2012年的0.14，最低值为1999年与2000年的0.02。总体来说，天津市在1996—2016年的吸收指数变化较为平稳，并没有出现大幅度的波动。天津地质构造复杂，大部分被新生代沉积物覆盖。地势以平原和洼地为主，北部有低山丘陵，海拔由北向南逐渐下降。截至2016年，天津建成区绿化覆盖率达到了37.22%，为天津市的污染吸收提供了一定保障。

综上，天津市较好的环境质量主要得益于良好的产业结构。天津的第二产业和第三产业占比都接近50%，第一产业占比为2.2%。相比于全国，天津的第一产业占比偏低，第二产业和第三产业的占比相对较高，这与天津的工业化城市地位相吻合。近年来，天津市环境保护力度不断加大，生态环境质量不断改善，坚持生态环境保护领域“1+6”改革方案，着力完善生态环境保护制度体系，推进环境治理能力和治理体系现代化，天津市政府相继出台《天津市环境保护条例》《天津市环境保护工作责任规定》《天津市重污染天气应急预案（征求意见稿）》《关于开展环境污染责任保险指导意见》等文件和条例，严密环境法制，颁布实施14项地方污染物排放标准，涵盖大气、水等环境要素，排放要求处于全国领先地位。天津市在近年来深入研究环境治理的方案，提高排污费征收标准，涉及10余项污染物，激励企业主动治污排污，并建立了上下游生态补偿机制，开展联合监测、联合执法，鼓励推动高环境风险企业参加环境污染责任保险。在接下来，天津市还应该以建设生态城市为目标，构建生态安全网络格局；以实现主要污染物总量控制为目标，全力完成污染减排年度任务；以促进发展方式转变为目标，严格依法行政；以改善环境质量为目标，加大污染防治力度。

第三节　河北省

1996—2016年河北省污染指数、吸收指数以及综合指数测算结果如表2.5.3。

表2.5.3　河北省环境指数结果

年份 指数	1996	1997	1998	1999	2000	2001	2002	2003	2004	2005	2006
污染	73.75	70.46	145.06	135.20	123.89	122.61	120.64	123.06	151.19	150.65	145.52
吸收	1.53	0.51	0.65	0.48	0.65	0.52	0.41	0.99	1.08	0.87	0.85
综合	72.63	70.11	144.12	134.56	123.08	121.97	120.15	121.84	149.56	149.35	144.28
2007	2008	2009	2010	2011	2012	2013	2014	2015	2016	均值	排名
159.56	157.32	161.16	192.35	235.17	234.60	226.05	305.53	303.09	219.97	169.37	29
0.90	0.99	1.09	0.89	1.22	1.22	1.10	0.89	0.94	1.06	0.90	25
158.12	155.76	159.41	190.64	232.31	231.75	223.57	302.81	300.24	217.63	167.80	29

上述测算结果表明，河北省的环境质量指数在全国排名第29位，处在全国下游水平。污染排放指数在全国排名第29位，污染吸收指数在全国排名25位，属于典型的“高污染—低吸收”省份。从污染层面看，1996—2015年河北省的污染指数基本为逐年上升的趋势，尤其是2009—2014年，上升的幅度非常大。从1996—2015年，河北省污染指数从73.75上升到了303.09，平均排名全国第29位。自1996年以来，河北省二氧化硫平均排放量为129.9万吨、氮氧化物平均排放量为133.8万吨、烟（粉）尘平均排放量为133.0万吨、工业固体废物平均排放量为21126.8万吨，化肥施用量平均为301.2万吨，分别处于全国第2、2、2、1、4位，均超过全国平均水

平，污染情况非常严重。这些数据反映出河北省高污染、高排放、盲目追求经济发展的粗放方式，忽略环境保护，对生态环境造成了极大破坏。一直以来，河北的工业发展模式都是以钢铁、建材、化工为主的重工业发展模式，高产值的背后是能源的过度消耗和环境的急剧恶化。随着社会化水平的提高，这种传统的产业模式和经济增长方式已经不适应中国特色社会主义现代化的建设要求，对河北省的经济持续健康绿色发展造成严重制约。

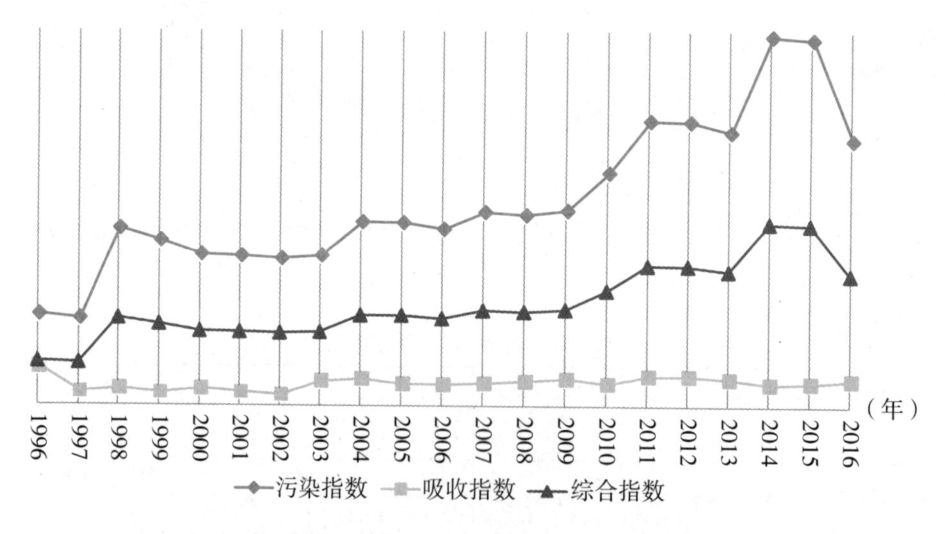

图2.5.3　河北省环境指数变化趋势图

从吸收层面看，全省的环境吸收能力也处于全国下游水平。与污染指数呈逐年上升的情况不同，河北省的吸收指数在20年来基本保持平稳，最高值为1996年的1.53，最低值为2002年的0.41。一方面，从自然环境特征来看，河北省是阶梯状地貌类型，气候特征呈明显的地带性，山区和高原区生态敏感程度高，自然灾害种类多、影响范围大。从植被覆盖情况来看，河北省森林面积仅有不到400万公顷，在全国属于中下游水平，城市绿地面积为4.8万多公顷，湿地面积为1045公顷，在全国属于中上游水平，这样的吸收水平显然无法承担环境污染的压力。另一方面，长久以来，河北省建设的环境治理体系相对落后，缺乏行之有效的治理措施。

综上，河北省环境质量较差，一方面是产业结构相对落后，高耗能高污染产业仍然数量众多；另一方面是由于自身的生态环境脆弱，生态破坏问题严重，水土流失和土地荒漠化问题较为严重。钢铁、制造业、石油化工、建筑以及电力行业都是高污染产业，其中不乏污染重灾区。调查显示，仅唐山一个市的钢铁产量就占了全国的四分之一，再加上秦皇岛、邯郸、承德等地区均分布钢铁企业，另外，沧州的煤炭、廊坊的水泥、石家庄和保定的化工产业，都对环境造成了巨大的压力。近年来，河北省政府针对污染严重的现状采取了相应的措施，制定了切实可行的专项政策，落实专项行动，从政策上开展了一系列的治理活动，先后出台了《河北省生态环境保护十三五规划》和《河北省重污染河流环境治理攻坚专项行动方案》。预计到2020年实现消除国省控劣V类水体断面25面，提高河流自我修复能力。同时，河北省应引入绿色发展的理念，首先要转变经济增长模式，摆脱依靠高耗能、粗发展、高排放的产业模式；其次要将重点放在科技创新及成果转化上，打造创新型发展模式，提高经济发展水平；最后，要重点推进污染企业的治理计划，从根本上杜绝环境污染的源头。

第四节　山东省

1996—2016年山东省污染指数、吸收指数以及综合指数测算结果如表2.5.4。

表2.5.4　山东省环境指数结果

年份 指数	1996	1997	1998	1999	2000	2001	2002	2003	2004	2005	2006
污染	166.86	157.99	206.77	162.81	154.42	148.83	144.87	146.30	138.05	145.93	149.33
吸收	1.37	0.78	1.43	0.85	1.16	1.12	0.51	2.08	1.76	1.75	1.12
综合	164.58	156.76	203.83	161.44	152.64	147.16	144.14	143.26	135.61	143.38	147.65

2007	2008	2009	2010	2011	2012	2013	2014	2015	2016	均值	排名
147.80	147.87	148.09	152.44	166.03	158.98	154.55	278.12	308.84	199.66	170.69	30
1.84	1.52	1.54	1.34	1.87	1.29	1.41	0.94	0.97	1.07	1.32	23
145.08	145.62	145.81	150.40	162.92	156.93	152.37	275.50	305.85	197.52	168.50	30

从上述测算结果来看，山东省的环境质量综合指数全国排名最后一位，污染排放指数全国排名30位，污染吸收指数全国排名第23位，属于典型的“高污染—低吸收”省份。从污染方面看，1996—2013年山东省

的污染程度基本稳定，在经历2014年和2015年的较大幅度上升后，2016年又回到之前的水平。与1996年相比，2016年的污染指数从166.86上升到了199.66，污染情况并没有显著恶化。自1996年以来，山东省二氧化硫平均排放量为177.1万吨、氮氧化物平均排放量为145.9万吨、烟（粉）尘平均排放量为102.8万吨、工业固体废物平均排放量为11686.9万吨，化肥施用量平均为449.6万吨，分别处于全国第1、1、3、3、2位，几乎全部位于全国前列，可见山东省的总体污染情况非常严重。

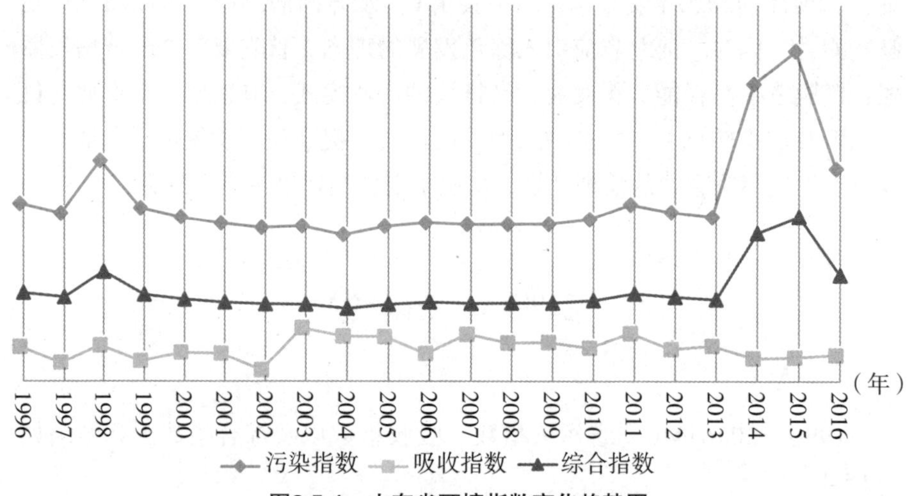

图2.5.4　山东省环境指数变化趋势图

从吸收方面来看，全省的吸收水平在全国处于下游位置。吸收指数最高值为2003年的2.08，最低值为2002年的0.51。山东省境内中部山地凸起，西南、西北低洼平坦，东部缓丘起伏，形成以山地丘陵为骨架、平原盆地交错环列其间的地形。山东属于暖温带季风气候类型，降水季节分布很不均匀，易发旱涝灾害，多年平均降水量为676.5毫米，在全国属于中等水平。山东省水资源总量为278亿立方米，在全国所有省份中处于较低的位置，森林面积也仅有200多万公顷。从产业结构看，山东省主营业务收入排前列的轻工、化工、机械、纺织、冶金多为资源型产业，能源原材料产业占40%以上，造成了能源的大量消耗和污染物的大量排放。

综上，山东省环境质量较低，一方面是因为自然环境的限制：年降水量低、森林资源少，导致环境吸收能力不足；另一方面是由于产业结构较为落后，资源型、重化工型产业比例高，产业层次低、质量效益差、污染排放重。在近年来，山东省委省政府也对环境保护工作高度重视，仅在2018年就出台了《山东省冬季清洁取暖规划（2018—2022年）》《关于开展省级生态工业园区复查评估和清理工作的通知》《铅酸蓄电池全生命周期污染防治技术规范》《山东省水污染防治条例》等政策文件，为生态环境保驾护航。据了解，2017年山东省环保部门实施处罚环境违法案件44917件，罚款数额达到了14.8亿元，位列全国之首，可见山东省对于环境保护工作的决心。但是，环境保护工作非一朝一夕能够完成，山东省要想在环境保护方面取得突破，仍需要在以下几个方面作出努力：在空气污染治理方面，要加强工业污染治理、严格控制燃煤污染、强化移动源污染防治、深化面源污染整治、积极应对重污染天气；在水体污染治理方面，要保护饮用水水源水质、治理黑臭水体、对渤海区域环境进行综合治理；在土壤污染治理方面，要加强土壤污染管控和修复、加快推进垃圾分类处理、强化危险废物处置监管。最为关键的是，要推进能源资源节约集约利用、推进公众生活绿色健康，从源头上减少污染物的排放。

第六章　东部沿海地区

本书中界定的东部沿海地区包含上海市、江苏省与浙江省。这一区域总面积约为21万平方公里，1.59亿人口，人均GDP为8.98万元。根据本章对3个省市3项环境指数的分析结果，可以看出：东部沿海地区的环境质量较好，污染程度在全国来讲较轻。其污染指数在21世纪初的五年内增长趋势比较明显，之后保持平稳并在2010年小幅度上升，指数值总是低于全国的均值水平，与其他七个区域相比，处于中等偏上水平，说明东部沿海地区的污染排放整体控制十分良好。东部沿海地区的吸收指数值始终低于全国水平，而且差距较大，在八个区域中排名靠后，说明东部沿海地区的环境自净能力较差。环境综合指数方面，在2006年之前明显处于上升趋势、2006—2010年间十分稳定，2011年略有上升，之后的近五年也十分稳定，15年间变化趋势与全国绝对总量指数的变化趋势大体相同，但指数值始终低于全国水平，并且在八个区域中也基本排在中等水平，说明整体上东部沿海地区的环境质量较好。从东部沿海地区内部的省级层面的绝对指数来看，污染排放最多的是江苏省，最低的是上海市；而自净能力最强的是浙江省，江苏省次之；综合得到整体环境质量最好的是上海市，最差的是江苏省。同时上海市的经济发展代价最小，浙江省人口对环境的破坏力最低，而上海市由于面积相对较小，其污染聚集度最大。

综上所述，东部沿海地区各地环境差异较大。上海市属于典型的“低污染、低吸收”区域。污染程度较轻，经济增长的环境代价较小，人口对环境的破坏较弱。这主要是由上海地区特殊的产业结构所决定的，而且与中央及地方政府的政策密切相关。但是其自净能力较弱，污染物聚集度较高。这主要是由其本身的环境条件所决定，而且面积小使得污染物的聚集度很高。江苏省环境质量的特点是“高污染，低吸收”。污染程度较严重，这主要是由于其产业结构还是以较高投入、较高消耗、较高排放的粗放型的纺织、机械、电子、石化与建材为主，其排污总量多是难以避免的。而且其地势、地形以平原为主，不具备形成天然森林的有利条件，使其自净能力较低。浙江省属于“较低污染—较高吸收”区域。浙江省经济发展程度高，各产业延伸与转型也比较到位，旅游业的快速发展带动了服务业的高速增长，但其工业以劳动密集型的中小企业为主，民营经济是浙江省的优势与活力之所在，但同时也会因为单位产出所占用的资源较多而导致污染排放的增多。但是浙江省的自然资源十分丰富，其自然禀赋综合水平在全国也排在前列，尤其是其森林覆盖率超过60%，居于全国第一；而且亚热带季风气候带给了浙江地区丰沛的雨水与适宜的湿度。因此，针对东部沿海地区的特点，提出进一步改善该地区环境质量的建议，包括加强生态环境保护工作、继续增强环境自净能力、保护生物多样性、控制污染源头、积极发展循环经济、提高资源的利用率等。

第一节 上海市

1996—2016年上海市污染指数、吸收指数以及综合指数测算结果如表2.6.1。

表2.6.1 上海市环境指数结果

年份 指数	1996	1997	1998	1999	2000	2001	2002	2003	2004	2005	2006
污染	23.73	20.43	47.88	45.13	42.68	41.99	44.02	45.26	40.67	42.97	42.46
吸收	0.16	0.13	0.15	0.32	0.15	0.21	0.22	0.09	0.14	0.12	0.15
综合	23.69	20.40	47.81	44.99	42.61	41.91	43.92	45.22	40.61	42.92	42.40

2007	2008	2009	2010	2011	2012	2013	2014	2015	2016	均值	排名
42.01	40.10	37.25	36.02	34.29	32.85	31.83	35.21	38.12	32.31	37.96	6
0.17	0.17	0.30	0.24	0.25	0.24	0.23	0.30	0.35	0.30	0.21	27
41.94	40.03	37.13	35.94	34.20	32.78	31.75	35.11	37.98	32.22	37.88	7

上述测算结果表明，上海市的环境质量位于全国靠前水平，属于典型的“低污染—低吸收”省份。从污染方面看，上海市的污染指数从1997年的20.43增加到1998年的47.88，1998—2013年基本呈现下降的趋势，中

间略有波动，污染指数从47.88下降到了31.83。2014—2015年连续两年污染指数上升，2016年又基本恢复到2013年的水平。自1996年以来，上海市二氧化硫平均排放量为38.7万吨、氮氧化物平均排放量为39.2万吨、烟（粉）尘平均排放量为14.0万吨、工业固体废物平均排放量为1835.0万吨，化肥施用量平均为14.4万吨，分别处于全国第8、10、4、5、2位，均位于全国靠前水平，对大气和土壤污染较小。

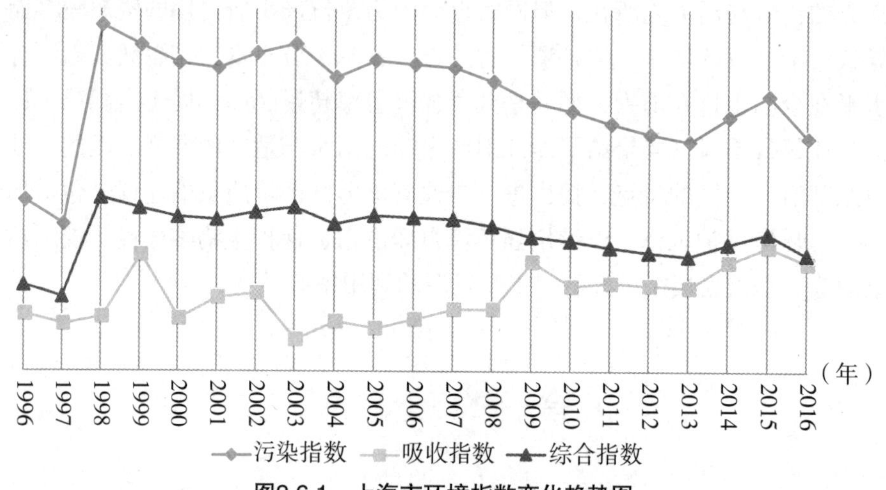

图2.6.1 上海市环境指数变化趋势图

从吸收方面来看，上海市的环境吸收能力处于全国靠后水平。吸收指数最高值为2015年的0.35，最低为2003年的0.09，相差近4倍，呈现“M”型变化趋势。一方面，上海市森林面积仅有4.48万多公顷，在全国名列第30位；另一方面，水资源总量37.7亿多立方米，在全国名列第26位。

“低污染，低吸收”的环境质量的特点，一方面是由上海市本身的环境因素决定的：上海在土地资源的使用上，主要包括农用地与建设用地，其中农用地占到了土地总面积的39.65%，农用地中一半以上是耕地，而耕地的类型主要是水田、旱地和菜地，其特点是农用地（大部分是耕地）在减少，林地的比例过低，只占到了全市土地总面积的0.47%，林木覆盖率只有5.4%，与国家森林法规定的平原地区的林木覆盖率应该达到10%以上的要求差距过大，而我们知道林地具有重要的生态效益，这在一定程度上影响了上海地区的环境自净能力。而且上海地区经济增长的质量比较高，这主要是由上海地区特殊的产业结构所决定的，即在其产值比例中工业的比例要远远小于第三产业的占比，其经济发展主要依托于金融业、服务业与工业，而且工业以钢铁、汽车、生物医药、航天航空、高端造船、精密仪器与电气工程等为主，金融、服务业以及高新技术产业推动着上海经济的蓬勃发展，带来了较大的经济效益的同时造成了较少的污染，这与其他多数经济大省依靠工业，尤其是重工业在推动经济发展的同时严重破坏环境不同。另一方面，上海地区的环境质量与中央及地方政府的政策密切相关：2001—2005年间上海市的环境质量有轻微的下滑趋势，这主要是因为在此期间，上海市政府重点推动了张江高科技园和上海化学工业区的建设与发展，而在环境的保护与治理上虽然也采取了一定的措施但没有及时跟进，使得污染指数有轻微上升，吸收指数总体下降，绝对强度指数稍有降低但不明显。2001—2010年间，上海市的环境质量表现十分稳定，在此期间，上海市大力发展以“减量化、再利用、资源化”为原则，以低投入、低消耗、低排放、高效率为基本特征的循环经济，着力建设资源节约型环境友好型城市，以成功举办2010年上海世博会为近期目标，全面推进浦东综合配套改革试点，加快建设新郊区促进城乡共同发展，提高城市建设和管理现代化水平。上海市政府明确提出了推进生态环境建设的工作任务，明确了在“十一五”期间对完善环境基础设施，控制环境污染排放，深化环境综合整治，推动生态环境建设的具体工作与任务指标，滚动实施第三、第四轮环保三年行动计划，其污染减排目标超额完成。这一期间，上海地区新建绿地6600公顷，新增林地面积18万亩。因此，我们可以看到在此期间其吸收指数处于持续上升的态势，尤其是在2008—2009年间上升的幅度很大，这也是世博会的即将召开带来的机遇。此外，上海市政府对六项地方环境标准的制定，对节能减排、循环经济、农村环境整治、生态补偿等环境政策的落实，与金融、信贷、保险等政策工具正在成为推进环保工作的重要手段，使得上海地区的经济发展更加绿色，这可以从绝对强度指数的持续降低体现。但由于上海仍然保持着高速的国民经济发展，使得其对煤炭能源的消耗比较大，“十一五”期间上海能源消耗有5%~6%的平均增长速度，到2010年，其消耗量达到了9500万吨标准煤以上，因此就整个的污染排放来说，在此期间有轻微的上升。2011—2015年，在“十二五”规划期间，上海环保工作的指导思想是围绕“创新驱动，转型发展”大局，按照“四个有利于”的要求，以污染减排和环保三年行动计划为抓手，深化主要污染物总量控制，改善环境质量，防范环境风险，优化经济发展，到2015年，初步形成资源节约型、环境友好型城市框架体系。这是上海市加快建设“四个中心”的关键时期，面对国际大都市的城市地位与发展转型的现实需求，以及世博会后市民对环境质量改善的更高期望，上海对环境保护和生态建设提出了更高的要求，因此，在这一阶段上海的环境质量一直保持着良好的上升趋势，污染排放持续减少，吸收指数不断提高，绝对强度指数不断降低。资源节约型、环境友好型社会体系框架的雏形已经基本形成。绝对人均指数也在近五年内持续走低，说明上海市的环境质量有一定的抵抗力，因人口因素而影响环境的问题越来越小，也说明人们的环保意识在不断地增强。绝对面积指数值急剧下降，说明上海地区的污染物聚集得到了改善，在政府的大力治理下，污染物的聚集度降低，环境自净能力增强。

第二节　江苏省

1996—2016年江苏省污染指数、吸收指数以及综合指数测算结果如表2.6.2。

表2.6.2　江苏省环境指数结果

年份 指数	1996	1997	1998	1999	2000	2001	2002	2003	2004	2005	2006
污染	76.54	67.20	113.98	101.57	98.82	118.36	108.71	115.10	123.34	141.00	139.38
吸收	2.13	1.13	1.77	1.80	1.93	1.27	1.29	2.45	1.14	1.88	1.78
综合	74.90	66.44	111.96	99.73	96.91	116.85	107.30	112.28	121.94	138.35	136.91

2007	2008	2009	2010	2011	2012	2013	2014	2015	2016	均值	排名
135.45	132.10	130.23	132.01	136.63	138.00	137.36	167.19	195.88	169.47	127.54	25
2.15	1.62	1.87	1.49	2.34	1.52	1.37	1.75	2.26	2.51	1.78	19
132.53	129.96	127.80	130.05	133.43	135.91	135.48	164.27	191.45	165.21	125.22	26

上述测算结果表明，江苏省的环境质量位于全国下游水平，属于典型的“高污染—低吸收”省份。从污染方面看，1996—2015年江苏省的污染程度基本呈现增长趋势，污染指数从76.54上升到了195.88。2016年全省污染恶化的趋势出现明显转折，污染指数降至169.47，但污染程度依然严重、不容乐观。1996年以来，江苏省二氧化硫平均排放量为103.9万吨、氮氧化物平均排放量为122.6万吨、烟（粉）尘平均排放量为66.3万吨、工

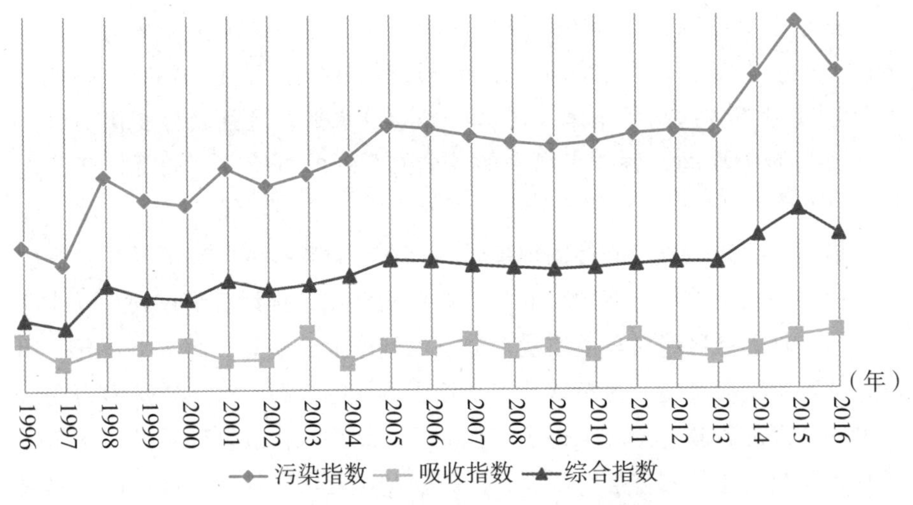

图2.6.2　江苏省环境指数变化趋势图

业固体废物平均排放量为6673.6万吨，化肥施用量平均为332.5万吨，分别处于全国第23、26、21、20、28位，均位于全国下游水平，对大气和土壤造成严重污染。江苏是我国民族工业的发祥地之一，是全国重要的纺织、机械、电子、石化和建材工业生产基地，工业增加值连续多年位居全国前列，工业产值比重依然占比最高，基本稳定在50%~60%。由于历史等多方面因素叠加影响，江苏地区区域经济发展存在明显的不平衡性，南北经济呈梯次分布，苏南地区经济发展处于江苏地区前列，经济总量占比接近50%，虽然江苏地区为促进经济平衡协调发展，实施了区域共同发展战略，并取得了一定进展，但苏中、苏北地区依然相对落后。此外，与浙江地区民营企业快速发展的局势相比，江苏地区的所有制结构中，国有企业与集体企业依然占据较大比重。因此，其整体的环境污染排放处于十分严重的局势，呈现“高污染”的特点。

从吸收方面来看，全省的环境吸收能力处于全国中下游水平。吸收指数最高值为2016年的2.51，最低为1997年的1.13，呈现“M”型变化趋势。一方面，江苏森林面积仅有108万多公顷，在全国名列第25位，属于森林较少的省份；另一方面，浙江水资源总量为418亿多立方米，在全国名列第16位。江苏境内虽然水资源比较丰富，属于温带向亚热带的过渡性气候，但区域地势、地形以平原为主，不具备形成天然森林的有利条件，其森林覆盖率仅为20%多，导致其环境吸收因子并不是很高，而是处于较一般的水平，呈现“较低的自净能力”的特点。

基于以上原因，江苏省污染指数较高，显著地高于全国平均水平；同时环境吸收因子又不是很高，完全中和不了自身所产生的污染，因此，其环境质量指数远高于全国及东部沿海地区水平，且其趋势变化明显。“十五”规划期间，各省市尚未形成全面系统的可持续发展观，江苏地区也不例外，其环境保护工作尚在探索之中，且环境保护工作让位于经济发展需求，边治理边破坏的现象仍然存在，且高投入、高消耗、高排放的粗放型增长方式没有有效转变，产业结构偏重，排污总量较大，因此这一阶段，江苏地区绝对环境质量指数呈大幅度上升趋势。而“十一五”期间，江苏省绝对环境质量指数基本上处于不变的状态。这主要是因为在这一期间，江苏省政府全面推进了工程减排、结构减排及管理减排，且实施了环评审批与总量减排挂钩制度，严格控制主要污染物新增量，在2254家重点污染企业安装了在线监控装路，788家国控省控重点污染源实现联网监控。针对江苏地区流域污染严重的问题，江苏省政府开展了小流域综合整治，实施了一大批控源截污、引流清淤等重点工程项目，取得了一定成果。另外，在这一阶段，江苏省编制实施了《绿色江苏现代林业工程总体规划》和《江苏省重要生态功能保护区区域规划》，累计造林90万亩，建设与恢复湿地近50万亩。产业结构调整方面，2010年规模以上工业增加值21224亿元，高新技术产业产值占规模以上工业比重由24%提高到39%。新兴产业引领新一轮增长，新能源、新材料、生物技术和新医药、节能环保、软件和服务外包、物联网和新一代信息技术六大新兴产业销售收入超过2万亿元，占工业销售收入的23%。服务业增加值占地区生产总值比重超过40%。物流、金融、旅游等服务业快速发展，苏南地区出现服务业投资超过制造业投资的新态势。从2010年至今，江苏地区破解资源环境约束，推进了资源节约行动，采取了开发和节约并举、节约优先的方针，大力推进资源节约，积极发展循环经济和清洁生产，使得能源结构得到了进一步优化，资源的利用效率也有了一定的提升，在2012—2013年间，省域内的绿化建设森林覆盖率提高到22%，这使得其吸收指数有了比较明显的提高，环境自净能力有了一定的提高；但可以看到近几年江苏地区的绝对质量综合指数在下降，说明其环境质量在下降，这主要是因为其污染排放量在持续增加，其产业结构还是以较高投入、较高消耗、较高排放的粗放型的纺织、机械、电子、石化与建材为主，其排污总量多是难以避免的。总的来说，江苏省近年来在注重经济发展的同时，也重视着生态环境的保护，站在新的历史起点上，全省的环境保护应该着眼长远、把握当前，以科学的发展观和生态文明的理念，在经济结构、产业布局、合理区域功能定位的高层面上，结合自身的特点，充分发挥区域资源优势，利用苏南地区较高的技术经济水平，优先发展高新技术产业与现代服务业，苏北地区整体综合实力不强，但是具有土地资源优势和生态优势，要以农业产业化为突破口，大力发展特色绿色农业，统筹考虑，综合解决。通过追求经济结构、产业结构的平衡，经济活动对环境影响与环境承载能力的平衡，实现人与自然的和谐，环境质量改善，人居环境的优美。

第三节　浙江省

1996—2016年浙江省污染指数、吸收指数以及综合指数测算结果如表2.6.3。

表2.6.3　浙江省环境指数结果

指数＼年份	1996	1997	1998	1999	2000	2001	2002	2003	2004	2005	2006
污染	38.19	42.68	94.61	82.83	83.58	78.14	78.82	79.00	78.02	82.16	82.08
吸收	4.50	4.63	3.88	4.93	4.20	4.15	5.09	2.70	3.40	4.07	4.04
综合	36.47	40.70	90.94	78.75	80.07	74.90	74.81	76.87	75.37	78.81	78.77

指数	2007	2008	2009	2010	2011	2012	2013	2014	2015	2016	均值	排名
污染	81.73	79.77	77.96	77.40	88.72	86.07	83.88	99.29	110.49	86.53	80.57	15
吸收	4.02	3.63	4.19	4.82	3.71	5.13	3.73	4.44	5.14	4.39	4.23	9
综合	78.44	76.88	74.69	73.68	85.42	81.65	80.75	94.88	104.81	82.72	77.16	15

上述测算结果表明，浙江省的环境质量位于全国中游水平，属于典型的“较低污染—较高吸收”省份。从污染方面看，1997—1998年污染指数从42.68激增至94.61，1999年污染指数下降到82.83，1999—2010年间基本保持在80左右，2011年出现明显转折，污染指数升至88.72，2012年和2013年略微下降，2014—2015年又激增至110.49、2016年又下降至86.53。自1996年以来，浙江省二氧化硫平均排放量为64.0万吨、氮氧化物平均排放量为75.1万吨、烟（粉）尘平均排放量为45.6万吨、工业固体废物平均排放量为2931.9万吨、化肥平均施用量为92.1万吨，分别处于全国第16、

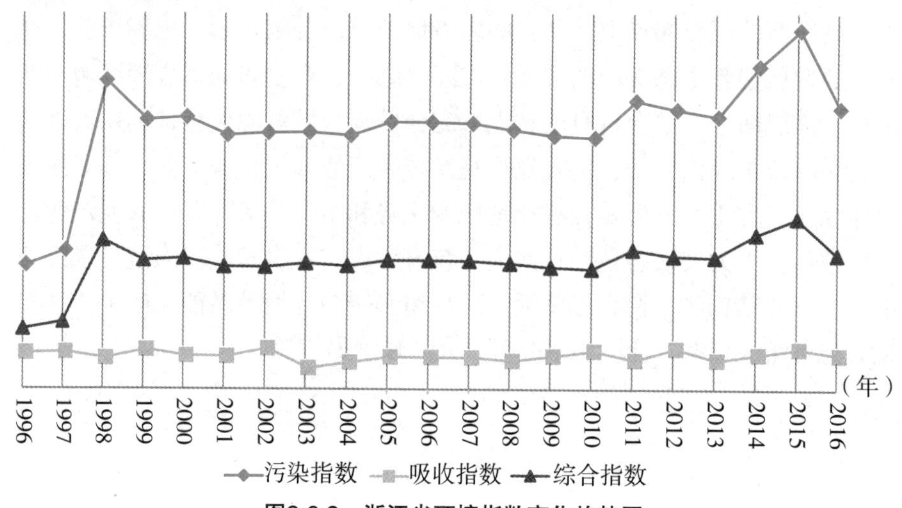

图2.6.3　浙江省环境指数变化趋势图

22、12、7、10位，二氧化硫平均排放量与氮氧化物平均排放量位于全国中下游水平，烟（粉）尘平均排放量、工业固体废物平均排放量、化肥平均施用量位于全国中上游水平，对大气和土壤造成轻微污染。浙江省经济发达，经济发展程度高，各产业延伸与转型也比较到位，旅游业的快速发展带动了服务业的高速增长，但其工业以劳动密集型的中小企业为主，民营经济是浙江的优势与活力之所在，这虽然会给浙江带来大量的进出口收入，但同时也会因为单位产出所占用的资源较多而导致污染排放的增多。近年来虽然污染排放量较2005年之前上升了一个层次，但是随着浙江省环保厅制定的一系列针对自然环境保护与清洁生产的规章制度的实施，污染排放得到了良好的控制。

从吸收方面来看，全省的环境吸收能力处于全国中上游水平。吸收指数最高值为2015年的5.14，最低为2003年的2.70，呈现“M”型变化趋势。浙江森林面积仅有570万多公顷，在全国名列第13位，属于森林面积中等的省份，水资源平均总量1033亿立方米，在全国名列第7位，属于水资源丰富省份。由图2.6.3可知，其环境自净能力的变化趋势比较明显，主要呈现增—减—增—平稳增—减—增—减—增的变动趋势。从2013年开始，其吸收指数持续上升，而且始终高于东部沿海地区与全国的平均水平，这说明浙江省的环境自净能力较强，且近几年环境自净能力在上升。

“较低污染，较高吸收”的环境特征使得浙江省环境质量无论是在东部沿海地区还是在全国范围都显著高于其平均水平，但其变化趋势和两者比较一致，排除自然因素的影响，说明浙江地区的环境质量与中央及地方政府的政策密切相关。2002—2005年间浙江的环境质量变差，这主要是因为在此期间，受到经济增长的压力，生态环境建设有一定的欠缺，粗放型的生产还是占据了较大的比重，使得污染指数有轻微上升。吸收指数总体下降，尤其是在2002—2003年间大幅度下降，之后经过政府的大力投入又开始恢复到比较高的水平。2005—2010年间，浙江省在“十一五”规划中提出了“十一五”期间浙江省的十个主要任务，包括基本实现全面小康社会目标；建设社会主义新农村，推进城乡协调发展；着力自主创新，推进产业结构优化升级；优化开发格局，统筹区域发展；完善基础设施，增强资源要素保障能力；全面建设生态省，打造“绿色浙江”；科教兴省，人才强省，加快建设文化大省；建设“平安浙江”，促进社会和谐；坚持互利共赢，提升经济国际化水平；深化体制改革，加快政府职能转变。本着这样的目标任务发展，最终使得吸收指数呈波动性上升的趋势。2008年金融危机爆发以后，浙江省的外贸企业遭遇了重创，使浙江省加快了产业集约化发展与产业升级的步伐。但由于在此期间农村污染，尤其是农村水污染与养殖污染严重导致了浙江省在此阶段的环境质量有所下降。从2010年至今，浙江政府以打造“富饶秀美，和谐安康”的生态浙江为目标，以保障人民群众环境权益为出发点与落脚点，以保护环境、优化发展、维护权益为工作方针，着力解决影响人民群众身体健康和可持续发展的突出环境问题，持续改善城乡生态环境质量，全力保障生态环境安全。因此在此期间，浙江地区的环境质量处于波动性上升的趋势，其污染排放也有略微下降的趋势，环境自净能力也在增强，朝着更绿色的方向发展是其“本质”。

第七章　南部沿海地区

本书中界定的南部沿海地区包含福建省、广东省和海南省。这一区域总面积约为33.53万平方公里，2017年人口近1.6亿。根据本章对这三个省份的环境指数的分析，可以看出南部沿海地区的环境质量较为理想，污染程度低。这主要得益于福建和海南良好的生态环境。海南省、福建省、广东省的环境综合指数分别名列全国第1、12、25位，可以看出海南和福建省的环境质量在全国处于领先地位，而广东省因为人口数量众多、工业技术水平较低，污染程度较为严重。从环境吸收的角度看，三个省份的吸收指数排名分别为第22、第7、第4，可以看出南部沿海地区的环境自净能力位于全国前列，这主要是得益于该地区丰富的水资源和植被资源。南部沿海地区位于适宜人类居住的中低纬度地区，凭借着便捷的交通和丰富的港口资源，从南到北形成了开放型的市场经济环境，成为了我国重要的制造业产业带。但是由于沿海地区经济的快速发展，也带来了较为突出的环境问题。沿海城市的可持续发展已经受到多方面的威胁，如陆地和海洋活动所产生的污染、淡水和海洋资源的日益枯竭、栖息地的破坏等。

综上所述，南部沿海地区省市可分为两类，其中，海南省属于“低污染—低吸收”省份，而福建省和广东省属于典型的“中污染—中吸收”省份，污染程度一般，经济增长的环境代价较小。广东省是我国的工业和制造业大省，环境污染程度较高。近些年，广东省政府针对环境污染问题颁布了许多政策文件，在环境污染治理上取得了有效的成果。海南省是我国著名的旅游省份之一，凭借着优越的地理环境和良好的生态环境大力发展旅游业和房地产业，工业水平并不发达，所以环境质量优良。近些年，海南省政府依然积极开展育林护林工作，并在2018年提出了12个方面的重点防治工作，提出海南省今后的经济发展重点是热带高效农业、旅游业和工矿业。福建省在近些年产业转型升级方面作出了许多努力，积极发展生态农业，推广清洁能源，开展了一系列节能减排工作。针对南部沿海地区环境治理工作的现状，提出如下的要求和建议：必须通过多种手段保障沿海城市的可持续发展，加强海岸带管理，有效减少污染物和温室气体的排放，改善水资源管理，有效减少污染物和温室气体的排放，改善水资源管理的相关政策环境，修复被破坏的生态系统，保护栖息地，维护生态多样性，创造有利于广大人民居住的城市环境。

第一节　福建省

1996—2016年福建省污染指数、吸收指数以及综合指数测算结果如表2.7.1。

表2.7.1　福建省环境指数结果

指数＼年份	1996	1997	1998	1999	2000	2001	2002	2003	2004	2005	2006
污染	28.25	23.26	46.55	48.10	48.66	56.87	50.58	54.83	56.00	61.83	62.60
吸收	5.65	6.30	5.39	5.12	5.66	5.80	4.95	3.74	3.77	5.56	6.88
综合	26.65	21.79	44.04	45.64	45.91	53.58	48.08	52.78	53.89	58.39	58.30

指数＼年份	2007	2008	2009	2010	2011	2012	2013	2014	2015	2016	均值	排名
污染	64.27	65.96	69.30	73.67	67.63	81.01	82.64	89.45	96.08	72.13	61.89	13
吸收	4.88	4.44	3.88	5.71	3.98	5.44	4.56	4.90	5.04	6.69	5.16	7
综合	61.13	63.03	66.61	69.46	64.94	76.60	78.87	85.08	91.24	67.30	58.73	12

从上述测算结果可以看出，福建省的环境质量指数排名为第12位，属于全国中上游水平。污染排放指数排名列全国第13位，污染吸收指数排名全国第7位，基本属于“中污染—高吸收”省份。从污染层面看，1996—2015年福建省的污染程度基本呈增长趋势，污染指数从28.25上升到了96.08。在2016年，污染程度显著减轻，指数下降到72.13。在21年间，福建省平均污染指数排名全国第13位，在环境保护工作上取得了一定的成效。1996年以来，福建省二氧化硫平均排放量为30.9万吨、氮氧化物平均排放量为37.4万吨、烟（粉）尘平均排放量为29.5万吨、工业固体废物平均排放量为4232.7万吨、化肥施用量平均为120.4万吨，分别处于全国倒数

第6、9、8、13、12位，在全国范围属于排放较少地区。

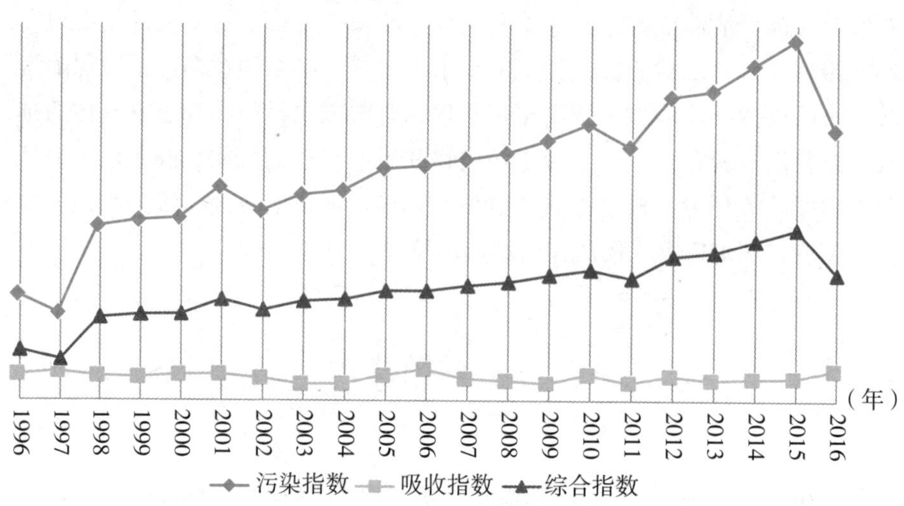

图2.7.1　福建省环境指数变化趋势图

从吸收层面看，福建省的污染吸收指数在全国排名第7，位于全国前列。从1996年起，吸收指数一直处于非常平稳的状态，最高值为2006年的6.88，最低值为2003年的3.74。福建地理位置特点是“依山傍海”，全省山地丘陵面积约占全省土地总面积的90%，这些山地多为森林植被所覆盖，使得福建的森林覆盖率达到了62.96%，居全国第一。福建省属于亚热带湿润季风气候，河流众多，降水充沛。另外，福建省近些年在产业转型升级方面，持续加快淘汰落后产能，进一步发展循环经济，积极发展生态农业，调整能源结构，推广清洁能源，有效开展了一系列节能减排的工作。

综上，福建省较为良好的生态环境情况一方面得益于较为优越的自然环境，大面积的森林为污染物的吸收作出了很大的贡献，数量众多的河流和丰富的降水量使福建省的水资源总量一直处于高水平状态；另一方面，福建省秉持绿水青山就是金山银山的发展理念，这些年进行产业结构升级，淘汰落后产能。使得十八大以来，在人均GDP增长速度达到10.9%的情况下，环境保护也取得了良好的成绩，在保护环境和经济发展之间取得了平衡。

党的十九大以来，福建省委和省政府进一步加大生态文明健设和生态环境保护工作力度，先后制定出台了《福建省党政领导生态环境保护目标责任书考核办法》《福建省农村人居环境整治三年行动实施方案》《福建省深化环境监测改革提高环境监测数据质量实施方案》等一系列政策措施，全省上下凝聚起生态文明建设、生态环境保护和污染防治攻坚的整体合力。但同时，也要看到福建省经济社会发展同生态环境保护的矛盾依然突出，一些地方对生态环境保护的认识还不够，仍存在不少地区结构性生态环境问题，例如黑臭水体、农村环保基础设施建设落后等。所以，要坚持节约优先，加强源头管控，转变发展方式，培育壮大新兴产业，推动传统产业智能化、清洁化，加快发展节能环保产业，促进经济绿色低碳循环发展。

第二节　广东省

1996—2016年广东省污染指数、吸收指数以及综合指数测算结果如表2.7.2。

表2.7.2　广东省环境指数结果

年份 指数	1996	1997	1998	1999	2000	2001	2002	2003	2004	2005	2006
污染	52.55	51.60	124.83	115.91	122.93	137.62	122.62	128.64	121.00	135.08	132.52
吸收	9.82	11.24	6.31	6.40	7.13	9.95	7.95	6.45	6.04	7.13	9.36
综合	47.39	45.80	116.96	108.49	114.17	123.92	112.87	120.34	113.70	125.44	120.12

2007	2008	2009	2010	2011	2012	2013	2014	2015	2016	均值	排名
134.02	132.72	126.77	125.77	162.99	157.87	152.70	200.19	210.35	148.18	133.18	26
7.13	8.91	7.43	7.22	7.24	7.49	8.60	6.97	7.41	8.12	7.82	4
124.47	120.89	117.36	116.69	151.19	146.05	139.57	186.23	194.76	136.14	122.98	25

从上述测算结果中可以看出，广东省的环境质量指数排名全国第25位，属于下游水平。污染排放指数列第26位，污染吸收指数列第4位，属于典型的“高污染—高吸收”省份。从污染层面看，1996—2015年广东省的污染水平基本呈上升趋势，尤其是1998年、2011年和2014年三年，相比前一年的涨幅最为巨大。在2016年，污染程度回落，下降到148.18，总体污染情况较为严重。自1996年以来，广东省二氧化硫平均排放量为89.2万吨、氮氧化物平均排放量为122.7万吨、烟（粉）尘平均排放量为56.1万吨、工业固体废物平均排放量为3639.8万吨、化肥施用量平均为215.5

万吨，污染物排放量分别处于全国第9、3、12、19、7位，污染物排放较高。广东省工业企业众多，大部分存在“先污染后治理”的思想观念，在治理环境污染时大多以末端治理为主，不重视源头削减以及污染预防。另外，广东省产业结构不合理，工业技术水平整体较低，能源消耗高，资源、能源浪费大，造成了污染物的大量排放。

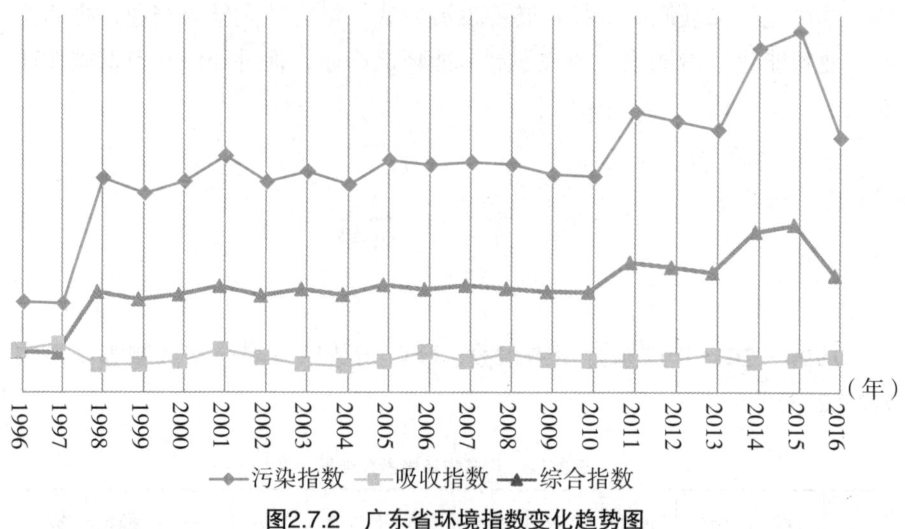

图2.7.2　广东省环境指数变化趋势图

从吸收方面来看，污染吸收指数排名全国第4位，环境吸收能力显著。从1996—2016年看，吸收指数比较平稳，最高值为1997年的11.24，最低值为2004年的6.04。广东省属于东亚季风区，从北向南分别为中亚热带、南亚热带和热带气候，是中国水资源较丰富的地区之一，总量达到1885.52亿立方米。同时，广东省的年平均降水量达到了1916毫米，城市绿地面积为27.97万公顷，均位居全国第1。良好的自然环境使广东省的吸收能力保持着一个非常高的水平。但是值得注意的是，广东省的原生植被遭到了比较严重的破坏，水土流失的现象也较为严重。

综上，广东省拥有全国领先的环境吸收水平，但是污染状况非常严重，随着工业化、城镇化进程加快，产业结构调整任务更加繁重，有效治理难度加大，环境质量与中央要求和群众期盼仍有差距，主要问题有：环境保护推进落实存在薄弱环节、部分地区水污染问题突出、部分地区环境问题突出。为解决这些问题，广东省政府在这些年相继出台了《广东省环境保护厅关于开展固定污染源挥发性有机物排放重点监管企业综合整治工作指引》《广东省环境保护厅关于农村环境保护“十三五”的规划》《2017年水污染整治工作方案》《广东省环境保护厅关于土壤污染治理与修复的规划（2017—2020年）》等政策文件，在环境保护能力建设上取得了很大的进步。广东省委省政府在近年坚决贯彻落实习近平总书记视察广东时提出的“三个定位，两个率先”整体要求，把环境保护摆在更加突出的位置，先后实施了“南粤水更清”行动计划、珠三角清洁空气行动计划。珠三角地区创建了国家重点城市群空气质量改善达标的成功模式，为全国大气污染治理树立了标杆。

第三节　海南省

1996—2016年海南省污染指数、吸收指数以及综合指数测算结果如表2.7.3。

表2.7.3　海南省环境指数结果

指数＼年份	1996	1997	1998	1999	2000	2001	2002	2003	2004	2005	2006
污染	6.18	4.83	10.84	10.42	10.47	8.73	8.63	8.91	11.34	11.60	12.04
吸收	2.05	1.71	0.86	1.42	1.99	2.05	1.38	1.21	0.89	1.22	1.04
综合	6.05	4.75	10.74	10.27	10.26	8.56	8.51	8.80	11.24	11.46	11.91

2007	2008	2009	2010	2011	2012	2013	2014	2015	2016	均值	排名
12.56	13.40	14.25	13.59	14.07	14.05	14.39	29.95	24.83	13.79	12.80	1
1.30	1.68	2.03	1.65	2.14	1.35	1.82	1.47	0.82	1.56	1.51	22
12.40	13.17	13.96	13.37	13.77	13.86	14.12	29.51	24.63	13.57	12.62	1

上述测算结果表明，海南省的环境质量指数排名全国第1位，污染排放指数排名最前，污染吸收指数全国第22位，属于典型的“低污染—低吸收”省份。从污染层面看，1996—2013年海南省的污染指数呈每年小幅度上升的趋势，从6.18上升到了14.39，2014年污染程度大幅度上升，但是2015—2016年污染程度又得到控制，最终和2013年几乎持平。海南省1996—2016年的平均污染指数位列全国第1，二氧化硫平均排放量为2.5万吨、氮氧化物平均排放量为2.5万吨、烟（粉）尘平均排放量为58.6万吨、工业固体废物平均排放量为205.6万吨、化肥施用量平均为37.6万吨，分别

处于全国倒数第1、1、1、1、6位，几乎全国最少，环境状态非常理想。这反映出海南省在生态文明建设方面一直走在全国前列，在生态环境保护、生态经济、生态产业、生态文化、生态人居等方面取得了显著成绩，为新时期海南生态文明建设奠定了良好的发展基础。

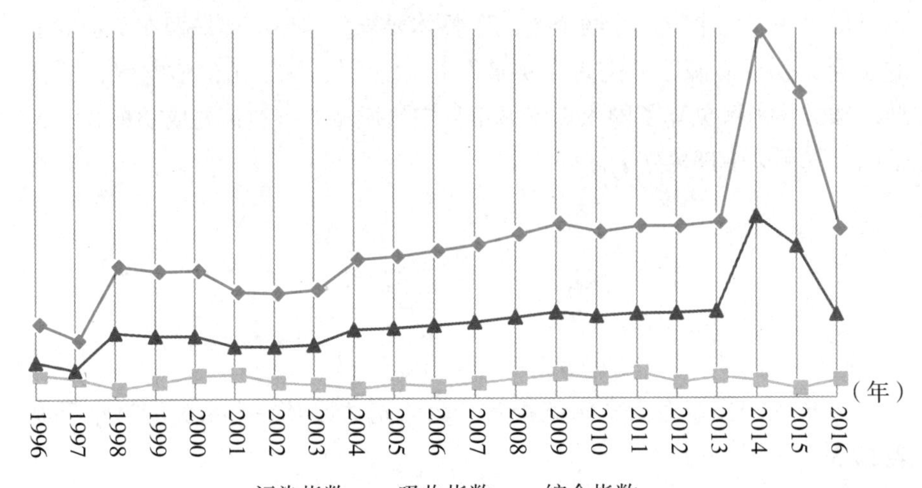

图2.7.3 海南省环境指数变化趋势图

从吸收方面来看，海南省的环境吸收能力位于全国下游水平。吸收指数最高值为2011年的2.14，最低值为2015年的0.82，总体来说变化幅度很小。一方面，海南省的地理环境非常优越，是中国陆地面积最小，海洋面积最大的省。森林面积为171万公顷，森林覆盖率达51%。热带天然林约占全省森林面积一半，从1994年起全面停止采伐，进行保护和恢复。海南省为热带季风气候，年均降水量可达1500毫米，非常有利于污染吸收。另一方面，海南省以旅游业和房地产业为重点产业，工业水平并不发达，所以对能源的消耗和环境的污染也较小，水资源总量一直保持着较高水平。

综上，海南省环境质量突出的原因一方面是自身优越的地理环境和良好的生态环境，另一方面是海南省政府对环境保护工作高度重视，积极开展育林护林工作，同时全省的主导产业是非资源消耗型产业与环境污染型产业，对环境较为友好。十八大以来，海南省委省政府对于环境保护的重视程度并未减少，相继出台了《关于修改〈海南省环境保护条例〉的决定》第三次修订、《关于修改〈海南省红树林保护规定〉等八件法规的决定》第四次修订、《海南省环境保护目标责任制实施办法》《海南省生态环境保护“十三五”规划》《海南省土壤污染防治行动计划实施方案》等政策和文件。在2018年，海南省政府提出了12个方面的重点工作，包括：全力抓好中央环保督查反馈意见整改、实施大气污染防治行动、全面开展土壤污染防治行动、扎实推进水污染防治行动、全力推动绿色发展、深化环保领域改革、加大生态系统保护和生态文明创建力度、提升核与辐射安全监管能力、健全环境保护地方法规体系、加强环境督查和执法、提升环境监管支撑保障能力、全面从严治党。海南今后的经济发展重点仍然是热带高效农业、旅游业和工矿业，而热带大农业中的种植业、海洋捕捞和海水养殖业发展，要求有较好的陆地自然生态环境和海洋自然生态环境，特别是国际旅游业发展，要求为旅客提供清闲、舒适、优美的自然环境。显而易见，海南省未来发展对环境的要求是很高的。因此，必须继续采取强有力的措施确保天然林得到有效保护，正确处理开发和保护的关系，加强海防林和红树林的保护和建设，加强水源林保护力度，实现经济效益和生态效益相协调。

第八章　黄河中游地区

本书中界定的黄河中游地区包括山西省、河南省、陕西省和内蒙古自治区。这一区域总面积约为171万平方公里，人口规模截至2018年近1.95亿，人均GDP截至2017年约为7985美元。从对黄河中游地区环境质量的综合分析来看，黄河中游地区环境质量较差，污染程度比较严重，其吸收能力在2010年前基本低于全国平均水平，在2010年后高于全国平均水平。从黄河中游地区内部的省级层面的指数来看，污染程度最严重的是山西省，最低的是陕西省；自净能力最强的是内蒙古自治区；整体环境质量最好的是陕西省；同时河南省的经济发展对环境的影响最小，人口对环境的破坏力最低；山西省由于面积相对较小，污染聚集度大。黄河中游地区属于典型的“高污染—低吸收”区域，污染程度较为严重，经济增长的环境代价较大，黄河中游地区的自净能力除内蒙古自治区外整体能力较差，污染物聚集度高，人口对环境的破坏较大。这样的结果也反映出黄河中游地区环境质量较差，经济发展给当地生态环境带来的不良影响较大，经济增长的方式还是偏向粗放和非集约化，导致生态环境恶化更加严重，粗放式的经济发展方式给该地区生态环境带来巨大的压力和负荷。而且黄河中游地区地处干旱、半干旱地带，水资源匮乏，土地沙化与水土流失严重，环境形势不容乐观。

目前，国家十分重视黄河中游地区生态文明建设，着力解决中西部地区重大调水、大型水库以及骨干渠网建设。通过各级政府及有关部门制定的环境治理措施的落实，区域生态建设和经济社会发展水资源瓶颈制约等问题将会得到有效解决。在政策的引领和号召下，黄河中游地区环境规范和治理的进程正在进一步加快。因此，对于黄河中游地区环境质量的“高污染—低吸收”的特点，提出如下建议：建立健全绿色低碳循环发展的经济体系；构建市场导向的绿色技术创新体系，发展绿色金融；壮大节能环保产业、清洁生产产业、清洁能源产业；推进能源生产和消费革命，构建清洁低碳、安全高效的能源体系；推进资源全面节约和循环利用；开展创建节约型机关、绿色家庭、绿色学校、绿色社区和绿色出行等行动。

第一节 陕西省

1996—2016年陕西省污染指数、吸收指数以及综合指数测算结果如表2.8.1。

表2.8.1 陕西省环境指数结果

年份 指数	1996	1997	1998	1999	2000	2001	2002	2003	2004	2005	2006
污染	23.99	24.30	54.91	54.43	53.56	52.64	52.81	54.06	58.27	61.75	62.23
吸收	1.67	0.85	1.39	0.98	1.54	1.08	1.06	2.74	2.06	2.38	1.82
综合	23.59	24.09	54.15	53.89	52.73	52.08	52.24	52.58	57.07	60.28	61.09

2007	2008	2009	2010	2011	2012	2013	2014	2015	2016	均值	排名
64.00	64.55	60.50	64.69	71.17	70.21	70.72	93.93	104.60	70.45	61.32	12
2.20	1.80	2.45	2.27	3.29	1.98	2.03	2.08	1.94	1.58	1.87	18
62.59	63.39	59.02	63.22	68.83	68.82	69.28	91.98	102.57	69.34	60.14	13

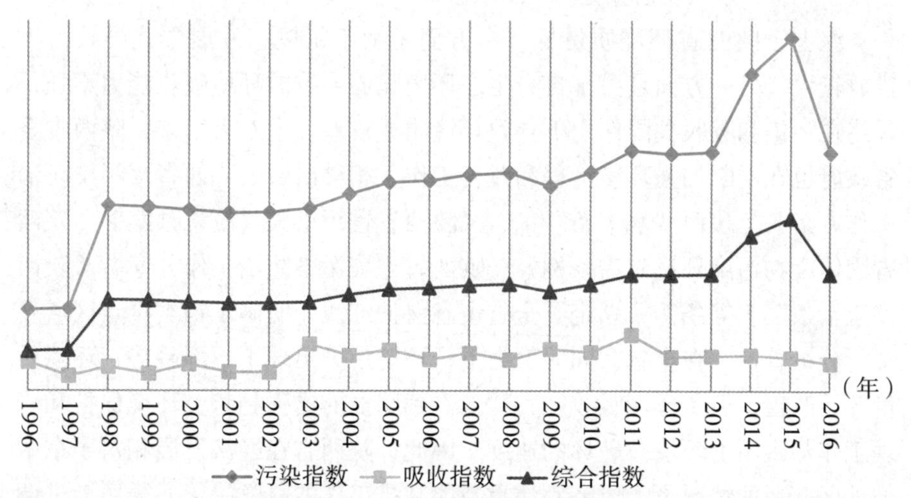

图2.8.1 陕西省环境指数变化趋势图

上述测算结果表明，陕西省的环境质量位于全国中游水平，污染水平较高。从污染方面看，1996—2015年陕西省的污染程度基本呈现增长的趋势，污染指数从23.99上升到了104.60。2016年全省污染恶化的趋势出现明显转折，污染指数降至70.45，但污染程度依然严重，不容乐观。自1996年以来，陕西省二氧化硫平均排放量为56.6万吨、氮氧化物平均排放量为75.5万吨、烟（粉）尘平均排放量为58.6万吨、工业固体废物平均排放量为5043.5万吨、化肥施用量平均为1.1万吨，分别处于全国第18、20、19、18、20位，均位于全国中下游水平，对大气和土壤造成严重污染。这反映出陕西省多年来经济发展主要依靠低附加值、高污染的产业，高端服务业比重较低，同时支撑发展的能源结构较低。这就导致全省的经济发展建设造成了严重污染，但是经济总量和质量都没有处在较高水平。

从吸收方面来看，全省的环境吸收能力处于全国中下游水平。吸收指数最高值为2011年的3.29，最低为1997年的0.85，相差近4倍，呈现“M”型变化趋势。一方面，陕西省森林面积仅有700多万公顷，在全国列21位，属于森林较少的省份，并且森林基本处在陕南的秦岭地区，全省大部分地区地处黄土高原，植被覆盖率低，干旱多风沙，导致吸收能力偏低；另一方面，近年来陕西省全省的经济发展步伐加快，需要大量的矿产资源开发和能源消耗，并且能源利用率很低，开发建设过程中造成植被退化水土流失严重，水资源总量也在快速减少。

综上，陕西省环境质量低，一方面是由于粗放型发展方式导致污染排放较大，另一方面是由于自身生态环境脆弱导致的环境吸收能力不强，最终在污染和吸收共同作用下导致环境质量较差。十八大以来，陕西省委省政府也在不断加强环境治理和改善工作，相继出台《陕西省水污染防治工作方案》（陕西“水十条”）、《陕西省重污染天气应急预案》《陕西省固体废物污染环境防治条例》《陕西省土壤污染防治工作方案》（陕西“土十条”）等条例，划定了全省生态保护红线，明确了14类重点区域并实行分级管控。在全省共同的努力下，环境污染出现了下降趋势，环境质量开始改善，但是环境吸收能力暂未看到明显的增强趋势，环境保护和治理工作却跟不上环境被破坏的速度。因此，陕西省在经济发展相对于东中部地区落后的情况下，要特别注重节能减排工作的科学决策，循序渐进调整产业结构和能源结构，避免“一刀切”等简单粗暴的关停现象。同时，当前首要任务是加强吸收能力，大力推动植树造林、退耕还林等工作，增强生态系统吸收污染物的能力。

第二节　内蒙古自治区

1996—2016年内蒙古自治区污染指数、吸收指数以及综合指数测算结果如表2.8.2。

表2.8.2　内蒙古自治区环境指数结果

年份 指数	1996	1997	1998	1999	2000	2001	2002	2003	2004	2005	2006
污染	35.14	39.56	50.20	43.98	44.53	46.49	44.88	55.60	60.12	74.45	77.92
吸收	3.10	1.92	3.96	1.85	1.61	1.51	1.35	3.51	4.34	3.79	3.97
综合	34.05	38.80	48.21	43.17	43.82	45.79	44.27	53.65	57.51	71.63	74.83

2007	2008	2009	2010	2011	2012	2013	2014	2015	2016	均值	排名
84.53	83.11	88.00	106.02	129.35	132.15	116.91	185.10	220.69	146.86	88.84	18
3.57	3.73	4.23	3.49	4.60	3.96	5.71	4.47	4.29	3.53	3.45	13
81.52	80.01	84.27	102.32	123.40	126.91	110.23	176.83	211.22	141.68	85.43	18

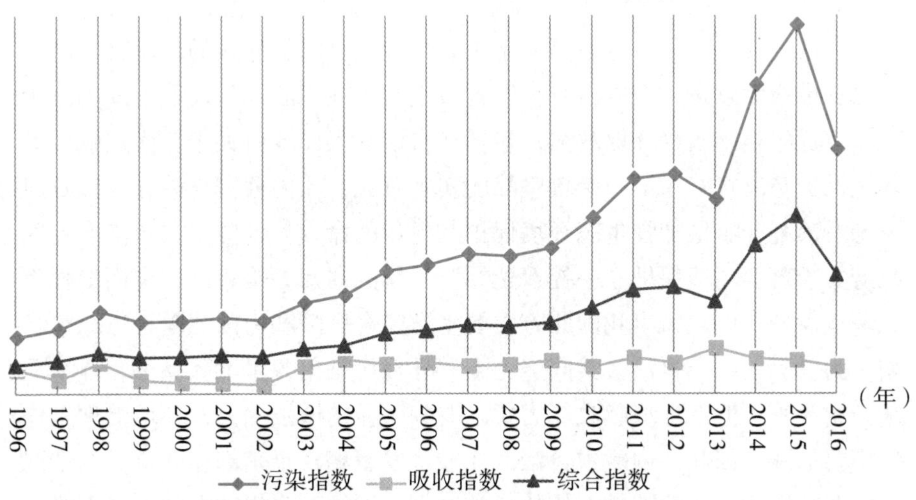

图2.8.2　内蒙古自治区环境指数变化趋势图

上述测算结果表明，内蒙古自治区的环境质量位于全国中游水平，污染水平较高。从污染方面看，1996—2015年内蒙古自治区的污染程度基本呈现增长的趋势，污染指数从35.14上升到了220.69。2016年全省污染恶化的趋势出现明显转折，污染指数降至146.86，但污染程度依然严重、不容乐观。1996年以来，内蒙古自治区二氧化硫平均排放量为111.4万吨、氮氧化物平均排放量为112.4万吨、烟（粉）尘平均排放量为79.9万吨、工业固体废物平均排放量为11272.4万吨、化肥施用量平均为135万吨，分别处于全国第25、25、23、26、15位，均位于全国中下游水平，对大气和土壤造成严重污染。这反映出内蒙古自治区多年来经济发展主要依靠低附加值、高污染的产业，高端服务业比重较低，同时支撑发展的能源结构不合理。这就导致在全省的经济发展建设造成了严重污染，但是经济总量和质量都没有处在较高水平。

从吸收方面来看，全省的环境吸收能力处于全国中游水平。吸收指数最高值为2013年的5.71，最低为2002年的1.35，呈现“M”型变化趋势。一方面，内蒙古自治区的森林面积有2000多万公顷，在全国排名很高，森林面积较大，但是森林覆盖率较低，沙尘较大，导致吸收能力偏低；另一方面，近年来内蒙古自治区的经济发展步伐加快，需要大量的矿产资源开发和能源消耗，并且能源利用率很低，开发建设过程中造成的水土流失问题也较为严重。

综上，内蒙古自治区环境质量低，一方面是由于粗放型发展方式导致污染排放较大，另一方面是由于生态环境自身脆弱导致的环境吸收能力不强。十八大以来，内蒙古自治区各级政府也在不断加强环境治理和改善工作，近年相继出台环保政策，包括《自治区人民政府关于全面加强生态环境保护坚决打好污染防治攻坚战的实施意见》《内蒙古自治区人民政府关于严禁乱开滥垦加强生态环境保护与建设的命令》《内蒙古自治区人民政府关于落实环境保护“一控双达标”工作的通知》等条例，全面加强生态环境保护，以“筑牢我国北方重要生态安全屏障和祖国北疆万里绿色长城”为目标。在全自治区共同努力下，环境污染出现了下降趋势，环境质量开始改善，但是环境吸收能力暂未看到明显的增强趋势，环境治理工作仍需要加强。因此，内蒙古自治区在经济发展相对于东部地区落后的情况下，要特别注重节能减排工作的科学决策，逐渐改变粗放型的发展策略，提高能源利用率。同时，当前要把工作重点放在加强吸收能力，大力推动植树造林、退耕还林等工作上，增强生态系统自净能力。

第三节　山西省

1996—2016年山西省污染指数、吸收指数以及综合指数测算结果如表2.8.3。

表2.8.3　山西省环境指数结果

年份 指数	1996	1997	1998	1999	2000	2001	2002	2003	2004	2005	2006
污染	40.05	40.41	102.19	89.96	79.01	77.90	81.48	92.35	97.31	102.51	103.44
吸收	0.75	0.33	0.34	0.30	0.37	0.32	0.34	0.71	0.65	0.53	0.60
综合	39.75	40.28	101.84	89.69	78.72	77.65	81.20	91.69	96.68	101.97	102.82
2007	2008	2009	2010	2011	2012	2013	2014	2015	2016	均值	排名
107.63	112.61	105.09	116.01	148.05	152.10	155.89	173.83	193.19	160.67	111.03	22
0.66	0.56	0.61	0.52	0.79	0.58	0.73	0.70	0.61	0.67	0.56	26
106.92	111.98	104.45	115.41	146.87	151.21	154.75	172.62	192.01	159.60	110.39	23

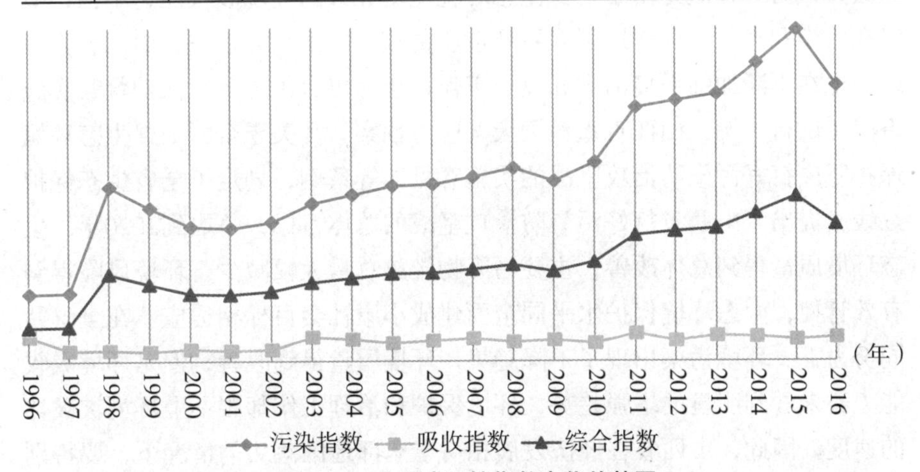

图2.8.3　山西省环境指数变化趋势图

上述测算结果表明，山西省的环境质量位于全国中下游水平，属于典型的“高污染—低吸收”省份。从污染方面看，1996—2015年山西省的污染程度基本呈现增长的趋势，污染指数从40.05上升到了193.19。2016年全省污染恶化的趋势出现明显转折，污染指数降至160.67，但污染程度依然严重、不容乐观。自1996年以来，山西省二氧化硫平均排放量为124.85万吨、氮氧化物平均排放量为96.69万吨、烟（粉）尘平均排放量为140.6万吨、工业固体废物平均排放量为15628.2万吨、化肥施用量平均为100.1万吨，分别处于全国第27、24、30、29、11位，均位于全国中下游水平，对大气和土壤造成严重污染。这反映出山西省多年来经济发展主要依靠低附加值、高污染的产业，高端服务业比重较低，同时支撑发展的能源结构较不合理。这就导致全省的经济发展建设造成了严重污染，同时经济总量和质量都没有处在较高水平。

从吸收方面来看，全省的环境吸收能力处于全国下游水平。吸收指数最高值为2011年的0.79，最低为1999年的0.30，相差近3倍，但变化趋势较为平稳。一方面，山西省森林面积仅有230多万公顷，在全国排名靠后，属于森林较少的省份，全省大部分地区地处黄土高原，植被覆盖率低，干旱多风沙，导致吸收能力偏低。另一方面，近年来山西全省的经济发展步伐加快，需要大量的矿产资源开发和能源消耗，并且能源利用率很低，开发建设过程中造成植被退化水土流失严重。

综上，山西省环境质量低，一方面是由于粗放型发展方式导致污染排放较大，另一方面是由于自身生态环境脆弱导致的环境吸收能力不强，最终在污染和吸收共同作用下导致环境质量较差。十八大以来，山西省委省政府也在不断加强环境治理和改善工作，相继出台了《环境保护督察实施方案（试行）》《山西省重污染天气应急预案》《关于全面加强生态环境保护坚决打好污染防治攻坚战的实施意见》等条例，划定了全省生态保护红线，提出了山西省打好污染防治攻坚战的总体目标，争取到2020年，生态环境质量得到总体改善，主要污染物排放总量大幅减少，环境风险得到有效管控，生态环境保护水平同全面建成小康社会目标相适应。在全省共同努力下，环境污染出现了下降趋势，环境质量得到改善，但是环境吸收能力暂未看到明显的增强趋势，环境保护和治理工作却跟不上环境被破坏的速度。因此，山西省在经济发展相对于东部地区落后的情况下，要特别注重节能减排工作的科学决策，杜绝粗放式的发展模式，避免简单地直接关停相关生产单位的现象。同时，当前首要任务是加强吸收能力，大力推动植树造林、退耕还林等工作，增强生态系统吸收污染物的能力。

第四节　河南省

1996—2016年河南省污染指数、吸收指数以及综合指数测算结果如表2.8.4。

表2.8.4　河南省环境指数结果

年份 指数	1996	1997	1998	1999	2000	2001	2002	2003	2004	2005	2006
污染	91.20	89.03	128.08	136.13	124.06	118.47	118.34	116.59	117.16	127.73	128.81
吸收	2.51	0.97	1.98	0.88	2.92	0.99	1.36	2.77	1.98	2.22	1.56
综合	88.92	88.17	125.55	134.93	120.43	117.30	116.73	113.35	114.84	124.89	126.80

2007	2008	2009	2010	2011	2012	2013	2014	2015	2016	均值	排名
130.38	127.57	129.46	128.39	141.30	140.66	142.41	211.08	226.93	139.49	133.96	27
2.10	1.64	1.68	1.99	1.76	1.23	1.14	1.38	1.34	1.36	1.70	20
127.64	125.47	127.29	125.84	138.81	138.93	140.79	208.16	223.88	137.60	131.73	27

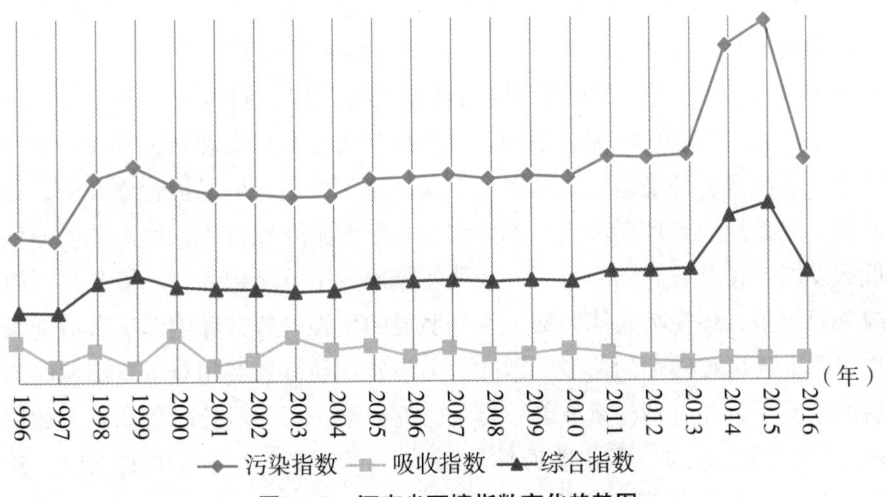

图2.8.4　河南省环境指数变化趋势图

上述测算结果表明，河南省的环境质量位于全国下游水平，属于典型的“高污染—低吸收”省份。从污染方面看，1996—2015年河南省的污染程度基本呈现增长的趋势，污染指数从91.20上升到了226.93，升高了1.5倍。2016年，全省污染恶化的趋势出现明显转折，污染指数降至139.49，但污染程度依然严重、不容乐观。自1996年以来，河南省二氧化硫平均排放量为115.1万吨、氮氧化物平均排放量为127.52万吨、烟（粉）尘平均排放量为109.47万吨、工业固体废物平均排放量为8508.9万吨、化肥施用量平均为546.81万吨，分别处于全国第26、28、28、25、30位，均位于全国下游水平，对大气和土壤造成严重污染。这反映出河南省多年来经济发展主要依靠低附加值、高污染的产业，高端服务业比重较低，同时支撑发展的能源结构较低。以上因素使得河南省在经济发展的同时，也造成了一定的环境污染，但是经济总量和质量都没有处在较高水平。从吸收方面来看，全省的环境吸收能力处于全国中下游水平。

吸收指数最高值为2000年的2.92，最低为1999年的0.88，相差约3倍，呈现“M”型变化趋势。一方面，河南森林面积仅有300多万公顷，覆盖率约24%，排名靠后，属于森林较少的省份，全省大部分地区的植被覆盖率低，导致吸收能力偏低。另一方面，近年来河南全省的经济发展步伐加快，需要大量的矿产资源开发和能源消耗，并且能源利用率很低，同时由于地形原因，河南省极易形成严重的水土流失。

综上，河南省环境质量较低，一方面是由于粗放型发展方式导致污染排放较大，另一方面是由于自身生态环境脆弱导致的环境吸收能力不强，最终在污染和吸收共同作用下导致环境质量较差。十八大以来，河南省委省政府也在不断加强环境治理和改善工作，期间相继出台《河南省“十三五”生态环境保护规划》《森林河南生态建设规划（2018—2027年）》《河南省环境监控管理办法》《河南省土壤环境保护管理办法》等条例，完善河南省环保法规标准体系，有效约束开发行为，促进绿色循环低碳发展。在全省共同努力下，环境污染出现了下降趋势，环境质量开始改善。但是，环境吸收能力暂未看到明显的增强趋势，环境保护和治理工作跟不上环境被破坏的速度。因此，河南省在经济发展相对于东部地区落后的情况下，要特别注重节能减排工作的科学决策，坚持绿色低碳，加快转变能源消费方式，深化能源体制改革，推进防止水土流失的工作。并且，河南省应将加强吸收能力作为当前的首要任务，增强生态系统自净能力。

第九章　长江中游地区

本书所界定的长江中游地区包括湖北省、湖南省、江西省和安徽省，区域面积70.46万平方公里，人口规模截至2018年为2.365亿，人均GDP截至2017年为7171美元。从对长江中游地区环境质量的综合分析来看，长江中游地区环境质量一直处于全国中等水平。其中，湖南省的环境质量排名较低，污染较为严重；安徽省和湖北省环境质量处于全国中等偏下水平，污染也比较严重；相对而言，江西省的环境质量在本区域是相对较好的，这主要得益于其环境吸收能力较强，环境治理举措得力，污染把控严格。长江中游地区是属于典型的“高污染—高吸收”区域，污染程度较为严重，经济增长的环境代价较大，而长江中游地区得益于其在降水和森林、湿地等方面的环境资源优势，环境吸收能力较强，这在一定程度上能够减轻环境污染压力。长江中游地区一直以来以传统轻工业与制造业为其支柱产业，经济发展的方式较为粗放，过度依赖煤炭、石油等不可再生能源也为生态环境保护造成了极大的阻碍；但是，长江中游地区属亚热带季风气候，降水量和水资源较为丰富，土地面积广、森林和湿地覆盖率相对较高，自然环境的禀赋优势较强，使其环境吸收能力相对较强。近年来，长江中游地区环境污染出现一定程度的下降，环境质量在缓步提升，这也反映出长江中游地区的环境治理已经初见成效，未来仍然需要持续推进，加强环境管控，严格推进治理工作进程。

2001年以来，按照国家针对环境保护的统一部署并结合本地区的具体实际，长江中游地区的四个省份分别就生态环境领域出台了一系列的法规、规划和方案等，并在逐步加强对环境执法和行政的督查力度，尤其是在十八大和十九大以后，生态文明建设在国家战略发展格局中已经占据了非常重要的地位，在政策的引领和号召下，长江中游地区环境规范和治理的进程也在进一步加快。因此，对于长江中游地区环境质量的“高污染—高吸收”的特点，本书提出如下建议：坚持节约资源和保护环境的基本国策，坚持节约优先、保护优先、自然恢复为主的方针，着力推进绿色发展、循环发展、低碳发展，形成节约资源和保护环境的空间格局、产业结构、生产方式及生活方式，从源头上扭转生态环境恶化趋势，加强省级协调，推进环境区域联合治理。

第一节　湖北省

1996—2016年湖北省污染指数、吸收指数以及综合指数测算结果如表2.9.1。

表2.9.1　湖北省环境指数结果

指数＼年份	1996	1997	1998	1999	2000	2001	2002	2003	2004	2005	2006
污染	56.80	52.09	98.26	100.38	101.49	96.17	96.33	94.16	92.03	93.30	96.35
吸收	3.81	3.33	4.90	4.60	4.43	2.70	4.83	5.03	4.32	3.74	2.98
综合	54.64	50.35	93.45	95.76	96.99	93.57	91.68	89.43	88.05	89.81	93.47

2007	2008	2009	2010	2011	2012	2013	2014	2015	2016	均值	排名
95.99	95.42	96.28	100.85	107.69	107.04	105.94	150.17	153.22	107.14	99.86	20
4.38	4.16	3.78	4.40	3.70	3.14	3.34	3.83	4.00	4.92	4.02	11
91.78	91.45	92.64	96.41	103.71	103.68	102.40	144.42	147.10	101.87	95.84	20

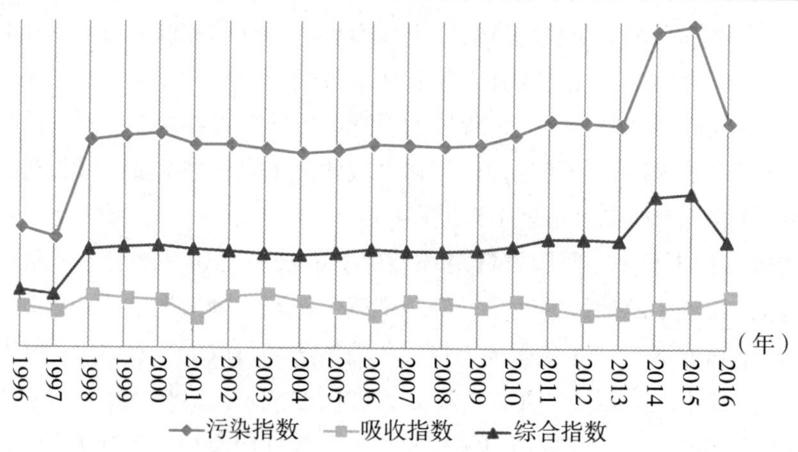

图2.9.1　湖北省环境指数变化趋势图

上述测算结果表明，湖北省的环境质量位于全国中下游水平，属于污染水平较高的省份。从污染方面看，1996—2015年湖北省的污染程度基本呈现增长的趋势，污染指数从56.80上升到了153.22。2016年是国家出重拳治理环境的一年，全省污染恶化的趋势出现明显转折，污染指数降至107.14，但污染程度依然严重、不容乐观。自1996年以来，湖北省二氧化硫平均排放量为59.42万吨、氮氧化物平均排放量为54.18万吨、烟（粉）尘平均排放量为52.71万吨、工业固体废物平均排放量为4817.5万吨、化肥施用量平均为299.76万吨，分别处于全国第15、17、15、17、26位，大多位于全国中游水平，对大气和土壤造成的污染较为严重。这反映出湖北省的经济支柱产业主要为能源密集型与高污染的产业，并且支撑发展的能源结构不合理。这就导致全省的经济发展建设造成了严重污染，虽然经济总量在全国排名较高，但这在一定程度上是以牺牲环境质量为代价的。

从吸收方面来看，全省的环境吸收能力处于全国中上游水平。吸收指数最高值为2003年的5.03，最低为2001年的2.70，相差近2倍，呈现波浪型变化趋势。一方面，湖北省森林面积为580多万公顷，虽然在全国处于中下游水平，但是森林覆盖率较高，2017年达到40.5%，属于森林较多的省份，因此环境自净能力较强。另一方面，近年来湖北省的经济发展步伐加快，需要大量的矿产资源开发和能源消耗，对生态环境的破坏较为严重，可持续发展水平较低。

综上，湖北省环境质量较低的原因主要是由于粗放型发展方式导致污染排放较大，虽然吸收水平较高，但最终在较高污染水平作用下导致环境质量较差。十八大以来，湖北省委、省政府也在不断加强环境治理和改善工作，期间相继出台《中共湖北省委湖北省人民政府关于加快生态文明体制改革的实施意见》《湖北省沿江化工企业关改搬转工作方案》《湖北省环保机构监测监察执法垂直管理制度改革实施方案》等条例，牢固树立和贯彻落实新发展理念，强化主体功能区定位，严守生态保护红线。在全省共同努力下，环境污染出现了下降趋势，环境质量开始改善。并且，环境吸收能力也在逐年增强，环境保护和治理工作落实较好，整治力度较大。湖北省在经济不断发展的过程中，依然要特别注重节能减排工作的科学决策，加快产业升级转型，循序渐进调整产业结构和能源结构。同时，需继续加强环境吸收能力，大力推动植树造林等工作，增强生态系统吸收污染物的能力。

第二节 湖南省

1996—2016年湖南省污染指数、吸收指数以及综合指数测算结果如表2.9.2。

表2.9.2 湖南省环境指数结果

年份/指数	1996	1997	1998	1999	2000	2001	2002	2003	2004	2005	2006
污染	56.58	47.12	96.65	95.08	97.04	101.39	104.08	114.85	118.12	121.34	121.65
吸收	9.66	8.27	8.33	8.36	7.67	7.23	10.55	7.41	7.55	6.59	7.54
综合	51.11	43.22	88.60	87.13	89.59	94.06	93.09	106.34	109.21	113.34	112.47

2007	2008	2009	2010	2011	2012	2013	2014	2015	2016	均值	排名
124.99	122.01	120.67	117.50	116.10	112.66	111.32	161.76	170.06	104.64	111.22	23
6.32	6.49	6.30	6.65	5.55	7.09	6.15	7.02	7.11	7.12	7.38	5
117.09	114.09	113.07	109.69	109.65	104.67	104.48	150.41	157.97	97.19	103.17	22

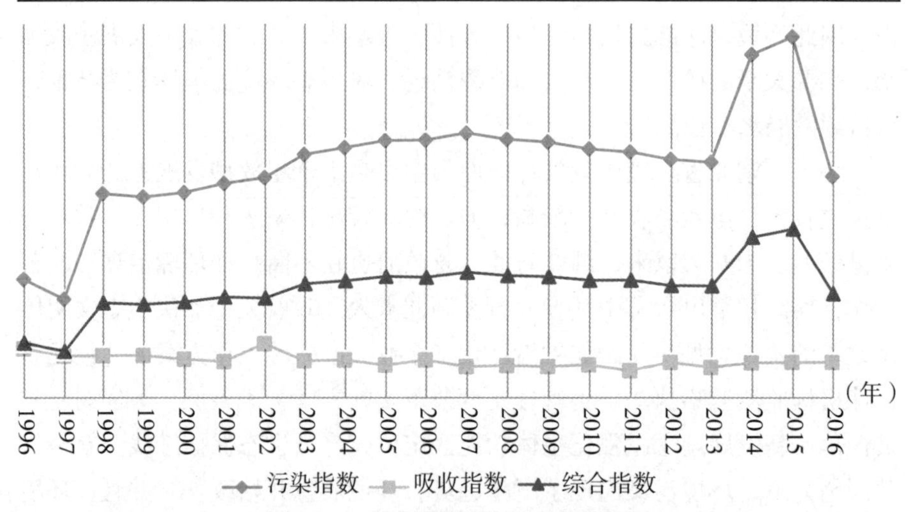

图2.9.2 湖南省环境指数变化趋势图

上述测算结果表明，湖南省的环境质量位于全国中下游水平，属于污染水平较高的省份。从污染方面看，1996—2015年湖南省的污染程度基本呈现增长的趋势，污染指数从56.58上升到了170.06。2016年全省污染恶化的趋势出现明显转折，污染指数降至104.64，但污染程度依然严重、不容乐观。自1996年以来，湖南省二氧化硫平均排放量为73.05万吨、氮氧化物平均排放量为46.6万吨、烟（粉）尘平均排放量为80.69万吨、工业固体废物平均排放量为4389.5万吨、化肥施用量平均为212.4万吨，分别处于全国第19、14、24、14、22位，大多位于全国中下游水平，对大气和土壤造成较严重的污染。这反映出湖南省多年来经济发展主要依靠低附加值、高污染的产业，如石油化工、重型机械、有色金属冶炼等产业。另外，湖南省的能源结构较差，不具有可持续性。这就导致全省的经济发展建设造成了严重污染。

从吸收方面来看，全省的环境吸收能力处于全国上游水平。吸收指数最高值为2002年的10.55，最低为2011年的5.55，呈现一定的下降趋势。一方面，湖南森林面积有920多万公顷，在全国排名较高，森林覆盖率将近60%，属于森林较多的省份，植被覆盖率高，气候湿润，环境吸收能力较强。但是，近年来湖南省的经济发展步伐加快，作为其支柱产业的矿业以及纺织业的发展需要消耗大量自然资源，且能源利用率不高，造成经济发展过程中污染指数不断攀升。

综上，湖南省环境质量低的主要原因是由于粗放型发展方式导致的污染物排放过量，虽然其吸收能力较强，但最终治理赶不上污染，导致环境质量不断恶化。十八大以来，湖南省委省政府也在不断加强环境治理和改善工作，期间相继出台《湖南省湘江保护条例》《关于全面加强生态环境保护坚决打好污染防治攻坚战的实施意见》《湖南省大气污染防治条例》等条例，全力推进污染防治攻坚战和中央环保督察整改，不断完善生态环境治理体系，提高生态环境治理能力。在全省共同努力下，环境污染出现了下降趋势，环境质量开始改善，环境吸收能力也在加强。因此，湖南省在经济发展的过程中，要重点落实节能减排工作，循序渐进地调整产业结构和能源结构。同时，要继续推进污染治理基础设施建设，继续加强生态保护工作，增强生态系统自净能力。

第三节 江西省

1996—2016年江西省污染指数、吸收指数以及综合指数测算结果如表2.9.3。

表2.9.3　江西省环境指数结果

指数＼年份	1996	1997	1998	1999	2000	2001	2002	2003	2004	2005	2006	2007	2008	2009	2010	2011	2012	2013	2014	2015	2016	均值	排名
污染	37.45	30.95	63.77	62.06	66.98	65.66	68.53	74.34	79.50	81.69	83.66	86.48	85.80	87.10	89.14	103.08	101.36	102.20	122.11	129.82	120.04	82.94	16
吸收	8.89	7.97	8.68	7.84	6.30	6.70	8.15	5.91	5.24	6.11	7.10	5.23	5.72	5.47	7.77	5.24	7.68	5.63	6.45	7.35	7.17	6.79	6
综合	34.12	28.48	58.24	57.20	62.76	61.27	62.95	69.95	75.33	76.70	77.72	81.96	80.90	82.33	82.21	97.69	93.58	96.45	114.24	120.28	111.43	77.42	16

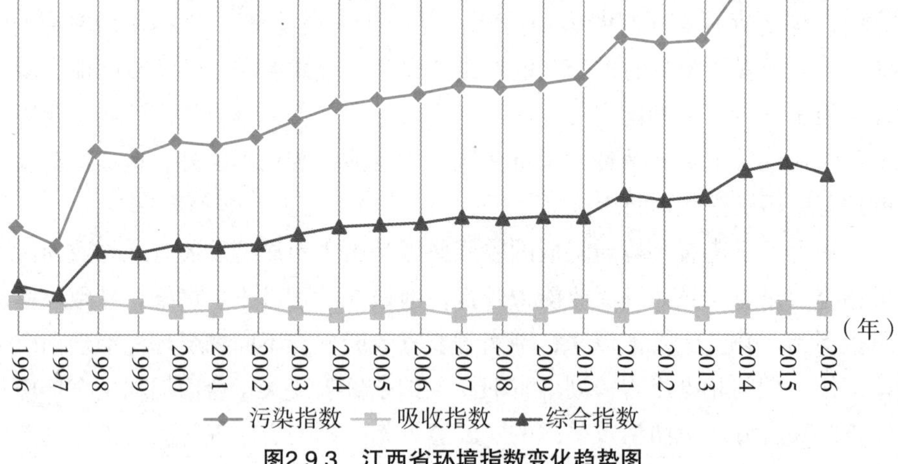

图2.9.3　江西省环境指数变化趋势图

上述测算结果表明，江西省的环境质量位于全国中游水平，属于污染水平中等的省份。从污染方面看，1996—2015年江西省的污染程度基本呈现增长的趋势，污染指数从37.45上升到了129.82，升高了2.5倍。2016年全省污染恶化的趋势略降，污染指数降至120.04，但污染程度依然处于中游水平。自1996年以来，江西省二氧化硫平均排放量为46.12万吨、氮氧化物平均排放量为42.96万吨、烟（粉）尘平均排放量为44.4万吨、工业固体废物平均排放量为7670万吨、化肥施用量平均为127.53万吨，分别处于全国第10、12、11、22、13位，大多位于全国中上游水平，污染程度相对较小。这是因为江西省多年来经济发展主要依靠低污染的产业，如航空制造业、汽车业、机电制造业、电子信息产业、金属材料产业、生物医药、食品以及纺织服装业等。但是，由于支撑江西省发展的能源结构较低，这就导致全省的经济发展建设造成了一定程度的污染。

从吸收方面来看，全省的环境吸收能力处于全国上游水平。吸收指数最高值为1996年的8.89，最低为2007年的5.23，总体呈现一定的下降趋势。一方面，江西省森林面积有960多万公顷，在全国排名高，森林覆盖率63%，属于森林较多的省份，植被覆盖率较高，气候湿润，环境吸收能力较高。另外，由于江西省山地土层薄，雨量大，近年来水土流失情况严重，治理难度较大。

综上，江西省环境质量在全国属于中等水平，但是由于粗放型发展方式导致污染排放较大，尽管吸收能力较强，但最终治理赶不上污染，导致环境质量一般。十八大以来，江西省委省政府也在不断加强环境治理和改善工作，期间相继出台《关于全面加强生态环境保护坚决打好污染防治攻坚战的实施意见》《关于印发加快发展节能环保产业二十条政策措施的通知》《关于进一步加强危险废物环境管理工作的通知》等条例，建立独立权威高效的生态环境监测体系，构建天地一体化的空气、水、土壤、生态、污染源生态环境监测网络，实现全省生态环境质量预报预警。在全省共同努力下，环境污染趋势放缓，环境质量开始改善，环境吸收能力也在加强。因此，江西省在经济发展的过程中，要特别注重节能减排工作的科学决策，逐渐实现产业升级转型与能源的有效利用。同时，要继续加强生态保护工作，继续推进植树造林，做好水土流失防治工作，减少污染的同时不断增强生态系统吸收污染物的能力。

第四节　安徽省

1996—2016年安徽省污染指数、吸收指数以及综合指数测算结果如表2.9.4。

表2.9.4　安徽省环境指数结果

年份 指数	1996	1997	1998	1999	2000	2001	2002	2003	2004	2005	2006
污染	52.32	48.18	77.54	73.73	69.32	67.90	67.56	70.73	71.83	74.96	77.90
吸收	4.82	2.11	3.55	4.32	2.82	2.12	3.43	4.28	2.43	2.82	2.60
综合	49.79	47.17	74.78	70.55	67.37	66.46	65.25	67.71	70.09	72.84	75.88

续表

2007	2008	2009	2010	2011	2012	2013	2014	2015	2016	均值	排名
81.78	86.96	89.02	90.93	111.40	112.31	111.45	147.67	163.36	125.60	89.16	19
3.09	2.84	3.19	3.17	2.85	2.59	2.36	3.05	3.36	3.93	3.13	14
79.25	84.49	86.18	88.05	108.23	109.40	108.82	143.17	157.88	120.66	86.38	19

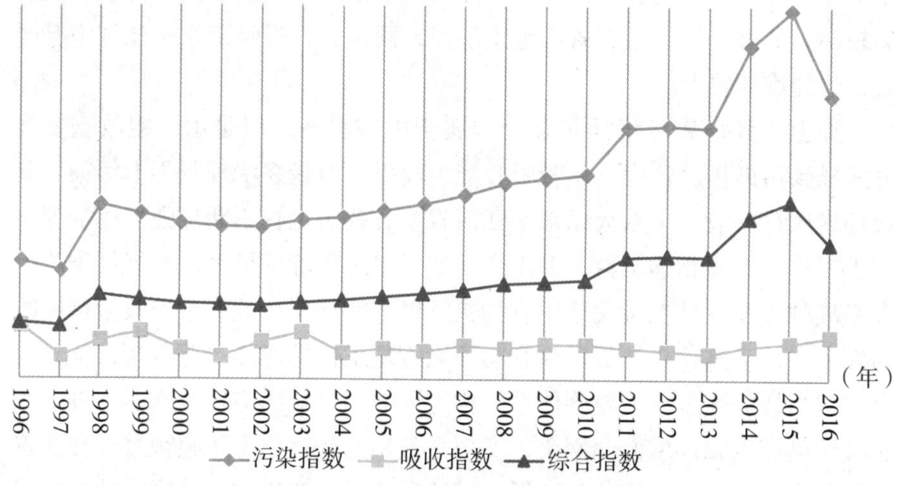

图2.9.4　安徽省环境指数变化趋势图

上述测算结果表明，安徽省的环境质量位于全国中下游水平，属于污染水平较高省份。从污染方面看，1996—2015年安徽省的污染程度呈现增长的趋势，污染指数从52.32上升到了163.36。2016年是国家出重拳治理环境的一年，《大气污染防治法》正式实施，使得全省污染恶化的趋势出现明显转折，污染指数降至125.60，但污染程度依然严重、不容乐观。自1996年以来，安徽省二氧化硫平均排放量为46.95万吨、氮氧化物平均排放量为69.84万吨、烟（粉）尘平均排放量为55.97万吨、工业固体废物平均排放量为6748万吨、化肥施用量平均为295.1万吨，分别处于全国第11、21、17、21、25位，大多位于全国中下游水平，对大气和土壤造成较严重污染。这反映出安徽省多年来在经济发展过程中，主要依靠高耗能与高污染产业，第三产业发展不平衡，可持续发展能力较低。这就导致全省的经济发展建设造成了严重污染，但是经济总量和质量都没有处在较高水平。

从吸收方面来看，全省的环境吸收能力处于全国中游水平。吸收指数最高值为1996年的4.82，最低为1997年的2.11，总体呈现“M”型变化趋势。一方面，安徽省森林面积仅有350多万公顷，覆盖率为28.65%，在全国排名靠后，属于森林较少的省份，同时国土绿化工作目前也还存在森林资源总量不足、结构不优、分布不均衡、质量效益不高等问题，导致吸收能力偏低；另一方面，近年来安徽省的经济发展步伐加快，加大了对矿产和能源消耗，产业结构依然存在不合理的问题，并且能源利用率很低。

综上，安徽省环境质量低，一方面是由于粗放型发展方式导致污染排放较大，另一方面是由于自身生态环境脆弱导致的环境吸收能力不强，最终在污染和吸收共同作用下导致环境质量较差。十八大以来，安徽省委省政府也在不断加强环境治理和改善工作，期间相继出台《安徽省环境保护条例》《安徽省大气污染防治条例》《安徽省大气污染防治行动计划实施方案》等条例，划定生态保护红线，划出重点，深入治理。在全省共同努力下，2016年环境污染出现了明显下降趋势，环境质量开始改善，但是环境吸收能力暂未看到明显的增强趋势。因此，相对于东部其他地区，安徽省在经济发展落后的情况下，要特别注重产业升级转型，避免“先污染，后治理”的发展模式，逐渐调整产业结构和能源工作，同时做好植树造林工作，提高森林覆盖率，加强环境吸收能力，增强生态系统吸收污染物的能力。

第十章　西南地区

本书所界定的西南地区包括四川省、贵州省、云南省、广西壮族自治区、重庆直辖市五个省（区、市）。区域面积137.13万平方公里，2017年人口规模为2.5亿，人均GDP约为6223美元。

从西南地区环境质量的综合分析来看，西南地区环境质量基本处于全国中等水平。其中，重庆市环境污染指数整体上呈现不断增大的趋势，净化能力仍处于全国中等水平；四川省环境吸收质量处于较高水平，全国排名第1位，但其环境质量水平和环境污染指数均处于全国下游水平；贵州省的环境质量一直处于全国中等偏上水平，环境质量在逐步改善；相对而言，云南省污染较低且吸收能力较强；广西壮族自治区环境质量指数处于全国中等偏下水平，这主要是由于广西地区环境污染上升明显。

西南地区是属于典型的“高污染—高吸收”区域，污染程度较为严重，生态环境保护仍面临巨大压力。随着全国整体经济发展和人民生活水平的不断提高，西南地区发展的愿望十分强烈，西南地区既担负着加快发展经济，改变西南地区总体上呈现的贫困和落后面貌的艰巨任务，又面临着生态环境不断恶化，急需加强和保护生态环境的巨大压力。在GDP指标、经济利益的驱动下，在资金、人力和技术欠缺的情况下，西南地区不断引进“两高”行业，其产业发展模式和生产方式以粗放型、浪费型为主，在发展过程中，西南地区的生态环境破坏较为严重。

自2007年以来，西南地区各省先后出台了多项环境保护政策性文件。在“十三五”规划期间，西南地区各省贯彻落实创新、协调、开放、绿色、共享的发展理念，坚定走生产发展、生活富裕、生态良好的文明发展道路，推进主体生态功能区布局，强化生态建设和环境治理。目前，西南地区区域生态环境保护机制初步确定，生态建设力度不断加大，成效开始显现。因此，针对西南地区环境质量特点，提出如下建议：发展绿色低碳循环经济，加快推动生产方式绿色化；加强资源能源节约集约利用，加快转变资源能源利用方式；推动城乡居民生活方式绿色化，广泛开展绿色生活行动，坚决抵制和反对各种形式的奢侈浪费；加强生态保护和修复，实施重大生态修复工程。

第一节　重庆市

1996—2016年重庆市污染指数、吸收指数以及综合指数测算结果如表2.10.1。

表2.10.1　重庆市环境指数结果

指数＼年份	1996	1997	1998	1999	2000	2001	2002	2003	2004	2005	2006
污染	51.84	21.00	37.50	45.74	41.58	39.62	40.27	41.10	41.41	42.09	40.92
吸收	1.11	1.85	2.68	2.63	2.59	1.47	2.25	2.33	2.43	1.93	1.63
综合	51.26	20.61	36.50	44.54	40.51	39.04	39.36	40.14	40.41	41.28	40.26

2007	2008	2009	2010	2011	2012	2013	2014	2015	2016	均值	排名
41.26	41.27	41.90	41.72	47.23	45.56	44.60	55.41	61.38	45.36	43.27	8
2.68	2.21	2.04	1.70	2.38	1.79	1.89	2.50	1.81	2.03	2.09	16
40.15	40.36	41.04	41.01	46.10	44.75	43.76	54.02	60.27	44.44	42.37	8

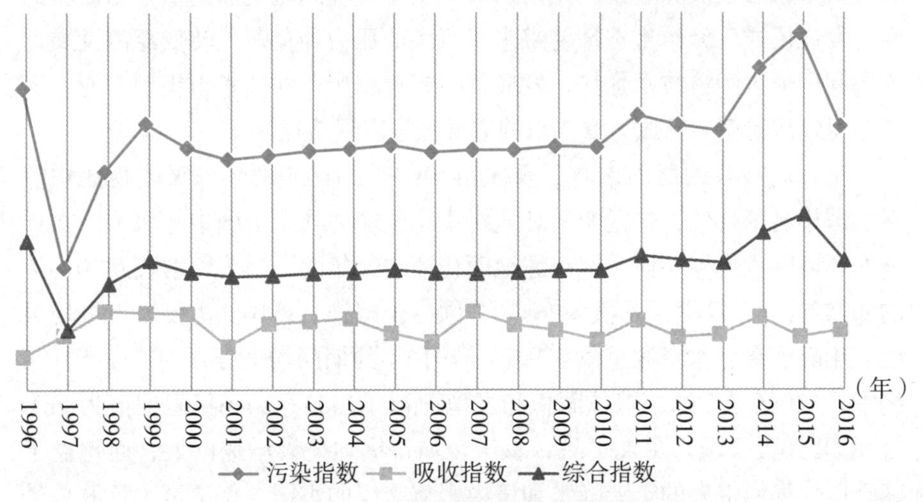

图2.10.1　重庆市环境指数变化趋势图

上述测算结果表明，重庆市的环境质量位于全国中上游的水平。从污染方面看，1996—2016年重庆市环境质量变化呈现明显的阶段性特征，1996—2000年环境污染指数呈现波动趋势，从1996年的51.84迅速下降到1997年的21.00，又在2000年逐渐回升到41.58；2001—2010年重庆市环境污染指数稳定在41.00左右，波动较小。2011—2016年波动明显，2013—2015年出现了较大幅度波动，但又迅速回落。从环境综合指数层面来看，2000—2010年环境污染指数变化稳定，2011—2015年期间增速较快，2016年开始，环境污染指数迅速下滑，这也反映出重庆市环境污染程度正在逐渐降低。在具体的污染物层面来看，氮氧化物排放量从2006—2016年经历了从快速增长到缓慢下降的过程，2006年为22.3万吨，2011年为40.3万吨，2016年为21.7万吨，这10年间均值为29.7万吨，全国排名第5位。二氧化硫排放总量和烟（粉）尘排放量从1996年开始就呈现逐渐下降的趋势，这期间均值分别为70.6万吨、32.3万吨，全国排名分别为第18位和第9位。二氧化碳排放量、工业固体废弃物产生量、生活垃圾清运量、化肥施用量、农药使用量等都出现了不同幅度的上升趋势，1996年分别为0.16亿吨、905万吨、144万吨、66万吨、16254吨，2016年分别为1.61亿吨、2344万吨、494万吨、96万吨、17604吨，而在这期间各项指标的均值分别为0.45亿吨、2036万吨、251万吨、82万吨、19112吨，全国排名分别为第7、6、7、9、10位。由此可见，重庆市环境污染指数整体上呈现不断增大的趋势，表明重庆市经济发展给当地生态环境带来了诸多不良影响，经济发展方式是偏向粗放和非集约化的，导致生态环境恶化更加严重，粗放型的经济发展模式已经给生态环境带来了巨大的压力和负荷，转变经济发展方式，利用地区经济技术优势，发展资本密集型产业和技术密集型产业，逐渐实现经济转型，已成为重庆市的主要经济发展路径。

从环境吸收的层面来看，重庆市1996—2016年的环境吸收指数均值在全国排名第16位，这说明其环境污染净化能力处于全国中等水平。在具体的环境吸收指标层面，城市绿地面积从1996年的8674公顷增长到2016年的59758公顷，这期间均值为26470公顷，全国排名第10。主要城市平均湿度、年降水量、水资源总量在1996—2016年的期间均值分别为77%、1176毫米、520亿立方米，森林面积和湿地面积在2003—2016年间均值为86千公顷和250万公顷。由此可见，重庆市城市绿地建设增速巨大，而得益于其季风性气候带来的丰沛降水和境内密集交织的水网，无论是水资源总量还是森林湖泊面积都位居全国前列，这也极大地提高了重庆市的环境吸收能力。

综上来看，重庆市污染较低，吸收能力处于中等水平。重庆市“十三五”规划中强调“坚持绿色发展，建设生态文明”。主要的举措一是必须坚持节约资源和保护环境的基本国策，坚定走生产发展、生活富裕、生态良好的文明发展道路，牢牢把握“五个决不能”底线，保障生态安全，改善环境质量，提高资源利用效率，推动生产方式、生活方式和消费模式绿色转型，把重庆建成碧水青山、绿色低碳、人文厚重、和谐宜居的生态文明城市。二是要发展绿色低碳循环经济，加快推动生产方式绿色化，大力发展节能环保产业，加快发展绿色能源，推动农业发展方式转变，推进低碳城市试点。三是要加强资源能源节约集约利用，加快转变资源能源利用方式，加强水资源管理和有偿使用，严格土地管理，加强矿产资源节约和综合利用。四是要推动城乡居民生活方式绿色化，广泛开展绿色生活行动，坚决抵制和反对各种形式的奢侈浪费，要加大环境治理力度，深入实施“蓝天、碧水、宁静、绿地、田园”环保行动。五是要加强生态保护和修复，建设长江上游重要生态屏障，实施重大生态修复工程。六是要加强生态文明制度建设，着力构建产权清晰、多元参与、激励约束并重、系统完整的生态文明制度体系。由此可见，重庆市在生态环境保护和地区污染治理方面，已经形成了系统的体制，在未来也会进一步推进生态环境治理，提升环境质量。

第二节　四川省

1996—2016年四川省污染指数、吸收指数以及综合指数测算结果如表2.10.2。

表2.10.2　四川省环境指数结果

指数＼年份	1996	1997	1998	1999	2000	2001	2002	2003	2004	2005	2006
污染	64.03	62.74	129.97	105.68	139.01	138.84	131.41	134.71	129.74	122.26	124.83
吸收	4.87	8.74	10.46	11.03	11.51	11.24	8.53	10.83	11.43	11.46	8.62
综合	60.91	57.26	116.37	94.02	123.02	123.24	120.20	120.12	114.92	108.24	114.07

续表

2007	2008	2009	2010	2011	2012	2013	2014	2015	2016	均值	排名
126.59	122.34	120.17	128.69	132.51	131.99	132.24	181.63	184.11	134.22	127.51	24
10.25	10.21	10.57	9.34	10.72	10.58	9.73	10.25	8.78	8.18	9.87	1
113.62	109.85	107.47	116.67	118.31	118.02	119.38	163.00	167.95	123.24	114.76	24

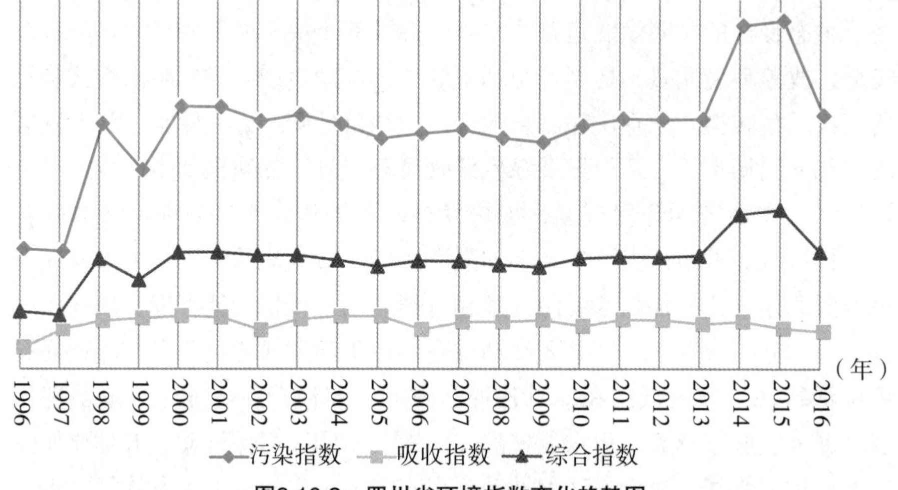

图2.10.2 四川省环境指数变化趋势图

上述测算可知，四川省的环境质量水平处于全国下游水平，是一个典型的“高污染—高吸收”地区。1996—2016年间四川省环境质量指数变化分为明显的阶段，1998—2013年间平稳变化，增长幅度不大；2013—2015年环境质量指数增长明显，从119.38增长到167.95；2015年以后，开始出现快速下滑，2016年四川省环境质量指数为123.24。从环境污染层面来看，1996—2016年环境污染指数总体呈现增长的趋势，但从2015年后开始出现下降，这期间环境污染指数均值为127.51，全国排名24位，属于高度污染地区。在具体的污染指标层面，氮氧化物排放量呈现明显的先增长后下降趋势，2006—2013年，氮氧化物排放量从35.8万吨增长到62.8万吨；而2013—2016年，氮氧化物排放量从62.8万吨降低到42.1万吨，这期间氮氧化物排放量的均值为53万吨，全国排名第16位，处于中等排放水平。二氧化硫排放量和烟（粉）尘排放量呈现明显降低的趋势，从1996年的161万吨和121万吨下降到2016年的48万吨和27万吨，这期间年均值分别为103万吨和90万吨，全国排名居于前列，污染相对较高。工业固体废弃物、生活垃圾清运量、化肥施用量、农药使用量和化学需氧量从1996

年开始不断上升，从1996年的3074万吨、390万吨、192万吨、6.5万吨和28.5万吨分别上涨到2016年的11765万吨、886万吨、245万吨、5.8万吨和67万吨，增长幅度较大，这也说明了工业开发和经济建设过程中，对资源和能源的消耗不断扩大，污染物排放量不断增长。由此可见，四川省在经济开发中对资源和能源的消耗度在不断上升，工业污染和城市生活污染带来的环境问题日益严峻，这也是四川省经济社会发展中需要不断注重的问题。

从环境吸收的层面来看，四川省环境吸收质量处于较高水平，全国排名第1位，这表明四川省整体的环境吸收能力强，对污染物净化能力高。在具体的环境吸收指标方面，1996—2016年城市绿地面积从44475公顷增长到100557公顷，这期间均值为62586公顷。主要城市相对湿度、降水量和水资源总量在1996—2016年间均值分别为78%、922毫米、2393亿立方米，这是由于四川省地处亚热带季风气候区，境内河网密布，空气湿度和水资源总量相对比较丰富，而这也极大地提升了环境净化能力。湿地面积和森林面积在1996—2016年均值为1171千公顷和1578万公顷，在全国排名居于前列。由此可见，四川省无论是植被覆盖面积还是降水总量，都居于全国前列，这也表明四川省拥有更强的环境吸收能力，在经济发展带来巨大环境代价时，能够显著改善地区环境质量，提升地区生态环境水平。

综上可知，四川省1996—2016年的环境质量处于全国靠后水平，尽管四川省拥有较强的环境吸收能力，但工业污染增幅较大，由此引发的环境污染问题不断加剧，这也是四川省经济社会发展所需要解决的棘手问题。在四川省“十三五”规划中，提出继续坚持主体功能区制度，加快形成人口、资源和环境相协调的国土空间开发格局，围绕构建长江上游生态屏障，牢固树立生态文明理念，全面推进生态省建设，构建形成科技含量高、资源消耗低、环境污染少的产业结构和生产方式，倡导勤俭节约、绿色低碳、文明健康的生活方式和消费模式，切实解决突出环境问题，持续改善环境质量。因此，在未来的发展中，四川省一方面需要控制污染物排放的力度不断降低；另一方面，继续加强环境建设力度，不断扩大城市绿化面积，加强对湿地资源和森林资源的保护，保持环境吸收能力稳中有升，进而提升省内环境质量。

第三节 贵州省

1996—2016年贵州省污染指数、吸收指数以及综合指数测算结果如表2.10.3。

表2.10.3 贵州省环境指数结果

指数＼年份	1996	1997	1998	1999	2000	2001	2002	2003	2004	2005	2006	2007	2008	2009	2010	2011	2012	2013	2014	2015	2016	均值	排名
污染	27.00	25.88	60.98	53.53	47.68	44.21	44.79	49.25	51.09	51.98	54.87	55.81	54.13	59.24	60.27	63.65	64.42	65.04	70.10	75.47	71.36	54.80	10
吸收	5.00	5.29	3.72	5.06	5.27	4.28	4.61	3.72	4.43	3.28	3.51	4.40	4.40	4.02	3.41	3.12	3.57	3.13	4.67	4.30	3.61	4.13	10
综合	25.65	24.51	58.72	50.82	45.17	42.32	42.73	47.42	48.82	50.27	52.95	53.35	51.75	56.86	58.22	61.67	62.13	63.01	66.83	72.23	68.79	52.58	10

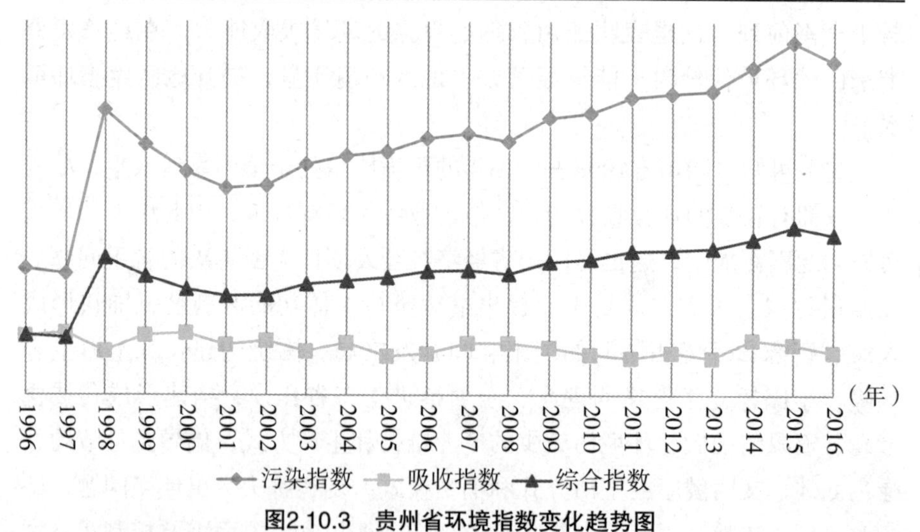

图2.10.3 贵州省环境指数变化趋势图

上面的测算结果表明，贵州省的环境质量一直处于全国中等偏上水平，环境污染指数呈现上升趋势，但近年来增速减慢；环境吸收指数一直维持在中等偏上水平，环境吸收能力较强，这也反映出贵州省一直以来推进经济建设与脆弱的生态环境间的权衡，一方面既要大力推进工业和制造业开发，加强基础设施建设，改善经济发展的硬性条件；另一方面贵州省脆弱的生态环境对经济发展和工业建设的制衡。从环境污染层面来看，1996—1999年间，环境污染的波动性较强，2000年开始环境污染指数就逐渐开始缓慢增长。在具体的污染指标方面，氮氧化物从2006年的18万吨上升到2016年的38万吨，10年间均值为42.35万吨，全国排名第11位，污染程度相对较轻。二氧化硫平均排放量和烟（粉）尘平均排放逐渐呈现递减的趋势，2000年排放量分别为144万吨、81万吨，2016年分别为64万吨、27万吨。二氧化碳排放量、工业固体废弃物产生量、生活垃圾清运量、化肥施用量、农药使用量和化学需氧量都呈现逐年递增的趋势，1996年其各项值分别为0.24亿吨、1085万吨、93.32万吨、61万吨、7259吨、6.94万吨，2016年各项值分别为2.46亿吨、7753万吨、294万吨、103万吨、13677吨、25.59万吨，这期间的均值分别为0.6亿吨、1835万吨、598万吨、14.42万吨、8070吨、22.77万吨，全国排名分别为第13名、19名、4名、8名、6名、7名。氨氮排放量从2004年1.79万吨到2016年3.1万吨，增幅较小，年均值为2.4万吨，全国排名第6位。由此可见，贵州省的环境污染相对较轻，但环境污染程度在不断加重，主要的污染物都出现了较大的涨幅。贵州省在进行经济建设和生态保护中，不仅面临着重要的机遇，同时也面临着极大的挑战，机遇在于国家对西部地区的战略扶持力度和经济开发力度在进一步加强，贵州在承接产业转移、发展信息产业方面都有了一定的产业积累，经济发展的动能正在逐渐凸显，产业活力进一步增强；但挑战在于地区脆弱的生态环境一定程度上限制了工业开发和产业落户，在经济发展和环境建设之间如何实现双赢更具挑战性。

从环境吸收的层面来看，环境吸收指数一直处于中等偏上水平，变动幅度较小，全国排名第10位，相对来说环境吸收能力较强。在具体的环境吸收指标方面，城市绿地面积的增幅较大，从1996年的7595公顷增长到2016年40808公顷。主要城市平均相对湿度、年降水量、水资源总量年均值为78.49%、1145.6毫米、1015亿立方米，全国排名分别为28名、19名、22名。湿地面积和森林面积从2003年的79.41千公顷、367万公顷，增加到2016年的209千公顷、653公顷，尤其是湿地面积2003—2016年均值为114千公顷，全国排名第3位。由此可见，贵州省无论是城市绿地建设还是湿地和森林修护，都取得了显著的成效。

综上可知，贵州省的环境质量位于全国中等偏上水平，环境质量在逐步改善。贵州省的环境污染指数出现较大幅度增长，这说明区域内经济发展为生态环境带来了许多负面效应，经济发展方式仍旧偏向粗放和非集约式发展。贵州省“十三五”规划期间，提出“生态建设和环境保护实现新跨越”，规划要实现生产方式和生活方式绿色、低碳水平上升。万元生产总值用水量下降20%，耕地保有量6555万亩，新增建设用地规模控制在120万亩，单位生产总值能源消耗、单位生产总值二氧化碳排放、主要污染物减排达到国家下达的目标要求，非化石能源占一次能源消费比重达到15%、森林覆盖率提高到60%、县级以上城市空气质量优良天数比例达到85%以上、好于Ⅲ类水体比例达到90%以上、土壤环境质量明显改善。城乡人居环境持续改善，主要生态系统步入良性循环，生态文明先行示范区建设取得突出成效。这就意味着“十三五”期间，贵州省要在污染物排放约束和生态修复工程两方面继续推进，不断加强生态环境保护工作，增强环境自净能力，控制污染源头，积极发展循环经济，提高资源的利用效率，不断推进经济发展与生态文明建设协调发展。

第四节　云南省

1996—2016年云南省污染指数、吸收指数以及综合指数测算结果如表2.10.4。

表2.10.4　云南省环境指数结果

年份 指数	1996	1997	1998	1999	2000	2001	2002	2003	2004	2005	2006	2007	2008	2009	2010	2011	2012	2013	2014	2015	2016	均值	排名
污染	35.70	40.21	61.52	63.21	49.18	49.47	49.40	48.90	50.72	54.24	59.62	63.89	66.70	68.17	70.02	118.92	114.58	114.54	116.77	117.86	101.50	72.15	14
吸收	1.23	9.58	8.43	10.47	10.59	11.26	9.46	7.54	10.18	7.89	8.10	10.14	9.67	7.92	7.55	7.93	6.99	7.44	7.69	7.83	7.60	8.36	2
综合	35.26	36.35	56.33	56.59	43.97	43.90	44.72	45.21	45.55	49.96	54.79	57.41	60.26	62.77	64.74	109.49	106.57	106.03	107.80	108.63	93.79	66.20	14

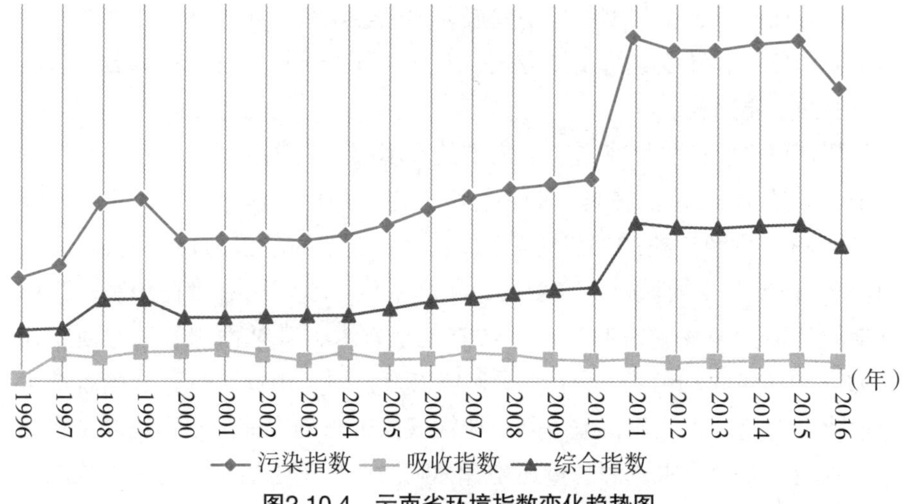

图2.10.4　云南省环境指数变化趋势图

上述测算结果表明，云南省的环境质量处于全国中等水平，1996—2016年云南省环境质量变化呈现明显的阶段性特征，1996—2010年环境质量指数呈现缓慢上升趋势，从35.26上升到64.74，增长幅度较小；2011—2016年云南省环境质量变化稳定在较高的水平，从109.49下降到93.79，变化稳定波动较小。从环境污染层面来看，1996—2014年环境污染指数不断增长，尤其是2009—2015年增速较快。2015—2016年，环境污染指数下滑明显，从117.86下降到101.50，这也反映出云南省环境污染程度正在逐渐降低。从具体的污染物层面来看，氮氧化物排放量从2006—2016年经历了从快速增长到缓慢下降的过程，2006年为27.5万吨，2012年为54万吨，2016年为44.7万吨，这10年间均值为43.3万吨，全国排名第13位。二氧化硫排放总量和烟（粉）尘排放量从1996年开始就呈现逐渐增长的趋势，这期间均值分别为48.8万吨、34.5万吨，全国排名分别为第13位和第10位。1996年二氧化碳排放量、工业固体废弃物产生量、生活垃圾清运量、化肥施用量、农药使用量、化学需氧量分别为0.24亿吨、2137万吨、92.25万吨、97.2万吨、20296吨、21.3万吨，2016年分别为1.8亿吨、13121万吨、432.1万吨、235.6万吨、58601吨、37.38万吨，在这期间各项指标的均值分别为0.58亿吨、7733万吨、235万吨、158万吨、37116吨、34.77万吨，全国排名分别为第11、23、5、17、15、14位。由此可见，云南省环境污染指数整体上呈现不断增大的趋势，表明云南省经济发展给当地生态环境带来了诸多不良影响，经济发展方式是偏向粗放和非集约化的，导致生态环境恶化更加严重，粗放型的经济发展模式已经给省内生态环境带来了巨大的压力和负荷，转变经济发展方式、发展循环经济已经逐渐成为云南省经济发展的主要途径。

从环境吸收的层面来看，云南省的环境吸收指数较好，一直以来在全国排名都处于第2位。在具体的环境吸收指标层面，城市绿地面积从1996年的8348公顷增长到2016年的43101公顷，这期间均值为18865公顷，全国排名第5位。主要城市平均湿度、年降水量、水资源总量在1996—2016年期间均值为68%、1103毫米、1945亿立方米，森林面积和湿地面积在2003—2016年间均值为322千公顷和1715万公顷。由此可见，云南省城市绿地建设增速巨大，而得益于其季风性气候带来的丰沛降水和境内密集交织的水网，无论是水资源总量还是森林湖泊面积都位居全国前列，这也极大地提高了云南省的环境吸收能力。

综上来看，云南省污染水平中等，吸收能力较强。自从2007年以后，云南省先后出台了“七彩云南保护运动计划”、《七彩云南保护行动》《七彩云南生态文明建设规划纲要》《滇西北生物多样性保护计划》等政策性文件。而云南省“十三五”规划中指出，要贯彻落实创新、协调、开放、绿色、共享的发展理念，必须坚持节约为先、保护为先，设定并严守资源消耗上限、环境质量底线，坚持走生产发展、生活富裕、生态良好的创新发展之路。一方面要促进生产方式的绿色化升级，能源使用效率和资源开发效率的不断提高；另一方面要坚持环境质量工程和生态文明建设，改善城市人居环境，主体城市功能区不断凸显，生态文明建设走在全国前列。由此可见，云南省已经将绿色发展理念作为经济发展和生态建设的指导思想，在经济社会改革和生产生活实践中，不断深入推进生态文明建设，最终实现经济生态的全面协调可持续发展。

第五节　广西壮族自治区

1996—2016年广西壮族自治区污染指数、吸收指数以及综合指数测算结果如表2.10.5。

表2.10.5 广西壮族自治区环境指数结果

指数＼年份	1996	1997	1998	1999	2000	2001	2002	2003	2004	2005	2006	2007	2008	2009	2010	2011	2012	2013	2014	2015	2016	均值	排名
污染	65.50	66.77	105.94	99.73	128.71	108.45	109.60	122.32	125.48	133.88	135.33	132.42	130.23	128.31	126.17	92.92	94.56	92.02	113.44	117.65	89.91	110.44	21
吸收	9.74	10.31	8.30	7.82	6.92	10.64	9.77	7.75	7.54	6.87	8.11	6.32	8.97	6.97	6.70	6.79	7.70	8.01	8.03	9.08	7.38	8.08	3
综合	59.11	59.89	97.14	91.93	119.80	96.91	98.89	112.84	116.03	124.69	124.36	124.05	118.54	119.36	117.72	86.61	87.28	84.65	104.33	106.97	83.28	101.64	21

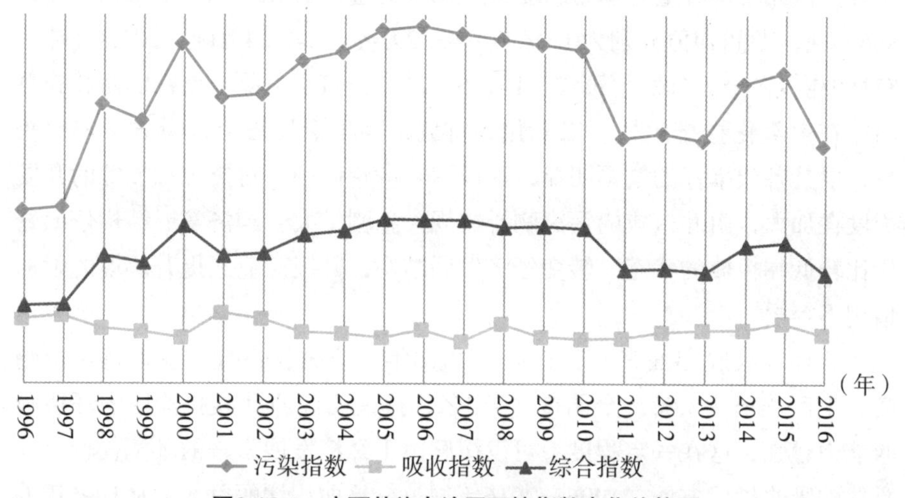

图2.10.5 广西壮族自治区环境指数变化趋势图

上述测算结果可知，广西壮族自治区环境质量处于全国中下游水平，污染较为严重，1996—2016年广西壮族自治区的环境质量水平综合来看位居全国第21位，处于中等偏下水平。环境综合指数基本呈现一个先增长后逐渐下降的过程，1996—2006年，环境综合指数从59.11上升到124.36，说明这一段时期经济的快速扩张是以牺牲环境质量为代价的；2007—2016年，环境综合指数出现缓慢下降的趋势，从124.05下降到83.28，说明在经济发展当中，产业结构的演化和生态环境建设已经同期推进环境质量的改善。从环境污染层面来看，1996—2016年广西壮族自治区环境污染指数也呈现明显的先增长后下降的趋势。在具体的污染物指标方面，氮氧化物排放量呈现先增长后下降的趋势，2006年为23.2万吨，2013年为50.43万吨，2016年为30.29万吨，10年间均值为36.94万吨，全国排名第8名。1996—

2016年间二氧化硫排放量和烟（粉）尘排放总量也经历了先增长后下降的趋势，分别从1996年的60.16万吨和48万吨增长到2005年的102万吨和105.9万吨，又下降到2016年的20万吨和26.19万吨，而期间均值为70.35万吨和68.3万吨，全国排名第17和22名，这说明无论是氮氧化物排放量还是二氧化硫和烟（粉）尘排放量都随着经济发展的趋势出现明显的阶段性特征。1996—2016年间二氧化碳排放量、工业固体废弃物产生量、生活垃圾清运量、化肥施用量和农药使用量都呈现缓慢增长的趋势，1996年各个指标的排放量分别为0.2亿吨、1666万吨、178.64万吨、135万吨、39806吨，2016年各个指标的排放量分别为2.8亿吨、6938万吨、411.2万吨、262.14万吨、85694吨，期间均值分别为0.6亿吨、4552万吨、243.24万吨、205.8万吨、57140吨，在全国分别为第12、16、6、21、19名。由此可见，广西壮族自治区在氮氧化物排放量、二氧化碳排放量和生活垃圾清运量方面都比较少，但其各项指标的增幅明显，这说明经济建设中，对资源和能源的开发力度在加大，由此造成的污染物排放规模急剧扩大，经济发展结构依旧处于比较低端粗放的状态，转变经济发展结构，升级产业、提升环境的附加值刻不容缓。

从环境吸收层面来看，1996—2016年环境吸收指数一直保持稳定趋势，期间均值为8.08，全国排名第3名，这说明广西壮族自治区的环境吸收能力较强，这在一定程度上可以缓解由于经济发展带来的环境代价。在具体的吸收指标方面，1996—2016年城市绿地面积增幅巨大，从1996年的38374公顷上升到2016年的84484公顷。主要城市平均相对湿度、降水量和水资源由于广西地区独特的自然地理环境和季风性气候类型，一直都呈现比较好的吸收状态。湿地面积和森林面积出现了小幅度的增长，从2003年的656千公顷和817万公顷分别上升到2016年的754千公顷和1343万公顷。由此可见，广西壮族自治区由于独特的地理地貌环境和气候类型，对于环境污染的吸收和净化能力比较强，而随着城市绿地面积以及森林湿地面积的扩展，环境吸收能力还将进一步增强。

综上可知，广西壮族自治区环境质量指数处于全国中等偏下水平，这主要是由于广西地区环境污染上升明显，而其环境吸收能力较强。广西壮族自治区“十三五”规划纲要中指出，绿色发展是经济发展转型的主攻方向，要以生态经济为抓手推进生态文明建设，推动绿色低碳循环发展，建立健全生态文明制度体系，打造生产空间集约高效、生活空间舒适宜居、生态空间山清水秀的美丽广西。一方面要推进主体生态功能区布局，以主体功能区规划为基础统筹各类空间性规划，推进经济社会、土地利用、城乡建设、生态环保等规划“多规合一”。建立健全适应主体功能区建设的财政、投资、产业、土地、人口、环境、绩效评价等政策。重点生态功能区实行产业准入负面清单制度。另一方面全面节约和高效利用资源，强化生态建设和环境治理。坚持节约优先，树立节约集约循环利用的资源观。强化节能减排降碳指标管理，实行能源和水资源消耗、建设用地等总量和强度双控行动。严格划定生态红线和用途管制，加强重点生态功能区和自然保护区管护，加快形成以桂西和北部湾沿海为主的生态屏障。深入推进石漠化综合治理。增强应对气候变化能力。最重要的是要以生态经济的理念来引领经济发展方向，坚持产业生态化、生态产业化、生活低碳化，构建科技含量高、资源消耗低、环境污染少的生态经济体系。利用节能低碳环保技术对传统工业特别是资源型工业进行绿色化改造，加快培育节能环保、新能源汽车、新能源、生物医药、新材料等新型生态工业，构建工业生态产业链。加快发展生态服务业，推广绿色产品和绿色服务。鼓励社会资本向环境保护和生态建设领域流动，推进生态文明建设的全民参与理念的形成，进而带动生态经济发展。

第十一章　西北地区

本书所界定的西北地区包括甘肃省、青海省、宁夏回族自治区、新疆维吾尔自治区四个省、自治区，区域面积约300万平方公里，常住人口规模截至2017年年底达6351万人，人均GDP截至2017年为5806美元。从对西北地区环境质量的综合分析来看，西北地区环境质量一直处于全国上游水平。其中青海省的环境质量排名全国第4位，污染较小；宁夏回族自治区环境质量排名紧随其后，然而其吸收能力靠后；甘肃省排在全国第6位，总体环境质量较好；相对而言，新疆维吾尔自治区的环境质量在本区域是最差的，主要是因为近些年来新疆的发展主要依靠高附加值的工业产业的快速发展带动，如依靠石油石化工业和高耗能工业等。西北地区是属于典型的“低污染—低吸收”区域，污染程度较轻，经济增长的环境代价较小，而西北地区由于自然禀赋差，干旱少雨、土地贫瘠，环境吸收能力总体不强，在低污染和低吸收的双重作用下，环境综合质量仍排在靠前位置。西北地区一直以来作为传统的农业和能源工业基地，经济发展的方式较为传统，主要依靠农业和服务业带动，工业发展总体水平不高；但是，西北地区深居中国内陆，降水稀少，气候干旱，沙漠广布，年蒸发量巨大，自然环境禀赋的先天劣势使其环境吸收能力相对不强。近年来，西北地区环境污染出现一定程度的下降，环境质量在逐步改善，这也反映出西北地区的环境治理已经初见成效，未来仍然需要持续推进，着重加强环境吸收能力。

2001年以来，西北地区的四个省份分别就生态环境领域出台了一系列的法规、规划和方案等，按照国家针对环境保护的统一规划和要求，结合本地区的具体实际，逐步加强对环境质量的治理和改善力度。尤其是在“十二五”和“十三五”规划期间，生态文明建设在国家战略发展格局中占据了非常重要的地位，在政策的引领和民心所向下，西北地区环境治理和改善的进程也在进一步发展。因此，对于西北地区环境质量的“低污染—低吸收”的特点，本书提出如下建议：建立生态经济发展模式的基本思路，因地制宜，大力发展区域特色产业经济，发展适宜本地区发展的生态经济发展模式；以栽培植物为手段，恢复沙化土地土壤肥力和植被，改造利用沙化土地，大力推进植树造林、退耕还林、修建水利灌溉等工程，加强自然环境保护和修复工作，提高环境综合吸收能力和生态环境质量。

第一节　宁夏回族自治区

1996—2016年宁夏回族自治区污染指数、吸收指数以及综合指数测算结果如表2.11.1。

表2.11.1　宁夏回族自治区环境指数结果

指数＼年份	1996	1997	1998	1999	2000	2001	2002	2003	2004	2005	2006
污染	7.26	10.13	14.33	15.08	23.33	23.93	16.75	17.34	12.80	20.52	20.23
吸收	0.07	0.03	0.04	0.04	0.03	0.05	0.06	0.07	0.10	0.08	0.10
综合	7.25	10.12	14.32	15.07	23.32	23.92	16.74	17.32	12.79	20.51	20.21

2007	2008	2009	2010	2011	2012	2013	2014	2015	2016	均值	排名
20.89	20.59	20.56	24.97	29.58	27.65	28.51	38.99	43.73	35.09	22.49	4
0.10	0.10	0.11	0.10	0.12	0.11	0.12	0.12	0.11	0.11	0.09	29
20.86	20.57	20.53	24.95	29.54	27.62	28.47	38.95	43.68	35.05	22.47	5

上述测算结果表明，宁夏回族自治区的环境质量位于全国上游水平，属于典型的“低污染—低吸收”省份。从污染方面看，1996—2015年宁夏回族自治区的污染程度基本呈现增长的趋势，污染指数从7.26上升到了43.73。2016年全自治区污染恶化的趋势出现稍微转折，污染指数降至35.09，但污染程度依然较前些年份处于较高水平。自1996年以来，宁夏回族自治区二氧化硫平均排放量为30.0万吨、氮氧化物平均排放量为30.3万吨、烟（粉）尘平均排放量为20.6万吨、工业固体废物平均排放量为1531.6万吨、化肥施用量平均为31.6万吨，分别处于全国第5、6、6、4、5

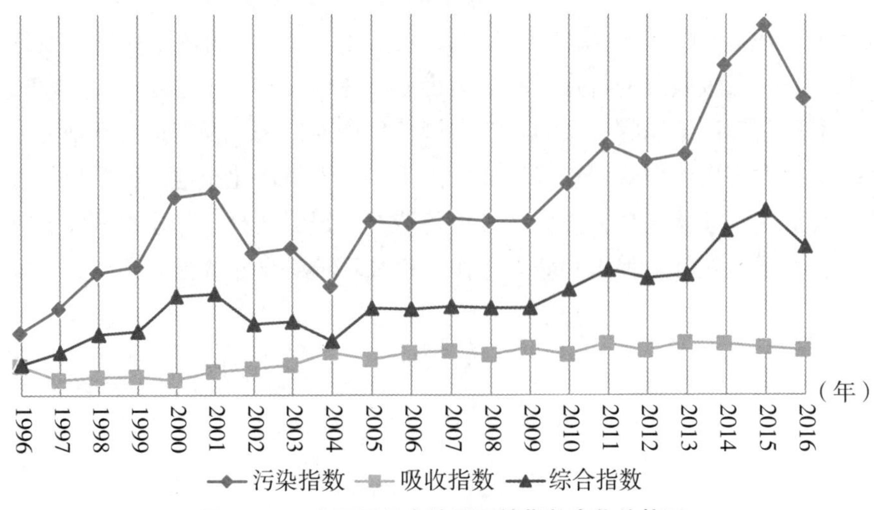

图2.11.1　宁夏回族自治区环境指数变化趋势图

位，均位于全国上游水平，对大气和土壤污染较小。这反映出宁夏回族自治区多年来经济发展主要依靠第一、第三产业，工业产值占经济总量比重相对较低，且产业结构轻，多为低附加值、低污染的产业，这就导致全自治区的污染排放程度在全国范围处于较低水平。

从吸收方面来看，全自治区的环境吸收能力处于全国倒数水平。吸收指数最高值为2011年、2013年、2014年的0.12，最低为1997年、2000年的0.03，相差近4倍，1996—2016年吸收能力稳中有升但总体仍处于较低水平。一方面，宁夏回族自治区地处中国地质地貌“南北中轴”的北段，大地构造复杂，多为丘陵、平原、山地、台地或沙漠，而全区森林面积仅有47万多公顷，在全国列倒数第四位，城市绿地面积更是只有11163余公顷，位列全国倒数第二，地质地貌加上植被的极度匮乏导致沙尘天气易发且危害大、土壤吸收能力极差。另一方面，宁夏水资源总量仅为10亿立方米，水质含盐量高、利用率小，降水量南多北少，大都集中在夏季且蒸发量巨大。这就导致了宁夏的大气降水、地表水和地下水都十分贫乏，且空间上分布不均、时间上变化大，是全国最缺水的省份。以上因素相互影响，导致宁夏回族自治区环境吸收能力很差。

综上，宁夏回族自治区环境质量高很大程度是由于产业结构较轻导致污染排放较小，而虽然其脆弱的生态环境一定程度上影响了环境吸收能力，但是环境质量整体依然较好。2007年以来，宁夏回族自治区政府连续

10年推出“自治区人民政府为民办10件环保实事”活动，把办理环保实事作为各项工作的重中之重。“十二五”期间，自治区政府相继出台了《宁夏环境保护“十二五”规划》《自治区“十二五”固体废物污染防治计划》《大气污染防治行动计划》等政策，继续推动环保工作有序向前，实现了经济增长的同时，环境质量逐渐改善。2016年，自治区政府继续加强环境保护制度顶层设计和实施，出台了《关于落实绿色发展理念、加快建设美丽宁夏的意见》等文件，成立了美丽宁夏建设委员会、银川及周边大气污染治理领导小组，使全区污染程度得到缓解，环境质量得到明显改善。然而由于地质、水质、气候等地理特征，全区的环境吸收能力依然保持在较低的水平，没有显著提升。因此，宁夏回族自治区在大力发展经济的时候要注意合理调整产业结构、强化各项污染的防治、防患于未然，同时要注重通过自然修复与人工造林相结合的方法扩大植被覆盖面积、减少沙化面积、防风抑尘，通过综合治理、科技创新等方法提升水资源储存、利用能力，改善空气质量和水环境，提高环境综合吸收能力和生态环境质量。

第二节　甘肃省

1996—2016年甘肃省污染指数、吸收指数以及综合指数测算结果如表2.11.2。

表2.11.2　甘肃省环境指数结果

年份 指数	1996	1997	1998	1999	2000	2001	2002	2003	2004	2005	2006
污染	16.30	16.56	27.77	26.20	26.06	22.98	25.58	30.35	30.22	33.34	33.49
吸收	0.93	0.67	0.71	0.94	0.82	0.87	0.64	1.15	1.07	1.25	1.05
综合	16.15	16.45	27.57	25.95	25.85	22.78	25.42	30.00	29.89	32.93	33.13

2007	2008	2009	2010	2011	2012	2013	2014	2015	2016	均值	排名
35.55	36.11	36.09	39.14	58.43	58.68	55.85	70.17	74.51	50.67	38.29	7
1.22	1.00	1.35	1.12	1.54	1.31	1.41	1.22	1.06	0.96	1.06	24
35.11	35.74	35.61	38.70	57.53	57.91	55.06	69.31	73.72	50.18	37.86	6

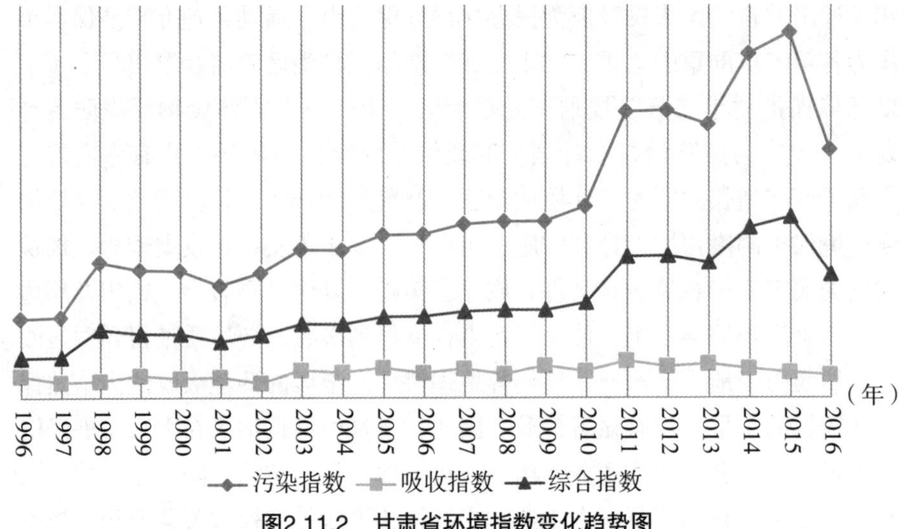

图2.11.2　甘肃省环境指数变化趋势图

上述测算结果表明，甘肃省的环境质量位于全国上游水平，属于典型的“低污染—低吸收”省份。从污染方面看，1996—2015年甘肃省的污染程度基本呈现增长的趋势，污染指数从16.30上升到74.51。2016年全省污染恶化的趋势出现明显转折，污染指数降至50.67，但污染程度依然比较严重。1996年以来，甘肃省二氧化硫平均排放量为47.62万吨、氮氧化物平均排放量为33.15万吨、烟（粉）尘平均排放量为27.5万吨、工业固体废弃物平均排放量为3304.8万吨、化肥施用量平均为77.8万吨，分别处于全国第12、7、7、10、7位，均位于全国上中游水平，对大气和土壤造成较轻污染。这反映出甘肃省经济发展在20世纪末主要依靠第一产业，近几年来则依靠第三产业带动的趋势，而多年以来工业化程度普遍不高，这就导致全省的经济发展速度低于全国平均水平，同时污染程度也处于较低水平。

从吸收方面来看，全省的环境吸收能力处于全国下游水平。吸收指数最高值为2011年的1.54，最低为2002年的0.64，相差近2.4倍，总体增长幅度不大。一个显而易见的原因是甘肃省自然禀赋差，干旱少雨、土地贫瘠、可利用土地少。甘肃省年平均气温在0~15℃，大部分地区气候干燥，年平均降水量在40~750毫米，干旱、半干旱区占总面积的75%；甘肃海拔大多在1000米以上，四周为群山峻岭所环抱，地貌复杂多样，山地、高原、平川、河谷、沙漠、戈壁，类型齐全，交错分布；全省土地利用率为45.66%，尚未利用的土地有2314. 37万公顷（34715.55万亩），占全省总土地面积的54.34%，城市平均绿地面积也较少，仅有1.2万公顷。自然禀赋的以上种种差异导致甘肃省环境整体吸收能力不强。

综上，甘肃省环境质量较好。这一方面是由于工业化程度不高导致污染排放较小，另一方面是由于自然禀赋较差导致的环境吸收能力不强，最终在污染和吸收共同作用下导致环境质量较好。2013年以来，甘肃省委、省政府主要领导先后多次对环保工作作出批示，及时研究解决环境保护工作中存在的重大问题，不断加大资金投入。2013年率先在全国以省政府令的形式，颁布实施了《环境保护监督管理责任规定》，出台《甘肃省党政领导干部生态环境损害责任追究实施办法（试行）》，实施《甘肃省生态环境保护工作责任规定（试行）》，进一步明确各级党委、人大、政府、政协和法检两院及有关部门的监管责任，初步形成了分工负责、齐抓共管的新格局。狠抓重点城市大气污染防治，制定了《关于贯彻落实国务院大气污染防治行动计划的实施意见》，创新大气污染防治模式，建立燃煤锅炉淘汰治理、煤炭市场煤质监管、工业企业达标改造、施工场地扬尘防控、餐饮业油烟整治和黄标车淘汰重点任务"六张清单"，通过综合治理手段和网格化管理措施，着力推动兰州等重点城市大气污染治理。在全省共同努力下，健全了应对污染减排、大气、水和土壤污染防治等方面的领导机构和工作机制，2016年环境污染出现了下降趋势，环境质量开始改善，但是环境吸收能力未见明显增强反而较前些年份略有下降。因此，甘肃省在经济发展过程中要牢固树立和践行新发展理念，始终坚持把生态文明建设和环境保护工作摆在重要位置来抓，以打造国家生态安全屏障综合试验区和全国循环经济示范区为载体，以转方式、调结构为牵引，以改善环境质量为目标，注重在解决突出问题、严肃问责追责、健全完善机制等方面下功夫，同时积极进行植树造林、退沙还林等工作以增强环境吸收能力。

第三节　青海省

1996—2016年青海省污染指数、吸收指数以及综合指数测算结果如表2.11.3。

表2.11.3 青海省环境指数结果

年份 指数	1996	1997	1998	1999	2000	2001	2002	2003	2004	2005	2006
污染	2.58	2.70	7.11	6.26	6.13	6.06	5.83	6.26	7.71	11.20	12.07
吸收	2.71	2.06	2.12	2.82	2.65	2.54	2.33	2.35	2.82	3.33	2.51
综合	2.51	2.64	6.96	6.08	5.97	5.90	5.69	6.11	7.49	10.83	11.76

2007	2008	2009	2010	2011	2012	2013	2014	2015	2016	均值	排名
13.59	14.36	14.53	17.15	52.79	53.97	54.53	56.99	67.47	63.10	22.97	5
2.86	2.66	3.72	2.57	3.27	3.12	2.57	3.13	2.35	2.16	2.70	15
13.20	13.98	13.99	16.71	51.06	52.29	53.13	55.21	65.88	61.73	22.34	4

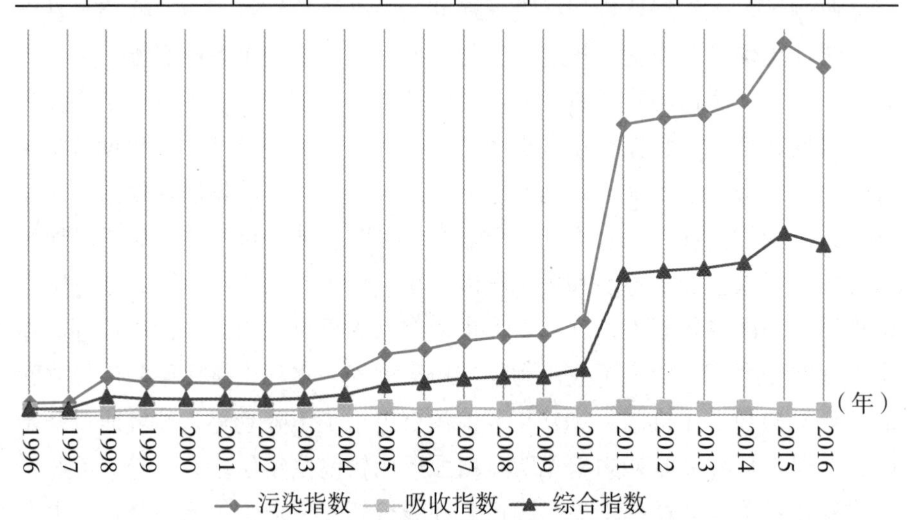

图2.11.3 青海省环境指数变化趋势图

上述测算结果表明，青海省的环境质量位于全国上游水平，污染少，吸收水平处于中等。从污染方面看，1996—2015年青海省的污染程度基本呈现增长的趋势，污染指数从2.58上升到了67.47。2011年全省污染情况急剧恶化，污染指数由上年的17.15骤然上升到52.79，之后逐年上升，直到2016年污染指数降至63.10，但污染程度依然不容乐观。自1996年以来，青海省二氧化硫平均排放量为9.76万吨、氮氧化物平均排放量为10.78万吨、烟（粉）尘平均排放量为14.26万吨、工业固体废弃物平均排放量为4230.9万吨、化肥施用量平均为7.9万吨，分别处于全国第2、2、5、12、1位，除工业固体废弃物外均位于全国上游水平。这反映出青海多年来经济发展主要依靠农业和服务业带动，工业发展总体水平不高，低附加值产业比重较大，这就导致了全省在经济发展建设的同时造成的污染排放较小，全省总体污染情况仍保持在相对较低的水平。

从吸收方面来看，全省的环境吸收能力处于全国中游水平。吸收指数最高值为2009年的3.72，最低为1997年的2.06，相差近1.8倍，呈现“M”型变化趋势。首先，青海省山脉纵横，峰峦重叠，湖泊众多，峡谷、盆地遍布。截至2015年，全省土地最新实测总面积69.66万平方公里（0.6966亿公顷），其中，农用地面积4510.50万公顷，全省草地面积4193.33万公顷。其次，全省湿地面积为814.36万公顷，占全国湿地总面积的15.19%，湿地面积居全国第一。此外，长江、黄河之源头在青海，中国最大的内陆高原咸水湖也在青海，全省集水面积在500平方公里以上的河流达380条，全省年径流总量为611.23亿立方米，平均水资源总量居全国17位。总的来说，多样的土地形貌、广阔的湿地面积和丰富的水资源均使得青海省的环境吸收能力处于较高水平。

综上，青海省环境质量较好。这一方面是由于主要依靠第一、第三产业的传统发展方式导致污染综合水平较低，另一方面是由于优越的生态环境导致的环境吸收能力很强，最终在低污染和高吸收共同作用下导致环境质量很好。青海省依据环境保护“十二五”规划，贯彻落实“生态立省”战略和“四个发展”要求，深入实施《大气污染防治行动计划》，抓紧编制并落实“水十条”和“土十条”，坚定不移推进污染减排工作。在全省共同努力下，环境污染增长趋势得到了一定的控制，环境吸收能力也保持在较好的水平，环境综合质量较好。因此，青海省要在维持当前环境水平的基础上继续坚持保护与治理相结合，整治与绿化协同推进，进一步抓好治气、净水、增绿、护蓝工程，深入推进大气、水、土壤污染防治计划，严格控制化学需氧量、氨氮、二氧化硫、氮氧化物等主要污染物排放，形成政府、市场、公众共治的环境治理体系，实现污染减排控制目标和环境质量总体改善，以生态保护优先理念协调推进经济社会发展。

第四节　新疆维吾尔自治区

1996—2016年新疆维吾尔自治区污染指数、吸收指数以及综合指数测算结果如表2.11.4。

表2.11.4　新疆维吾尔自治区环境指数结果

指数＼年份	1996	1997	1998	1999	2000	2001	2002	2003	2004	2005	2006	2007	2008	2009	2010	2011	2012	2013	2014	2015	2016	均值	排名
污染	17.66	24.08	34.06	32.13	28.88	29.27	30.21	33.91	37.49	38.94	41.31	44.49	45.94	49.13	52.91	60.97	71.50	77.53	107.07	117.95	82.51	50.38	9
吸收	4.32	3.50	3.36	4.17	4.04	4.51	4.41	3.53	3.99	3.79	4.09	3.80	3.38	3.59	4.00	4.28	3.47	3.86	3.18	3.70	3.78	3.85	12
综合	16.90	23.24	32.92	30.79	27.72	27.95	28.88	32.72	35.99	37.47	39.62	42.80	44.39	47.36	50.79	58.36	69.02	74.54	103.66	113.59	79.39	48.48	9

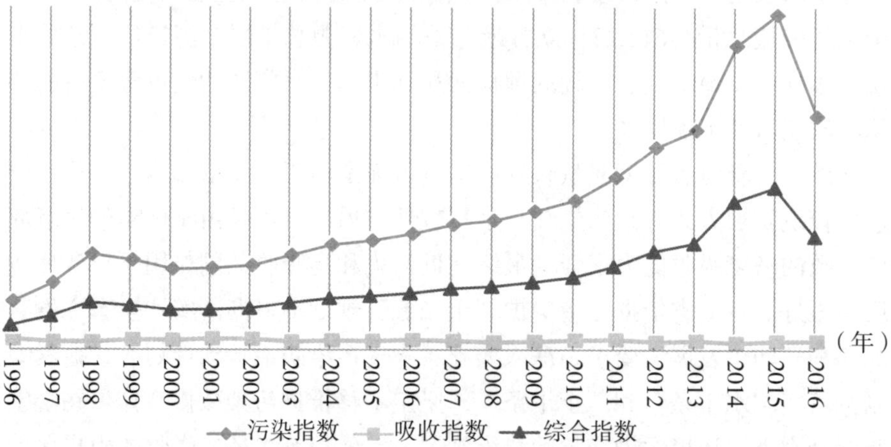

（年）

1996 1997 1998 1999 2000 2001 2002 2003 2004 2005 2006 2007 2008 2009 2010 2011 2012 2013 2014 2015 2016

污染指数　吸收指数　综合指数

图2.11.4　新疆维吾尔自治区环境指数变化趋势图

上述测算结果表明，新疆维吾尔自治区的环境质量位于全国上中游水平，污染较少，吸收水平中等。从污染方面看，1996—2015年新疆维吾尔自治区的污染程度基本呈现增长的趋势，污染指数从17.66上升到117.95。2016年全省污染恶化的趋势出现明显转折，污染指数降至82.51，但污染程度依然较重。1996年以来，新疆维吾尔自治区的二氧化硫平均排放量为51.9万吨、氮氧化物平均排放量为64.8万吨、烟（粉）尘平均排放量为46.4万吨、工业固体废弃物平均排放量为3230.6万吨、化肥施用量平均为138.4万吨，分别处于全国第14、20、14、9、16位，均位于全国中游水平，对大气和土壤造成一定污染。这反映出新疆经济规模的不断扩大在前些年主要依靠农业支撑，近些年来则主要依靠高附加值的工业产业的快速发展带动，转而依靠石油石化工业和高耗能工业，这就导致全省在经济发展建设取得了较大成果的同时，环境污染也在全国范围处于中游水平。

从吸收方面来看，全省的环境吸收能力处于全国中上游水平。吸收指数最高值为2001年的4.51，最低为2014年的3.18，相差近1.4倍，总体变化趋势不大。一方面，新疆作为中国陆地面积最大的省级行政区，占中国国土总面积的1/6。并且新疆是中国西部干旱地区主要的天然林区，森林广布于山区、平原，面积占西北地区森林总面积的近1/3。牧草地总面积7.7亿亩，仅次于内蒙古自治区、西藏自治区，位居全国第3，庞大的植被面积增强了新疆的吸收能力。另一方面，由于近年来新疆全省的经济增长加快，需要大量的石油石化资源开发和能源消耗，然而新疆降雨量特别少，为全国倒数第一，所以空气中的污染物得不到有效地吸收。这导致了新疆维吾尔自治区的吸收能力在全国范围处于中游水平。

综上，新疆维吾尔自治区的环境质量相对较好。这一方面是由于产业结构的不合理导致污染排放不断上升，另一方面是由于生态环境的多重因素导致的环境总体吸收能力较好，最终在污染和吸收共同作用下导致环境质量处于中上游水平。“十二五”时期，新疆维吾尔自治区党委、自治区人民政府高度重视节能减排工作，按照生态文明建设的总体部署，坚持“环保优先、生态立区”和“资源开发可持续、生态环境可持续”的发展理念，淘汰落后产能、实施节能重点工程，颁布实施了《新疆维吾尔自治区实施〈中华人民共和国节约能源法〉办法》，加大资金投入，组织实施节能减排重点工程。在全自治区共同努力下，环境吸收能力基本维持在原有水平，但是环境污染暂未看到明显的改善趋势，环境保护和治理工作仍存在问题。因此，新疆维吾尔自治区在当前应努力把握丝绸之路经济带带来的机遇，一方面持续优化农业结构，加快传统工业转型升级步伐，促进自身产业结构优化升级，提高资源利用率，加速资源优势向经济优势转变；另一方面要通过加强组织领导、完善规章制度、实施重点节能减排工程、落实责任考核等综合措施，切实积极推进节能减排工作的实施，促进人与自然和谐发展。

第三部分　74个国家环境重点监测城市环境质量分析

上述研究从省级层面分析了全国八大区域的30个省、自治区、直辖市在1996—2016年间各项指数的演变规律和排序变化，进行各项指数的纵横向以及区域间比较分析，同时挖掘指数变化与排序更迭背后的主要原因。然而，单从省级层面划分进行环境质量的评价大而不精，因此本章从另外一个层面——市级层面，对全国的环境质量进行划分和解读，本新版报告在这一部分把全国环境重点监测城市分为一线及新一线城市、二线城市、三线及以下城市三个板块（按照《第一财经周刊》2018年5月根据一系列的经济、政治和学术资源等指标综合评比后划分的名单进行分类），每个板块作为独立的一章进行阐述（由于在上一部分已经对北京市、上海市、天津市、重庆市四个直辖市的环境质量进行详细分析，这一部分不再做详细阐述），分析研究各项指数在市级样本区间2005—2016年间的演变规律和排序变化，对此进行横纵向比较，进一步得出指数变化与排序更迭背后的主要原因，丰富了环境质量评价的客观性。

这一部分的研究结果表明：一线及新一线城市主要还是呈现“高污染—低自净”的发展态势，除长沙市、成都市、深圳市和西安市外，其余城市的污染指数基本都超过100，且大多数城市自净能力较弱，除杭州市、东莞市和深圳市外，其余城市的吸收指数基本不超过1.50，这在所有74个环境监测重点城市中也是相对靠后的，同时在2005—2016年这12年间，污染指数和综合指数波动下降，部分城市吸收指数明显上升，反映出我国一线及新一线城市环境质量整体较差，环境承载力较弱，距离绿色中国、美丽中国的目标还有较大的发展空间。这也体现城市的环境状况在不断改善，有更多潜力去实现长远的可持续发展。

二线城市中大部分还是呈现“高污染—低自净”的发展态势，但诸如金华市、厦门市和南昌市都属于“低污染”城市，自身污染能力较弱，证明产业结构比较合理；在“高污染”城市中也有“高吸收”的城市，比如昆明市、贵阳市、南宁市、中山市和惠州市都有较好的自身净化能力，吸收指数普遍都在1.50以上，吸收能力在所有74个环境重点监测城市中也是相对靠前的。我国二线城市中，北部地区的大部分城市环境质量整体较差，环境承载力也较弱，但南部沿海和西南地区的城市环境质量处于中上游水平，环境自净能力也在74个监测城市中处于前列。但在2005—2016年这12年间，污染指数和综合指数波动下降，部分城市吸收指数明显上升，这也体现城市的环境状况在不断改善，有更多潜力去实现长远的可持续发展。

三线及以下城市除唐山市呈“高污染—高吸收”，衡水市、衢州市、丽水市、舟山市、珠海市、海口市呈“低污染—低吸收”，连云港市、淮安市、宿迁市、肇庆市、江门市、拉萨市呈“低污染—高吸收”态势之外，其余地区主要呈现“高污染—低吸收”的发展态势。但近年来，大多城市的污染指数呈波动下降，而吸收指数稳中有升，可以看到在各项政策方针的作用下，这些城市的环境状况有所好转。

详细的评价结果和相对应的结论与分析，以下将进行详细阐述。

第十二章　一线及新一线城市环境质量分析

本书界定的一线及新一线城市主要包括沈阳市、南京市、无锡市、苏州市、杭州市、宁波市、青岛市、郑州市、武汉市、长沙市、广州市、深圳市、东莞市、成都市和西安市，共15座城市，其中除中部地区的沈阳市、郑州市、武汉市、长沙市和西部地区的成都市、西安市外，其余城市均在东部地区。根据本章对15个城市污染、吸收和综合指数的分析结果，我们可以看出一线及新一线城市主要还是呈现“高污染—低自净”的发展态势，除长沙市、成都市、深圳市和西安市外，其余城市的污染指数基本都超过100，且大多数城市自净能力较弱，除杭州市、东莞市和深圳市外，其余城市的吸收指数基本不超过1.50，这在所有74个环境重点监测城市中也是相对靠后的，反映出我国一线及新一线城市环境质量整体较差，环境承载力较弱，距离绿色中国、美丽中国的目标还有较大的发展空间。

但值得注意的是，2005—2016年，除沈阳市外，15座城市的环境污染指数和综合指数均有明显的波动下降趋势，尤其是无锡市，污染指数由2007年最高的221.85下降到2016年的99.55，降幅高达55.13%，这体现这些城市的环境污染现状虽然严峻，但有明显改善的态势，而且在吸收指数方面，沈阳市、无锡市和苏州市有明显的上升趋势，这也体现该地的生态环保有较大改善，环境净化能力加强。

综上所述，我国一线及新一线这15座城市目前还是呈现“高污染—低自净”的发展态势，但在2005—2016年这12年间，污染指数和综合指数波动下降，部分城市吸收指数明显上升，这也体现城市的环境状况在不断改善，有更多潜力去实现长远的可持续发展。

目前，一线和新一线城市作为我国城市经济发展的排头兵，其在商业资源聚集度、城市枢纽性、城市人口活跃度、生活方式多样性以及未来可塑性上都有明显优势，因而如何将这些优势转换为持续发展的动力是每座城市共同面对的难题。这需要政府在政策上支持节能环保企业发展，严格遏制污染排放，不断推进清洁能源和技术，加强城市绿化建设，也需要城市居民提升自身素质，主动形成清洁生活、保护环境的良好风尚，在政府和非政府组织的引导下共同呵护城市环境，起到良好带头作用，这样才能激励其他兄弟城市不断前进，促进美丽中国目标的早日实现。

第一节 沈阳市

2005—2016年沈阳市污染指数、吸收指数以及综合指数测算结果如表3.12.1。

表3.12.1 沈阳市环境指数结果

指数＼年份	2005	2006	2007	2008	2009	2010	2011
污染	53.69	61.94	87.44	89.13	102.54	105.32	93.55
吸收	0.42	0.39	0.33	0.88	0.67	0.59	0.59
综合	53.46	61.70	87.15	88.35	101.86	104.70	93.00

指数＼年份	2012	2013	2014	2015	2016	均值	排名
污染	98.43	108.60	106.68	88.94	94.30	90.88	46
吸收	0.91	0.61	0.74	1.11	0.94	0.68	43
综合	97.53	107.95	105.90	87.95	93.41	90.25	46

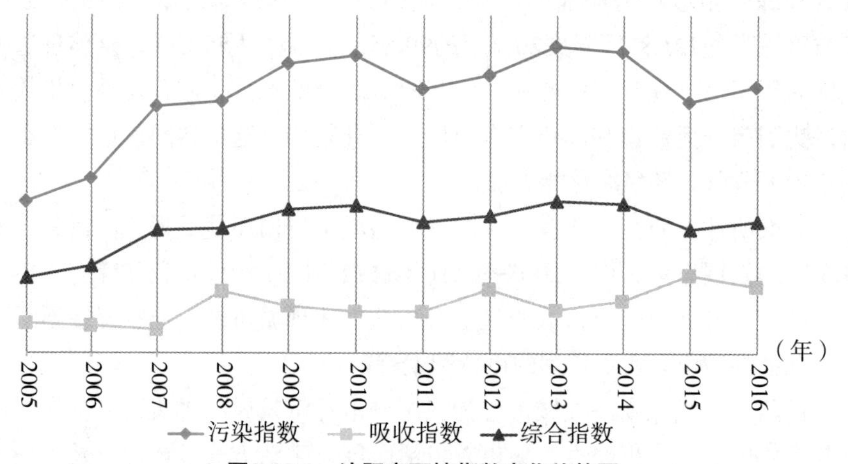

图3.12.1 沈阳市环境指数变化趋势图

通过上述结果来看，沈阳市具有典型的重工业城市特点，工业污染较为严重。2005—2016年间污染指数均值为90.88，在全国74个样本城市中排名46位，自2010年之后出现下降趋势，但在2011—2013年间污染指数又出现反弹，这说明沈阳市在东北老工业基地振兴的政策导向下，依然是资源型和能源型产业为主导的重工业产业体系的发展结构，属于污染较为严重的城市；同期吸收指数均值为0.68，在全国74个样本城市中排名第43位，环境自净能力偏低，这也反映了沈阳市长期以来粗放型经济发展模式对环境吸收能力的破坏，制约着地区环境自净能力的提升。

沈阳市地处东北亚经济圈和环渤海经济圈的核心位置，工业门类齐全，具有重要的战略定位。一直以来，沈阳都是我国重要的重工业城市，其在采矿业、金属冶炼工业和机械制造业等方面具有悠久的发展历史。2017年沈阳市重工业增加值为1046.1亿元，占全市规模以上工业产值的82%，装备制造业作为重工业中的核心产业类型，2017年实现增加值901亿元，占重工业比重的90%，这也能说明沈阳市的产业结构中，以装备制造业为主导产业的重工业是城市经济发展的命脉，这也导致其环境污染日趋严重，以氮氧化物排放量和二氧化硫排放量为代表的污染物排放一直位居全国前列。随着东北老工业基地振兴的政策不断推进，沈阳市装备制造业的优势还将进一步维持，由此而引发的资源消耗和环境污染问题还将进一步加剧。

沈阳市近年来一直致力于生态环境保护工作，从政策方面来看，2013年出台了《沈阳市水污染防治条例》，2015年实施燃煤锅炉烟气净化设施升级改造工作，2016年出台了《沈阳市网格化环境监管体系建设实施方案》等，沈阳已经逐渐形成了地方环境污染防治和环境监管的系统化方案。从具体的环境保护举措来看，一方面沈阳大力推进流域内生态治理、污水处理厂建设和城市绿化景观提升工程，目前已经实现了全市绿地造林7753公顷，卧龙湖国家湖泊生态环境保护试点工作成效显著；另一方面沈阳市大力推进燃煤锅炉改造、“黄标车”淘汰和秸秆焚烧制度，并且不断强化工业扬尘管理和城市环境治理工作，目前已经拆除20吨以下燃煤锅炉1115台，淘汰黄标车和老旧车辆3.14万辆，PM10和PM2.5浓度下降了5.6%和6.3%，环境空气质量优良天数已经超过了250天，城市生活垃圾处理率接近100%，污水处理能力达到244.8万吨，医疗废物无害化处置率达到100%，机动车尾气检测85万辆，水源地水质达标率100%。由此看来，沈阳市生态环境保护已经取得了阶段性的效果。“十三五”期间，沈阳市还将继续强化水污染防治和大气污染治理，并不断提高能源使用效率，推动产业结构技术附加值的不断提升，实现经济振兴与生态保护协调发展。

第二节　南京市

2005—2016年南京市污染指数、吸收指数以及综合指数测算结果如表3.12.2。

表3.12.2　南京市环境指数结果

指数＼年份	2005	2006	2007	2008	2009	2010	2011
污染	154.41	151.62	146.91	149.21	147.84	159.86	159.15
吸收	0.46	0.46	0.48	0.47	0.63	0.83	0.85
综合	153.69	150.93	146.20	148.51	146.91	158.53	157.80

指数＼年份	2012	2013	2014	2015	2016	均值	排名
污染	137.66	129.74	126.57	115.03	110.09	140.67	64
吸收	0.80	0.66	0.66	0.65	0.68	0.64	48
综合	136.56	128.88	125.73	114.28	109.34	139.78	64

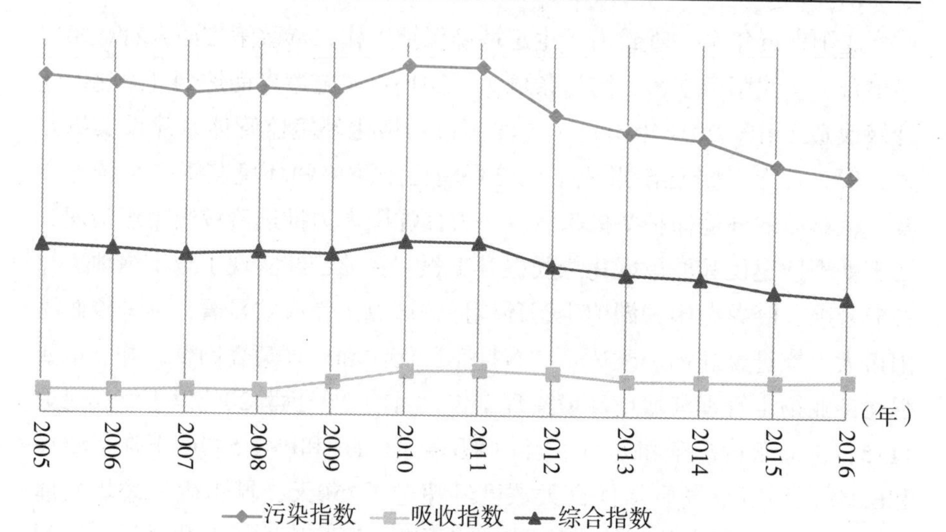

图3.12.2　南京市环境指数变化趋势图

通过上述结果来看，南京市是典型的“高污染—低吸收”类型城市。2005—2016年间污染指数均值为140.67，在全国74个样本城市中排名64位，自2010年之后出现下降趋势，这说明南京市环境污染在不断减少，产业结构不断升级，资本密集和技术密集型的高技术制造业逐渐成为产业发展的新引擎，经济结构逐渐走向集约化的发展路径；同期吸收指数均值为0.64，在全国74个样本城市中排名第48位，环境自净能力偏低，这也反映了南京市经济建设中对环境的开发已经导致了地区环境承载力的下降。

南京市的工业结构中以汽车制造业、计算机通信和其他电子设备制造业、医药制造业、电气机械和器材制造业等为主，工业转型升级的速度较快，近年来以新能源汽车、智能手机和工业机器人为代表的高技术产业发展迅速。由此可见，南京市工业产业发展所造成的环境污染在逐渐降低。《南京市大气污染防治行动计划》中指出，南京市将从六个方面来改善空气质量，提升环境质量水平。一是优化产业结构和空间布局，科学实施城市空间规划，加强产业政策对高污染高能耗企业的空间引导，对重污染行业进行排放限制，严格环境准入和环保监督；二是切实调整能源结构，不仅要对重污染的燃煤锅炉进行排放改造，不断提高传统能源的使用效率，还需要大力发展清洁能源和绿色建筑，推进能源结构的改善升级；三是加强工业污染防治，对工业烟（粉）尘和有机物挥发性污染进行严格限制，对工业污染源进行有效监督，大力发展清洁生产和循环经济；四是形成绿色交通体系，推动公共基础设施建设，提高机动车污染排放标准，淘汰落后车辆，改善机动车行业结构，扩大对高污染车辆的区域限行；五是全面控制扬尘污染，严格限制施工地的扬尘污染和堆场扬尘控制，提高道路清洁水平和渣土车辆的运输管理；六是切实改善城乡环境水平，严格限制秸秆燃烧现象，对餐饮垃圾的处理进行管控，提升绿化覆盖率。

截至2017年，南京市工业产业布局调整继续推进，煤炭消费总量得到有效控制，单位能耗明显下降，尤其是以原煤和原油为主的能源使用量下降速度较快。污染治理方面，全面推进“河长制”和“断面长制”，加强了工业集聚区的工业废水处理，基本清理了建成区河道黑臭水体109条，城镇污水处理率达到94.5%，深化大气污染防治，空气质量达到国家二级标准天数为264天。由此可见，南京市一方面在持续推进工业产业升级和布局调整，另一方面在不断加强工业污染和城市生活污染的防治，随着南京市工业产业体系的创新性升级，南京市的环境质量也将得到进一步的改善。

第三节　无锡市

2005—2016年无锡市污染指数、吸收指数以及综合指数测算结果如表3.12.3。

表3.12.3　无锡市环境指数结果

指数＼年份	2005	2006	2007	2008	2009	2010	2011
污染	196.27	193.12	221.85	179.87	178.90	162.61	138.84
吸收	0.28	0.27	0.28	0.29	0.57	0.88	0.90
综合	195.72	192.59	221.23	179.36	177.87	161.18	137.59

指数＼年份	2012	2013	2014	2015	2016	均值	排名
污染	126.34	116.20	110.23	101.33	99.55	152.09	65
吸收	0.86	0.70	0.69	0.67	0.68	0.59	54
综合	125.25	115.39	109.47	100.66	98.87	151.27	65

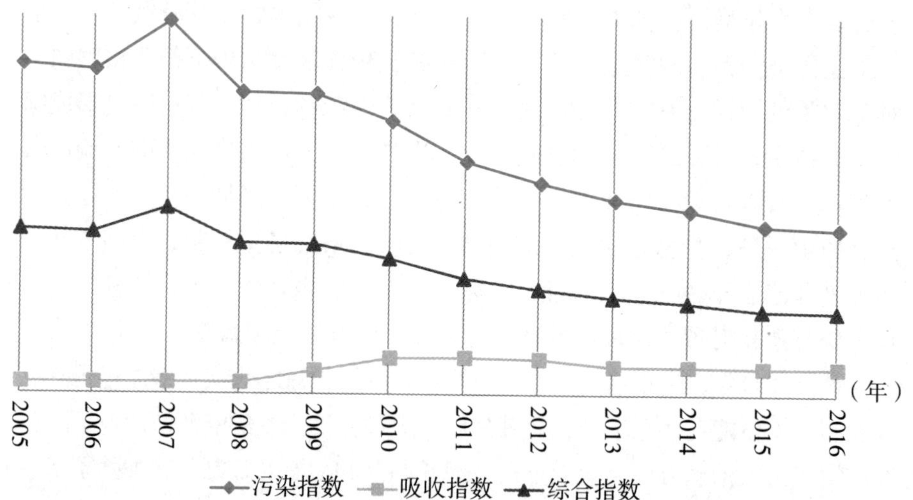

图3.12.3　无锡市环境指数变化趋势图

通过上述结果来看，无锡市是典型的“高污染—低吸收”类型城市。2005—2016年间污染指数均值为152.09，在全国74个样本城市中排名65位，自2007年之后出现下降趋势，这说明无锡市环境污染在不断减少，产业结构不断升级，资本密集和技术密集型的高技术制造业逐渐成为产业发展的新引擎，经济结构逐渐走向集约化的发展路径；同期吸收指数均值为0.59，在全国74个样本城市中排名第54位，环境自净能力偏低，这也反映了无锡市作为长三角重要的制造业基地，长期以来的土地开发已经导致了环境吸收力的下降。

无锡市作为长三角经济圈的重要节点城市，一直以来都是重要的工业制造业基地。其中，以集成电路产业、锂离子电池和白色家电产业为主的新兴制造业发展迅速，已经在无锡市的工业产业结构中发挥着越来越重要的作用。目前，无锡市主要的环境问题集中在大气污染防治方面，2017年《无锡市大气污染防治计划》指出，无锡市环境质量不容乐观，仍需得到进一步加强，一方面是由于空气污染治理收效甚微，尤其是PM2.5和PM10的浓度方面；另一方面是重点工程任务推进无法落实，以煤炭消费总量降低为减排目标的重点工程推进缓慢，运行无效。在环境治理工作进一步推进中，无锡市还将在以下方面重点落实：一是进行大气质量达标规划编制；二是进行供给侧结构性改革，推动产能调整，建立淘汰落后产能的长效工作机制；三是推动能源结构调整，不断压低煤炭消费占能源消费的比重，严格限定新建燃煤发电项目，大力发展风能、太阳能等清洁能源的开发利用；四是重点行业挥发性有机物污染治理，建立统一的指标体系，进行全行业的有机废气治理；五是非电行业的提标改造，全面启动非电行业脱硫、脱硝、高效除尘提标改造，逐步实现全要素稳定达标排放；六是机动车船排气污染防治，加快淘汰高污染车辆，全面推进新能源车辆的使用，加快建设绿色循环低碳交通体系；七是城乡面源头控制，大力发展装配式建筑，进一步提升工地扬尘防治水平，城市建成区主要车行道机扫率达到90%以上，继续狠抓秸秆综合利用和禁烧工作，加强汽车维修业污染控制；八是重污染天气应急系统建设，推进长三角区域完善重污染天气应急联动机制，联合做好重污染天气应急演练。

截至2017年，无锡市土地资源配置不断优化，水资源利用日趋高效，城市绿化覆盖率达到43%，环境质量水平进一步提升。因此，无锡市在经济转型的同时，也需要强化大气污染防治，加强城市绿化，进而在降低工业污染的同时也有效提高环境净化能力，推动地区生态文明建设水平不断提高。

第四节　苏州市

2005—2016年苏州市污染指数、吸收指数以及综合指数测算结果如表3.12.4。

表3.12.4　苏州市环境指数结果

指数＼年份	2005	2006	2007	2008	2009	2010	2011
污染	289.77	280.45	299.51	290.76	259.98	336.21	237.41
吸收	0.33	0.30	0.29	0.32	1.06	1.05	1.05
综合	288.81	279.61	298.62	289.84	257.23	332.67	234.92

指数＼年份	2012	2013	2014	2015	2016	均值	排名
污染	219.78	200.25	193.79	170.42	171.43	245.81	71
吸收	0.94	0.89	0.96	0.96	0.95	0.76	41
综合	217.72	198.47	191.93	168.78	169.81	244.03	71

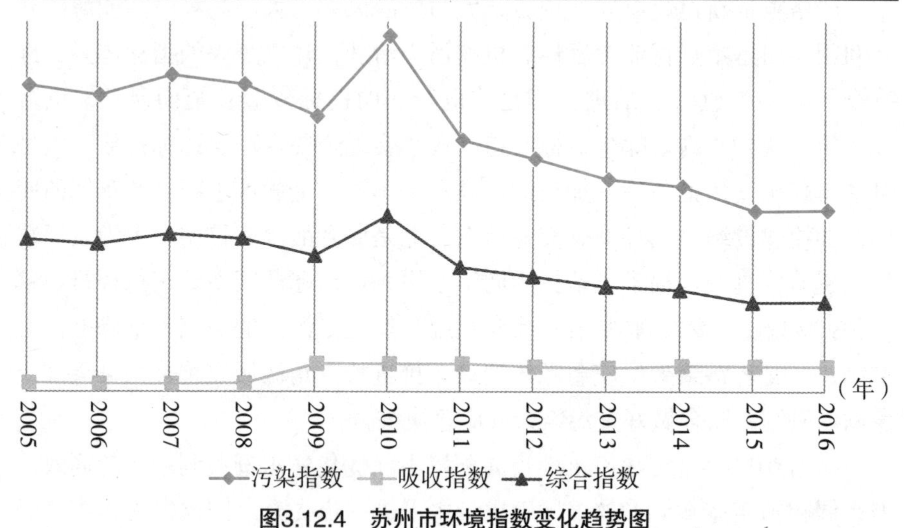

图3.12.4　苏州市环境指数变化趋势图

通过上述结果来看，苏州市是典型的“高污染—低吸收”类型城市。2005—2016年间污染指数均值为245.81，在全国74个样本城市中排名71位，自2010年出现下降趋势，这说明苏州市环境污染在不断减少，产业结构不断升级，资本密集和技术密集型的高技术制造业逐渐成为产业发展的新引擎，经济结构逐渐走向集约化的发展路径；同期吸收指数均值为0.76，在全国74个样本城市中排名第41位，环境自净能力偏低，这也是苏州市长期以来经济开发和产业发展中需要着重解决的问题。

苏州市作为长三角经济圈的重要节点城市，其工业制造业增量一直以来都在全国前列。计算机通信及电子设备制造业、电气机械及器材制造业、黑色金属冶炼及压延加工业、化学原料和化学制品制造业、通用设备制造业以及汽车制造业六大行业一直以来都是苏州市的支柱产业，占苏州市工业产值一直在66%以上，而这些产业在发展中也带来一系列的环境问题，成为掣肘苏州经济发展的一大因素。但近年来，苏州高技术产业发展迅速，极大地降低了资源能耗和环境污染，在推动经济发展的同时，也实现了生态的可持续发展。以2017年为例，苏州市已经形成了以工业机器人产业、集成电路产业、3D打印设备为代表的高技术产业群，工业机器人产值年均增长超过17%，3D打印设备产值年均增长超过70%，集成电路产值年均增长也超过11%。2010年后，苏州市的机动车保有量以每年13%的速度增长，尾气排放导致硫化物和氮氧化物浓度不断上升，成为大气污染的主要来源之一。因而，苏州市近年来启动了“蓝天工程”，对机动车尾气、工业废气排放的分指标考核，大力发展循环经济，推进清洁生产。

近年来，苏州市环保年均投入已经超过600亿元，并于2017年获得了全国首批生态文明建设示范城市，全市的生态红线保护面积超过了3200平方公里，市区空气质量达标率超过71%，市区绿地面积年均增加400万平方米，建成区绿化覆盖率已经达到42%，森林覆盖率超过29%，湿地保护率也达到了58%。苏州市也在积极推进节能减排工作，扎实实现“减煤”“提标”“防尘”“禁燃”等措施的落实，大气中主要污染物排放量连年走低，大气污染防治治理项目已经超过了950项。

“十三五”期间，苏州将进一步提升经济发展质量，创新驱动增长，产业集约化将成为核心优势。但目前来说，苏州还需要从产能转换升级和生态环境治理方面持续发力，不仅要通过绿色发展优化生态环境，还要通过创新发展实现经济增长新动能的转换以及经济生态的和谐发展。

第五节　杭州市

2005—2016年杭州市污染指数、吸收指数以及综合指数测算结果如表3.12.5。

表3.12.5　杭州市环境指数结果

指数＼年份	2005	2006	2007	2008	2009	2010	2011
污染	112.79	111.66	113.07	101.04	108.04	115.79	92.32
吸收	1.94	2.10	1.93	1.82	1.61	1.57	1.49
综合	110.60	109.31	110.88	99.20	106.30	113.97	90.94

指数＼年份	2012	2013	2014	2015	2016	均值	排名
污染	84.29	78.34	76.88	67.26	63.72	93.77	47
吸收	1.45	1.34	1.29	1.28	1.22	1.59	8
综合	83.07	77.29	75.89	66.40	62.94	92.23	47

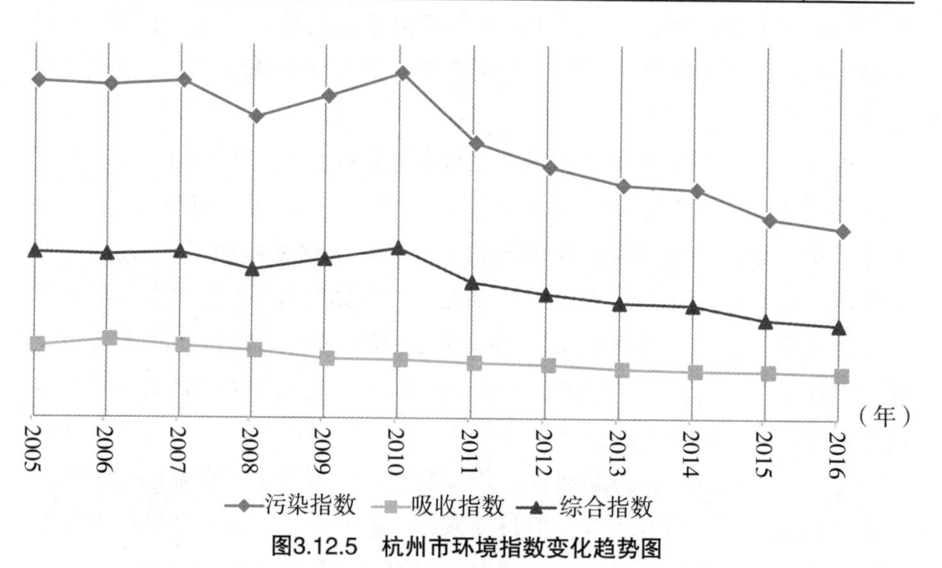

图3.12.5　杭州市环境指数变化趋势图

通过上述结果来看，杭州市环境质量处于全国中等水平。2005—2016年间污染指数均值为93.77，在全国74个样本城市中排名47位，自2010年之后出现下降趋势，这说明杭州市环境污染在不断减少，经济发展方式在加速转变，以互联网为代表的产业革新日益涌现，带活了经济发展模式的创新，由此极大降低了传统工业带来的环境污染；同期吸收指数均值为1.59，在全国74个样本城市中排名第8位，环境自净能力较强。

杭州市十八大以来以强化供给侧结构性改革为主线，全市经济结构不断优化，发展质量不断提高。2017年，全市以新产业、新业态和新模式为主要特征的“三新”经济实现增加值4251亿元，年增速超过20%；信息经济产业实现增加值3216亿元，年增速超过21%，其中，电子商务产业增加值1316亿元，年增速超过36%；文化创意产业实现增加值3041亿元，增速高达19%。同年，工业增加值实现3982亿元，其中高新技术产业、战略性新兴行业、装备制造业增加值分别增长13.6%、15%和11%，占规模以上工业的50.1%、30.6%和43.2%，传统的八大高耗能产业占工业增加值持续下降，占比只达到24%。由此可见，杭州市经济转型已经初见成效，以互联网为载体的高技术经济不断创新，衍生了庞大的产业集群，这不仅带动了经济增长活力，也有效降低了传统工业经济的高污染高耗能的增长模式带来的影响。

在环境污染治理方面，2017年《杭州市大气污染防治行动计划》中指出，以改善大气环境质量为目标，坚持重点突出、重拳出击、重典治污、务求实效，建立健全政府统领、企业施治、市场驱动、公众参与的治气体制机制。一是要全面治理“燃煤烟气”，推动能源结构优化调整；二是要深入治理“工业废气”，推动产业结构转型升级；三是要加快治理“车船尾气”，打造绿色交通网络体系；四是要强化治理“扬尘灰气”，落实扬尘精细化管理；五是要加强治理“餐饮排气”，推进城乡废气综合整治。在这些行动计划的贯彻执行下，杭州市的环境质量也获得了一定的提高，2017年全年环境空气优良天数突破270天，优良率达到74%，市区PM2.5浓度下降8.6%，达到44.6微克/立方米。组织减排项目124个，淘汰老旧车辆23119辆，新增清洁能源和新能源公交车879辆，淘汰落后和过剩产能170家，实施“低小散”块状行业整治提升3753家，削减挥发性有机物排放量9974吨，规模以上工业单位增加值耗能下降4.1%，杭州市更是获批国家生态园林城市和省级生态文明示范市称号。由此可见，杭州市目前的环境治理已经建立了全面系统的监督和执行体系，不仅经济转型成效显著，环境治理也取得了明显的进展，在生态文明建设中，杭州市要在深化供给侧结构性改革的同时，继续加大环境治理和环保监督力度，不断开拓城市绿地面积和湿地森林面积保护，提高地区的生态环境福祉。

第六节 宁波市

2005—2016年宁波市污染指数、吸收指数以及综合指数测算结果如表3.12.6。

表3.12.6 宁波市环境指数结果

指数＼年份	2005	2006	2007	2008	2009	2010	2011
污染	152.86	154.84	185.90	160.70	189.91	224.24	225.04
吸收	0.88	0.84	0.86	0.76	0.66	0.62	0.57
综合	151.51	153.53	184.31	159.48	188.66	222.85	223.75
指数＼年份	2012	2013	2014	2015	2016	均值	排名
污染	209.16	192.17	154.93	130.67	129.04	175.79	68
吸收	0.56	0.50	0.46	0.44	0.40	0.63	49
综合	207.99	191.21	154.22	130.09	128.52	174.68	68

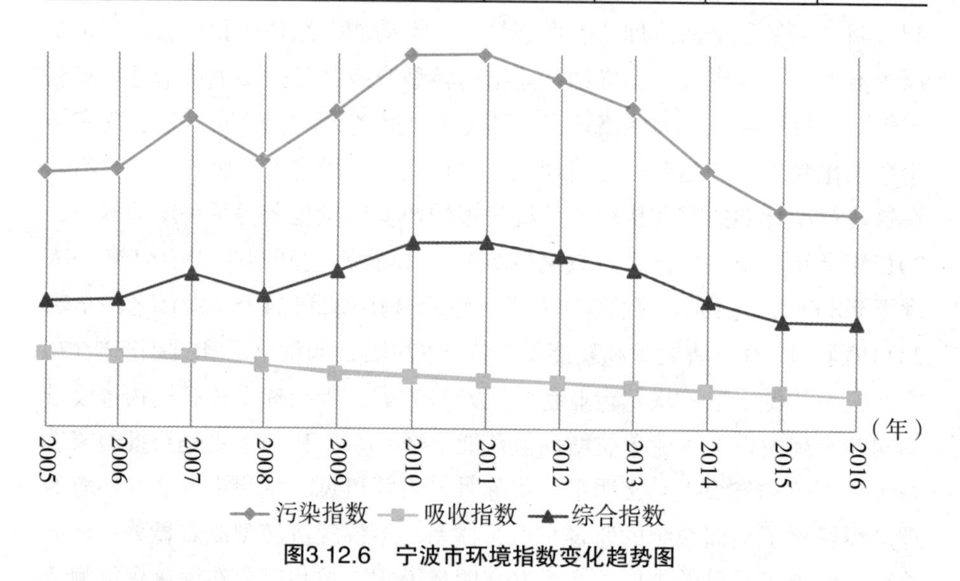

图3.12.6 宁波市环境指数变化趋势图

通过上述结果来看，宁波市是典型的“高污染—低吸收”城市。2005—2016年间污染指数均值为175.79，在全国74个样本城市中排名第68

位，自2011年出现下降趋势，这说明宁波市环境污染在不断减少，产业结构不断升级，资本密集和技术密集型的高技术制造业逐渐成为产业发展的新引擎，经济结构逐渐走向集约化的发展路径；同期吸收指数均值为0.63，在全国74个样本城市中排名并列第49位，环境自净能力偏低。

宁波市2017年实现规模以上工业增加值3266.7亿元，其中战略性新兴技术产业、高新技术产业和装备制造业增加值分别为872.2亿元、1337.5亿元和1585.5亿元。这说明宁波市经济产业结构中高附加值的产业已经成为主导产业类型，这类产业拥有较强的技术和资金优势，资源和能源利用效率都相对较高，对环境的污染相对较小。另一方面宁波市也在积极推进生态建设，《宁波市大气污染防治行动计划（2014—2017年）》指出，坚持源头预防、强化治理，以能源结构调整、工业企业污染整治、机动车污染防治、扬尘治理等为突破口，实施二氧化硫、氮氧化物、颗粒物、挥发性有机物、扬尘等多污染物的协同控制，积极倡导绿色低碳生产生活方式，建立健全该市大气污染联防联控管理机制，有效解决当前突出的大气污染问题。

目前，宁波市已经建立了有效的大气污染防治体系。一是严格环境准入，按“禁止开发、限制开发、优化开发、重点开发”原则，明确各生态功能区划的环境准入与生态保护标准，划定区域生态保护红线，并按照项目类别严格限定大气污染物的排放量，抬高工业项目的环境准入门槛。二是调整能源结构，一方面实行煤炭消费总量控制，严格推进禁燃区建设和落后产能的淘汰；一方面推广使用清洁煤，实施低硫、低灰分配煤工程，推进煤炭清洁化利用，不断提高清洁能源使用率。三是实行产业结构升级，不断淘汰落后产能，推进清洁生产，加快节能技术推广应用，提高能源利用效率，降低能源消耗强度，并大力推进循环经济的发展。四是治理工业污染，一方面不断强化大气主要污染物治理，实施脱硫脱硝工程，并对所有在建的燃煤火电机组进行清洁能源工程改造，实施烟气清洁能源排放技术；另一方面要持续推进工业废气的综合治理，建设满足需求的防风抑尘措施以及严格限定大气污染物的处理与排放，实施有效的环境质量监督。由此可见，宁波市已经形成了全面系统的环境治理监督管理体制，并不断从经济增长的根源着力，淘汰落后产能，实施产业升级改造，提高能源使用效率，进而推进生态文明建设持续稳定发展。

第七节 青岛市

2005—2016年青岛市污染指数、吸收指数以及综合指数测算结果如表3.12.7。

表3.12.7 青岛市环境指数结果

指数＼年份	2005	2006	2007	2008	2009	2010	2011
污染	114.89	111.01	103.98	103.01	106.52	97.41	95.02
吸收	0.91	0.94	1.05	1.09	1.10	1.10	1.24
综合	113.85	109.96	102.89	101.89	105.35	96.34	93.85

指数＼年份	2012	2013	2014	2015	2016	均值	排名
污染	95.83	84.37	79.15	80.41	80.34	95.99	49
吸收	1.11	1.12	0.85	1.00	1.00	1.04	21
综合	94.76	83.42	78.47	79.61	79.53	94.99	49

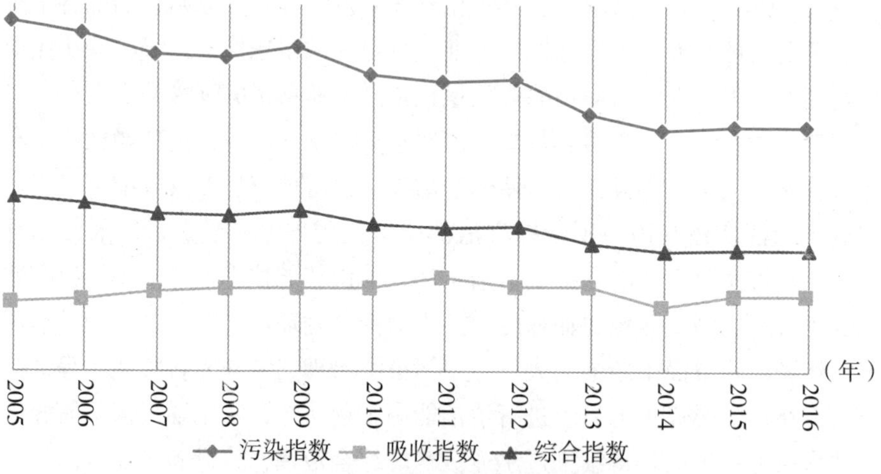

图3.12.7 青岛市环境指数变化趋势图

通过上述结果来看，青岛市环境质量处于全国中等水平。2005—2016年间污染指数均值为95.99，在全国74个样本城市中排名49位，这期间出现缓慢下降趋势，这说明青岛市环境污染在不断减少，在大力开展经济建设的过程中也注重环境质量的提升，由此推动了经济社会协调可持续发展；

同期吸收指数均值为1.04，在全国74个样本城市中排名并列第21位，环境自净能力较强，且保持在稳定水平，并没有因经济建设对生态环境产生较大破坏。

青岛市自十九大以来，贯彻全市“创新+三个更加”的目标要求和“一三三五”工作思路，坚持稳重求进的工作总基调，以供给侧结构性改革为主线，加快实施新旧动能转换重大工程，实现了经济的健康发展。2017年，全市高技术产业实现增加值579.5亿元，增长10.9%，占GDP比重为5.3%；其中，高技术制造业增加值为290.1亿元，增速10.6%，占GDP比重2.7%，高技术服务业增加值为289.4亿元，增长11.2%，占GDP比重为2.6%。战略性新兴产业增加值1104.7亿元，增长10.9%，占GDP比重10%，其中，战略性新兴工业增加值为806.5亿元，增长11.7%，占GDP比重为7.3%；战略性新兴服务业增加值为298.2亿元，增长9.1%，占GDP比重为2.7%。高附加值、高技术含量的产品快速增长，新能源汽车产量突破8万台，智能手机突破2062万部，城市轨道车辆突破1270辆。由此可见，青岛市近年来在战略性新兴产业和高技术产业方面发展迅速，经济转型和产业升级已经初见成效。

在环境污染防治方面，2017年《青岛市大气污染综合防治工作方案》中指出，一是要调整优化产业结构，依法依规取缔“小散乱污”企业，建立网格化监管制度，促使重污染企业搬迁，进行区域控制性的综合环境规划；二是要削减燃煤污染，优化能源结构，降低燃煤消费比重，深入开展民用散煤清洁化处理，关停淘汰燃煤小锅炉，加强煤炭污染的源头控制；三是要推进清洁能源和节能技术利用，大力推进集中供热、扩大燃煤利用规模，推广绿色建筑，推进节能和环保利用，推动热电联产企业余热挖掘利用等；四是要加强工业大气污染综合治理，加快推进燃煤锅炉和机组超低排放改造，实施特别排放限值，全面推进排污许可管理，实施挥发性有机物的综合治理，组织制定工业企业生产调控方案等；五是要控制机动车排气污染，升级油品质量，加强车用尿素监督管理，加快绿色港口建设，大力发展以公共交通为主的城市机动化出行系统，加大新能源汽车推广力度；六是要提高城市建设管理水平，严格限制城市道路扬尘污染，提高道路保洁水平，严格控制建设扬尘，实施城市园林生态建设等；七是要加强农业农村领域大气污染防治，控制农业源排放，加强秸秆综合利用，加强绿色生态屏障建设等。目前来看，青岛市环境质量在缓慢改善，一方面是要继续深化产业结构调整，推进高技术产业发展；另一方面是要加强污染防治，从工业污染和城乡生活污染两方面着手，既要降低污染排放量也要保持生态环境，不断提高环境的吸收能力。只有这样，青岛市才能兼顾生态环境建设与经济转型升级的协调并重，持续发展。

第八节　郑州市

2005—2016年郑州市污染指数、吸收指数以及综合指数测算结果如表3.12.8。

表3.12.8　郑州市环境指数结果

指数＼年份	2005	2006	2007	2008	2009	2010	2011
污染	144.12	139.50	169.70	140.32	131.50	146.35	159.80
吸收	1.56	1.46	1.45	1.34	1.20	1.20	1.17
综合	141.88	137.46	167.24	138.45	129.92	144.59	157.92

指数＼年份	2012	2013	2014	2015	2016	均值	排名
污染	155.69	139.85	123.28	108.36	108.59	138.92	62
吸收	1.15	1.04	0.90	0.93	0.99	1.20	14
综合	153.89	138.39	122.17	107.35	107.51	137.23	62

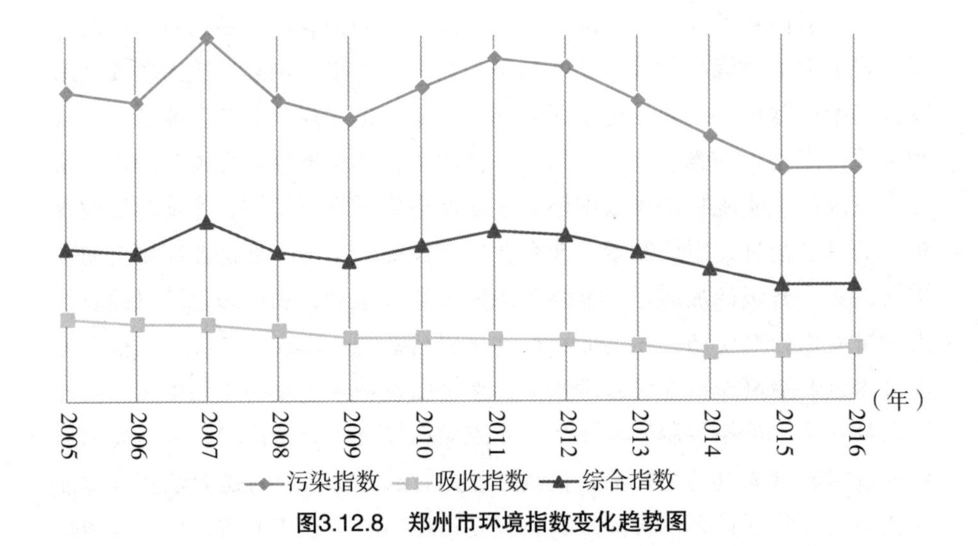

图3.12.8　郑州市环境指数变化趋势图

通过上述结果来看，郑州市环境质量处于全国较差水平。2005—2016年间污染指数均值为138.92，在全国74个样本城市中排名62位，自2011年之后出现缓慢下降趋势，这说明郑州市已经致力于改善粗放的经济发展模式所带来的资源消耗和环境污染问题；同期吸收指数均值为1.20，在全国74个样本城市中排名第14位，环境自净能力较强，且保持在稳定水平。

随着河南省经济的不断发展，郑州市工业化、郊县新型城镇化进程的推进，大气污染问题已成为严重威胁市民生活健康的主要因素。面对严峻的大气污染防治形势，郑州市政府于2012年施行《郑州市机动车排气污染防治条例》、2015年施行《郑州市大气污染防治条例》。此外，河南省委、省政府高度重视，于2015年印发《2015年度河南省蓝天工程行动计划实施方案》、2017年颁布《河南省大气污染防治条例（草案征求意见稿）》。河南省直属相关部门分别制定16个专项治理方案，以改善环境空气质量为根本，强化政策措施，严格监管执法。随着各项政策的贯彻落实，郑州市大气污染防治也取得较大的进展，空气质量明显改善。

郑州市政府分别从严格产业准入、调整优化产业结构与布局、淘汰落后产能以及压缩过剩产能这几个方面推动产业结构的转型升级，以此深化工业大气污染防治。致力于加快工业企业外迁，对重点行业开展落后产能淘汰，严格控制“两高”行业新增产能，强力推进供给侧结构性改革，促进“两高”行业过剩产能退出机制。发挥优强企业对行业发展的主导作用，通过兼并重组，推动过剩产能压缩。郑州市政府建立资源环境承载能力监测预警机制，对大气环境容量超载区域实行限制性措施，对城市环境空气质量状况及其污染物来源进行全网络覆盖实时监测。开展机动车污染治理研究，建设空气质量监测道路站等设施，对机动车排放污染物进行监测。利用大数据、物联网等信息技术，建设全市生态环境大数据工程，建立大气指挥调度中心，提升环境治理能力、环境监管创新能力。

燃煤污染防治上，2016年郑州市完成10家燃煤电厂超低排放改造，以及849台10蒸吨/时及以下燃煤锅炉拆除和清洁能源改造。燃煤总量削减以及燃煤锅炉“清零”工作上，郑州市成效显著，燃煤污染得到大力治理。此外，机动车尾气防治上，全年淘汰黄标车38.4991万辆，超额完成国家下达的26.8万辆的年度目标任务。全省大气污染防治取得了明显进展，2016年郑州市空气质量优良天数达到159天，较2015年增加21天；重污染天数降到37天，比2015年减少12天；PM10、PM2.5的年均浓度分别较2015年下降14.4%、18.8%。

2017年全市禁燃区面积达到844.4平方公里，比上年增长86.6%。市区空气质量优良天数201天，比上年增加42天；可吸入颗粒物（PM10）年平均浓度118μg/m³，比上年下降17.5%，可吸入颗粒物（PM2.5）年平均浓度66μg/m³，下降15.4%。2017年全年规模以上工业增加值能耗降低8.6%。综合能源消费量1732万吨标准煤，比上年下降1.5%；其中轻工业112万吨标准煤，增长0.6%；重工业1619万吨标准煤，下降1.6%。

由此可见，郑州市在环境污染治理方面进展迅速，取得了一定成效。“十三五”期间，郑州市还需要进一步深化供给侧结构性改革，调整能源消费结构，加强环境污染治理，并加大生态功能区的环境保护，实现经济社会发展与生态文明建设可持续协调发展。

第九节　武汉市

2005—2016年武汉市污染指数、吸收指数以及综合指数测算结果如表3.12.9。

表3.12.9　武汉市环境指数结果

指数 \ 年份	2005	2006	2007	2008	2009	2010	2011
污染	180.49	179.27	171.81	171.91	166.43	155.68	129.10
吸收	1.08	1.05	1.09	1.05	0.98	0.98	0.99
综合	178.53	177.38	169.93	170.10	164.80	154.16	127.83
指数 \ 年份	2012	2013	2014	2015	2016	均值	排名
污染	122.05	110.20	105.35	94.80	93.58	140.05	63
吸收	1.00	0.99	0.93	0.88	0.86	0.99	28
综合	120.83	109.11	104.37	93.97	92.78	138.65	63

通过上述结果来看，武汉市“高污染—低吸收”的现象十分严重。2005—2016年间，污染指数均值为140.05，在全国74个样本城市中排名63位，近些年来，其环境指数不断下降，但仍属于污染严重的城市；同期吸收指数均值为0.99，在全国74个样本城市中排名第28位，自净能力一般。

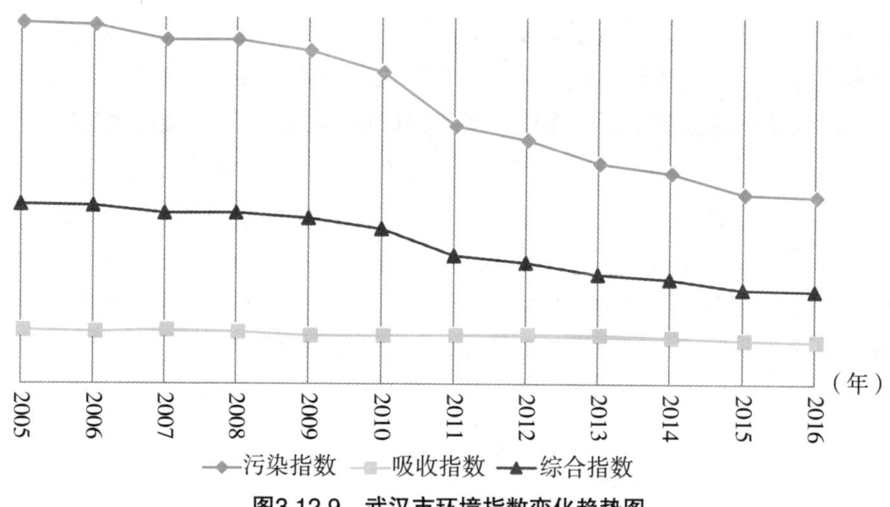

图3.12.9　武汉市环境指数变化趋势图

从2005年起，武汉市环境状况大多数指标有不同程度好转，整体环境质量全面改善。大气质量不断改善、区域噪声和交通噪声明显下降、水体污染得到有效控制、饮用水质“好上加好”。近年来，武汉市坚持以水环境质量为核心、以突出水环境问题为导向，分区域、分阶段系统推进水污染防治工作，切实解决一批影响水环境质量的突出问题，全市水环境质量持续改善。市环保局污染防治二处主要负责全市大气环境保护、大气污染物排污许可、企业环境行为信用评价等工作，以“改善空气质量”为出发点和落脚点，大力实施拥抱蓝天行动。

在水环境保护上，武汉市提倡“人水相亲，四季有景”，2008—2011年武汉市、各区先后投资新建两闸连通工程，杜绝污水入湖。2013年年初，武昌区联合省水科院在内沙湖实施湖泊生态修复工程，通过外源截污、水生植被构建、鱼类群落调控等手段，改善湖泊底质。经过持续的生态整治，湖泊生态系统得到重建，水变清了，水下“森林”清晰可见。2015年以来，内沙湖水质稳定保持在地表水Ⅲ类标准，2017年以来，内沙湖水质多月达到地表水Ⅱ类。在实施精准治霾方面，武汉市出台“十三五”拥抱蓝天规划，制定改善空气质量路线图，制定拥抱蓝天行动方案，出台30条、76项大气污染防治措施，明确各区、各部门任务和责任，针对不同季节、时段、区域，有针对性地调整应对策略，制定夏秋季空气污染治理管控20条措施。在绿地的建设上，2013年12月，戴家湖公园正式启动建设，于2015年5月1日建成并正式对外开放，这是青山区生态修复的重要景观工程，形成了集生态防护、景观观赏、休闲健身、文化展示等多功能于一体的综合性生态公园。戴家湖的焕然重生，为建设人与自然和谐的生态环境起到了示范作用，荣获2017年“中国人居环境范例奖”。

武汉市生态环境保护需要在督察整改中进行，要制定可行方案，坚决依法依规，加强政策配套，注重统筹推进，严禁“一律关停”“先停再说”等敷衍应对做法，坚决避免紧急停工停业停产等简单粗暴行为，坚决杜绝环保“一刀切”行为，特别是在工程施工、生活服务业、养殖业、特色产业、工业园区、城市管理等重点行业和领域的边督边改过程中，要严禁“一刀切”行为。

第十节　长沙市

2005—2016年长沙市污染指数、吸收指数以及综合指数测算结果如表3.12.10。

表3.12.10　长沙市环境指数结果

指数＼年份	2005	2006	2007	2008	2009	2010	2011
污染	69.67	66.07	71.78	76.43	71.25	77.22	44.28
吸收	1.21	1.10	1.19	1.04	0.88	0.88	0.89
综合	68.83	65.34	70.93	75.64	70.62	76.54	43.88

指数＼年份	2012	2013	2014	2015	2016	均值	排名
污染	44.79	39.23	37.78	34.63	34.76	55.66	20
吸收	0.81	0.80	0.70	0.66	0.56	0.89	31
综合	44.42	38.91	37.51	34.40	34.57	55.13	20

根据表3.12.10可以看出，长沙市污染治理成果较为显著。2005到2006年间污染指数均值为55.66，在全国74个样本城市中排名20位，从2010年出现急剧下降，并于之后年度逐渐下降，2016年污染指数下降为34.76，污染治理成效显著；同期吸收指数均值为0.89，在全国74个样本城市中排名第31位，自净能力一般，呈现小幅下降趋势。

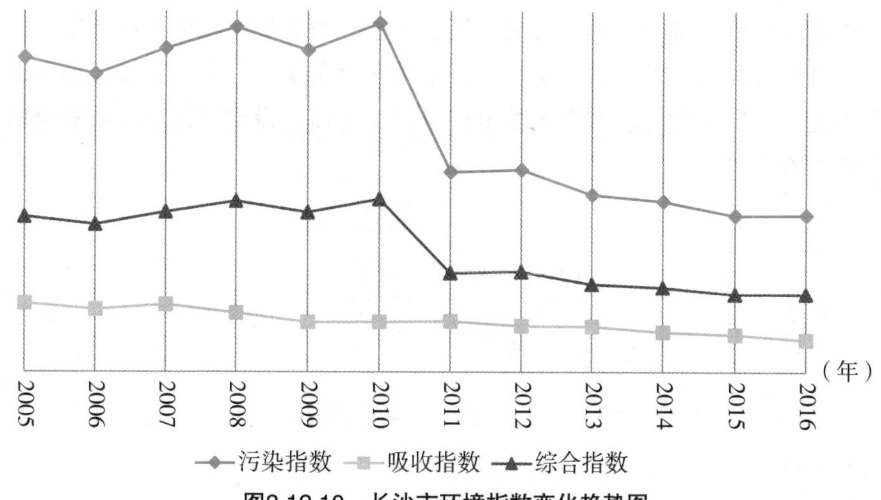

图3.12.10 长沙市环境指数变化趋势图

2016年，长沙市空气质量优良天数为267天，空气质量优良率为73%。区域环境噪声、城区道路交通噪声强度总体水平均为二级，功能区噪声昼间和夜间达标率分别为68.0%、45.3%，均符合国家声环境质量标准要求，4类功能区（交通干线道路两侧）昼间噪声年均值符合国家标准，达标率为62.5%，但是夜间噪声年均值超标严重，达标率为0。在水环境治理方面，长沙市县级集中式生活饮用水水源湘江长沙段望城水厂、浏阳河浏阳三水厂、捞刀河星沙水厂、沩水鳝鱼洲断面水质均符合国家标准，地级以上集中式生活饮用水水源水质达标率为100%。

近年来，长沙市全面实施“清霾”行动，强力推进大气污染治理，深化面源污染治理，加快淘汰黄标车，禁止生产、销售和进口超过规定排放标准的机动车，提升环境空气质量；重点在高新区管委会、芙蓉区、天心区、岳麓区、开福区、雨花区范围开展“静音”行动，为人民群众创造宁静的生活和工作环境；推进岳麓污水处理厂排口下移工程和长沙污泥集中处理中心项目建设，并针对污染源头，制定专项整治方案，实施清洁化改造；在固体废物污染环境防治方面，落实固体废物环境管理制度，稳步推进固体废物利用与处置基础设施建设，实现城市生活垃圾无害化处理率100%，工业固体废物综合利用率为84.3%，安全处置率为15.6%，工业危险废物和医疗废物也实现了安全处置。

长沙市在推进生态环境保护工作上取得了显著的成绩，但对于现存的环境问题，长沙市还应以生态文明建设为纲领，以建设人与自然和谐共生的美丽长沙为目标，着力解决大气、水和土壤等环境领域存在的重点问题，突出打好蓝天保卫战，切实改善市域环境质量，努力让长沙自然生态更秀美、城乡更优美、城市风貌更精美，为全面建设现代化长沙市奠定坚实的环境基础。

第十一节 广州市

2005—2016年广州市污染指数、吸收指数以及综合指数测算结果如表3.12.11。

表3.12.11 广州市环境指数结果

指数＼年份	2005	2006	2007	2008	2009	2010	2011
污染	153.05	146.49	163.00	181.16	95.63	91.60	77.49
吸收	0.79	0.77	1.11	1.03	0.94	0.95	0.96
综合	151.84	145.35	161.19	179.29	94.73	90.73	76.75

指数＼年份	2012	2013	2014	2015	2016	均值	排名
污染	65.51	64.56	59.62	49.14	49.80	99.75	51
吸收	0.93	0.92	0.91	0.91	0.87	0.92	30
综合	64.91	63.97	59.08	48.70	49.36	98.82	51

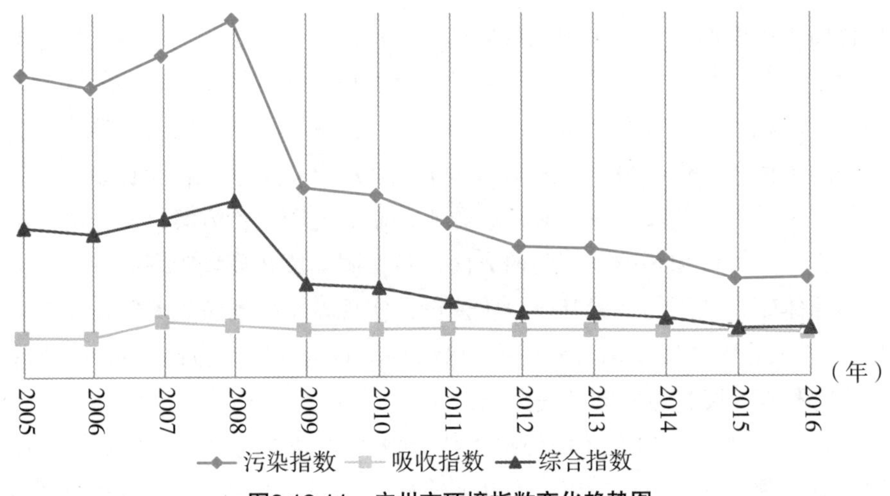

图3.12.11 广州市环境指数变化趋势图

通过上述结果来看，2005—2016年间广州市污染指数均值为99.75，在全国74个样本城市中排名51位，从2008年出现急剧下降，之后也呈现不断下降的趋势，但仍属于有一定污染的城市；同期吸收指数均值为0.92，在全国74个样本城市中排名第30位，吸收指数不断波动，自净能力维持稳定的能力尚需提高。

2005年以来，广州市处于工业化中后期，经济仍将保持中高速增长，在城镇化率稳步提高、经济规模和人口总量继续增长的背景下，生态空间占用、资源能源消耗和污染物排放增长的压力长期存在。城市建设与生态用地保护之间的矛盾突出，环境资源超载，大气区域性、复合型污染尚未有效缓解，城市水体污染依然较重，饮用水安全依赖境外，高风险企业数量多、类型复杂。2009年，广州市深化对工业企业、机动车、饮食服务业废气和工地扬尘、挥发性有机物等7个方面空气污染综合整治，并于2009年和2010年在环保部门预算外安排6亿元专项资金用于空气污染整治，由此带动企业投入18亿元、全市投入24亿元全面治理空气污染。面对污染最为严重的水环境，广州市加大污水治理力度，加快污水处理系统建设，依法从严控制污水排放，促使企业全面整改、污水处理厂加快建设。

广州市作为国家重要中心城市和广东省省会城市，率先垂范、创新治理，近年来环境保护工作取得积极进展，资源能源消耗强度不断降低，主要污染物排放总量持续下降，空气质量接近达标，珠江等干支流水质良好。面对如此的环境基础，广州市应坚持环境优先，以生态保护红线和环境空间管控筑牢生态环境安全格局，以生态环境承载力引导城市合理布局，不断提高环境治理的系统化、科学化、法治化、精细化、信息化水平，提升城市环境品质，加快建设生态文明，为广州市建设国际知名、国内领先的绿色生态美丽城市提供支撑。

第十二节　深圳市

2005—2016年深圳市污染指数、吸收指数以及综合指数测算结果如表3.12.12。

表3.12.12　深圳市环境指数结果

指数＼年份	2005	2006	2007	2008	2009	2010	2011
污染	37.53	37.33	58.34	45.55	39.19	28.30	27.69
吸收	1.38	1.33	1.48	1.32	1.14	1.14	1.15
综合	37.01	36.84	57.47	44.95	38.74	27.98	27.37

指数＼年份	2012	2013	2014	2015	2016	均值	排名
污染	24.61	15.78	13.49	10.33	13.48	29.30	6
吸收	1.05	1.04	1.00	0.99	0.93	1.16	16
综合	24.36	15.61	13.36	10.23	13.35	28.94	6

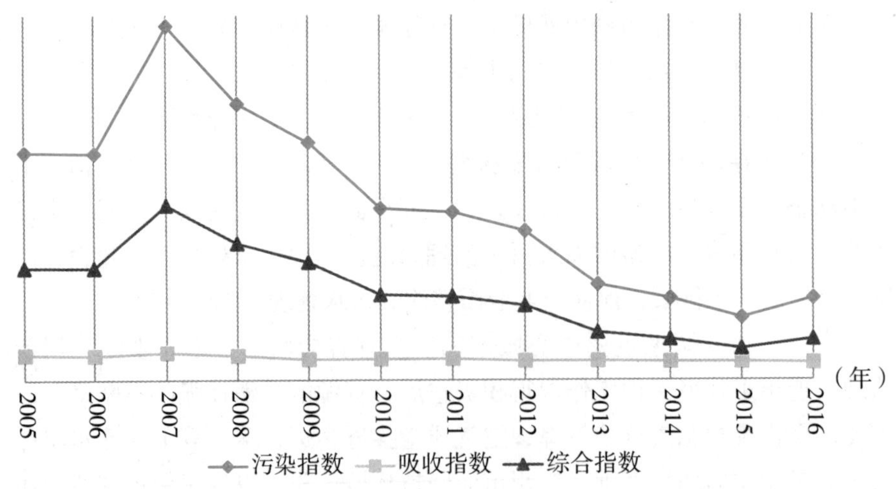

图3.12.12　深圳市环境指数变化趋势图

通过上述图表结果来看，深圳市属于典型的“低污染”的城市。2005—2016年间污染指数均值为29.30，在全国74个样本城市中排名第6位，2007年污染指数达到峰值58.34，之后呈现下降趋势，且下降幅度明显，2015年达到最低值10.33，污染有较大程度的改善；同期吸收指数均值为1.16，在全国74个样本城市中排名第16位，自净能力表现良好。

20世纪80年代初建特区初创时期，深圳在经济增长和环境污染问题上可以说处在低增长、低污染类型；到了80年代中期特区大规模建设兴起以后，至90年代中期以来深圳就进入高增长、高污染的经济与环境类型；2005年后，深圳GDP的增长速度一直保持在全国前列，而深圳的灰霾天气也由年均6天增长到年平均150天，环境问题十分敏感。2007年前后，深圳社会经济的高速发展为环境治理与保护提供了充裕的财政支持，高新技术产业和高端服务业在产业结构高度化中的贡献上升带来了环境问题的不断改善；另一方面，不断提升的环境投入也构成了维持和支撑深圳社会经济持续高速发展的重要条件。

近年来，深圳市各级政府及相关部门切实提高了对环境保护工作的认识，各项举措相继实施，尤其把治污减霾工作摆在突出位置。例如，强制淘汰“黄标车”及老旧车辆，加强机动车环保管理，强化新生产车辆环保监管，加大淘汰落后和过剩产能力度，一系列举措实施后，全市灰霾天数减少，大气质量有了显著提升。但是，深圳的“垃圾围城”问题还比较突出，固体废弃物处置设施能力总体不足，生活垃圾、医疗废物等处置设施超负荷运行现象严重。

在大气环境质量改善遭遇“天花板”效应，进一步提升难度加大，“垃圾围城”问题突出，面对更高层次、更加全面的环境治理要求的情况下，深圳市应具体部署“深圳蓝”可持续行动计划、绿色产品认证、生态保护红线划定等一系列具体措施，狠抓污染源头，大力推进固体废弃物源头分类和减量，加快推进垃圾焚烧等基础设施建设，推动全市生态环境质量持续改善，努力打造生态文明建设的“深圳样本”。

第十三节　东莞市

2005—2016年东莞市污染指数、吸收指数以及综合指数测算结果如表3.12.13。

表3.12.13　东莞市环境指数结果

指数＼年份	2005	2006	2007	2008	2009	2010	2011
污染	127.56	115.71	127.39	130.44	109.07	109.16	119.09
吸收	1.68	1.62	1.67	1.59	1.48	1.45	1.47
综合	125.41	113.84	125.26	128.36	107.46	107.57	117.33

指数＼年份	2012	2013	2014	2015	2016	均值	排名
污染	114.10	106.81	99.85	85.61	84.21	110.75	55
吸收	1.45	1.32	1.32	1.32	1.46	1.49	11
综合	112.44	105.40	98.53	84.48	82.97	109.09	55

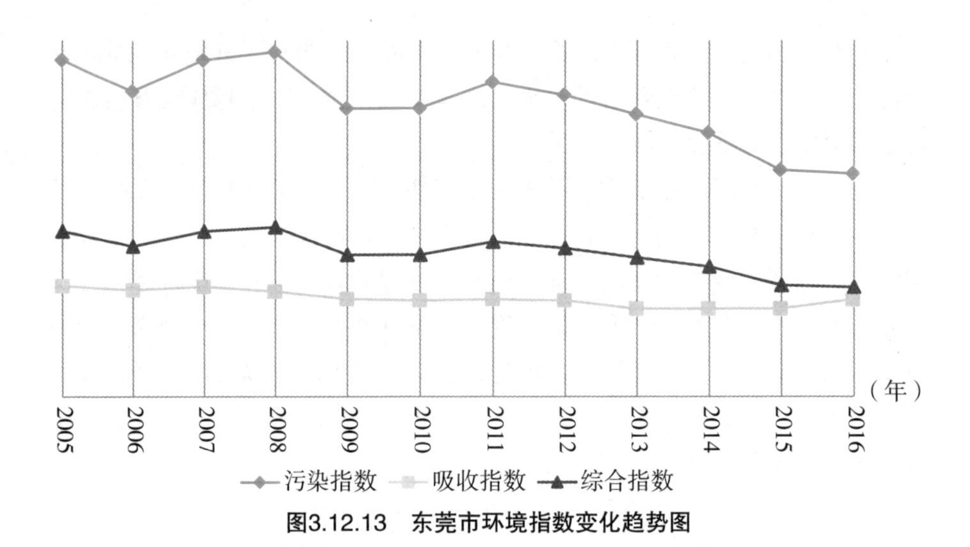

图3.12.13　东莞市环境指数变化趋势图

通过上述图表来看，2005—2016年间东莞市污染指数均值为110.75，在全国74个样本城市中排名55位，自2011年之后出现较为明显的下降趋势，但仍属于污染较为严重的城市；同期吸收指数均值为1.49，在全国74个样本城市中排名第11位，在2005—2016年间表现出先下降后上升的趋势，自净能力还有恢复的空间。

2011年，东莞市严格环保准入，严格控制新增落后产能和污染项目，提高环保准入门槛，从源头上推动产业升级，累计拒批项目392项；在推进机动车污染防治方面，成立监督站，加强路检和停车场检测，对全市货客运车进行检测治理，共抽取车辆13737辆，达标率78.36%。2014年，通过完善大气治理体系、实施环保为民行动、强力治理黄标车以及加强重点时段和区域防控等措施，在全市上下共同努力下，东莞市空气质量持续好转，顺利完成省下达的空气改善目标。其中，空气质量达标天数比例为70.2%，PM2.5、PM10等主要污染物浓度同比出现明显下降，环境治理成效逐渐显现。

虽然东莞市的环保工作在多方面取得了明显成效，但环保工作形势依然严峻。污染来源向工业、生活、机动车、农村等并存转变，污染复合化问题日益突出；重金属、VOC、土壤污染、辐射、危险废物和化学品污染等的长期积累，导致环境安全问题日益突出；社会环境意识和环保理念有待加强，基层环境监管能力仍然较弱，工作主动性有待强化等。因此，面对东莞市环境保护问题，需要做到以下几点。一是健全完善环保执法体制机制，开展环保大检查，依法严厉查处环境违法行为，打击环境犯罪，强化环保法治；二是积极推进排污总量有偿调配、排污交易、污染第三方治理、大气污染预警预报等制度体系建设，强化环保改革；三是进一步深化机动车、锅炉、VOC、油烟、扬尘等污染防治，推动集中供热，强化环保治理；四是继续狠抓冬季大气污染整治行动，重点解决群众反映强烈的突出大气污染问题，加强应急预警，强化环保防控。

第十四节 成都市

2005—2016年成都市污染指数、吸收指数以及综合指数测算结果如表3.12.14。

表3.12.14 成都市环境指数结果

指数＼年份	2005	2006	2007	2008	2009	2010	2011
污染	85.85	81.00	78.75	93.82	90.06	61.81	61.95
吸收	2.14	2.06	2.10	2.00	2.08	2.09	2.11
综合	84.01	79.33	77.10	91.95	88.19	60.52	60.64

指数＼年份	2012	2013	2014	2015	2016	均值	排名
污染	63.36	53.83	54.61	42.79	44.00	67.65	37
吸收	2.08	2.11	2.09	2.06	2.06	2.08	5
综合	62.04	52.70	53.47	41.91	43.09	66.24	37

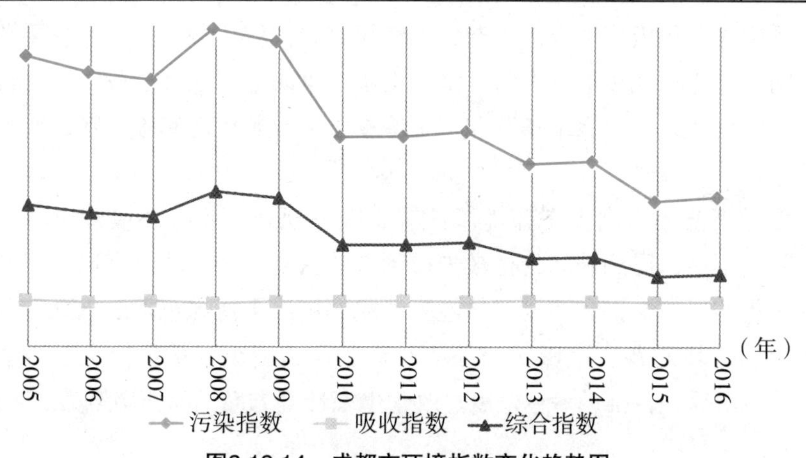

图3.12.14 成都市环境指数变化趋势图

从以上图表中可见，2005到2016年间成都市污染指数均值为67.65，在全国74个样本城市中排名37位，在2009年之后出现连续下降趋势，尤其由2009年的90.06降至2010年的61.81，到2016年，污染指数下降至44.00，仍然属于有一定污染的城市。同期，吸收指数均值为2.08，在全国74个样本城市中排名第5位，自净能力很强。

成都平原地处四川盆地，大气环境容量极为有限，远小于扩散条件好的沿海城市。在相同排放条件下，成都平原会比扩散条件好的城市更容易受到污染。成都环境污染，有自然也有人为因素，祸首就是汽车尾气排放和工业扬尘，燃烧煤炭和焚烧秸秆也有一定贡献。2008年，成都市空气污染特征为煤烟、机动车排气、扬尘混合型污染，城区环境空气中的首要污染物为可吸入颗粒物，其次为二氧化硫。可吸入颗粒物、二氧化硫、二氧化氮污染负荷所占百分比分别为43.1%、31.7%和25.2%。岷江外江和内江水系的中上游段水质良好，达到划定的水域标准，中下游段水质污染较重，主要污染项目为氨氮、生活需氧量、溶解氧；沱江干流水质好，支流水质改善，金堂县境内清江大桥断面水质良好，氨氮略超标。2010年，成都市城区环境空气质量优良率为86.6%，空气质量未达到国家二级标准，二氧化硫、二氧化氮达标，可吸入颗粒物超标，浓度年均值较上年均有所下降。城区和郊区饮用水源地水质都有较大幅度改善，达标率均为100%。

近年来，成都市环保局首先科学谋划环境保护工作，编制环境总体规划和年度计划，引领了绿色发展和生态环保工作可持续发展。其次不断深化生态环境保护体制改革，探索运用经济政策手段强化企业环境保护主体责任意识，开展企业环境污染责任险工作，积极推进企业环境信用评价机制体系构建；积极推进全市生态保护红线划定工作；进一步完善基层环保监管网络。并且稳步推进大气、水、土壤污染防治“三大战役”，出台了成都“大气十条”“水十条”和“土壤十条”及其年度实施方案，明确攻坚目标。

面对当前突出的生态环境保护缺乏统一规划，生态环境建设力度不够、品位不高，受到破坏的植被未得到有效恢复，生态功能衰退等问题，总结多年的生态保护和建设工作经验，成都市应秉持绿色发展理念，着力解决突出环境问题，严密防控环境风险，铁腕治霾、重拳治水、科学治堵、全域增绿，在推进绿色发展、改善生态环境方面不断作出努力。

第十五节　西安市

2005—2016年西安市污染指数、吸收指数以及综合指数测算结果如表3.12.15。

表3.12.15　西安市环境指数结果

指数＼年份	2005	2006	2007	2008	2009	2010	2011
污染	69.77	69.89	71.38	74.35	74.94	72.64	69.15
吸收	0.31	0.25	0.14	0.18	0.27	0.27	0.20
综合	69.56	69.72	71.28	74.21	74.74	72.44	69.01

指数＼年份	2012	2013	2014	2015	2016	均值	排名
污染	63.65	54.12	51.23	40.55	38.57	62.52	30
吸收	0.17	0.22	0.25	0.16	0.11	0.21	70
综合	63.54	54.00	51.10	40.48	38.53	62.38	31

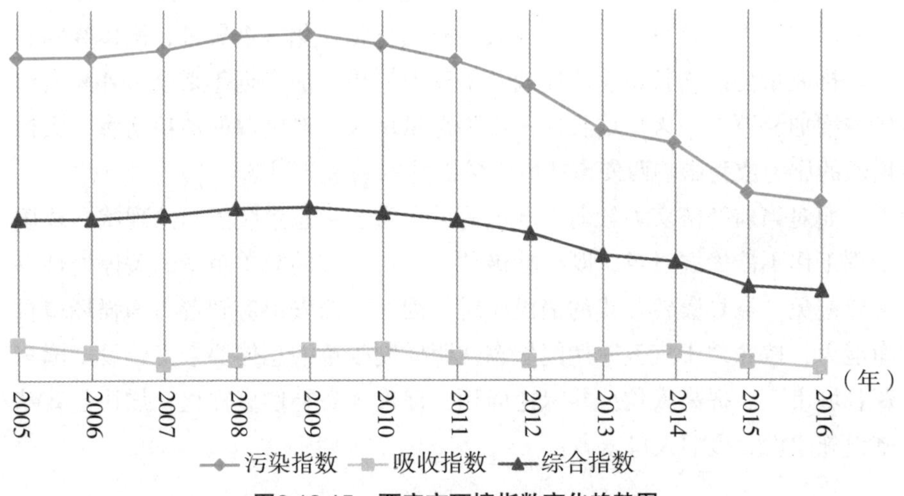

图3.12.15　西安市环境指数变化趋势图

通过上述结果来看，西安市属于典型的“高污染—低吸收”的城市。2005到2016年间污染指数均值为62.52，在全国74个样本城市中排名30位，自2009年之后出现下降趋势，但仍属于污染较为严重的城市；同期，吸收指数均值为0.21，在全国74个样本城市中排名并列第70位，自净能力较差。

2005年后，全市氮氧化物、硫化物等排放量不断上升，这间接表明西安市的重工业比重逐步增加，设备制造、纺织、石化、电力等行业在很长时间内成为西安市的支柱产业。虽然西安市科技实力雄厚，但科技转化水平较低，高技术产业发展步伐较慢，技术进步对工业经济增长的贡献率较低，粗放型经济增长方式未得到根本转变。2010年后，西安市的机动车保有量以每年10%的速度增长，尾气排放导致硫化物和氮氧化物浓度不断上升，成为大气污染的主要来源之一。随着经济建设规模的不断扩大，资源消耗量不断增加，多年来产能利用率低下，资源被大量索取和浪费，导致地下水、森林、湿地等锐减，自净能力很弱。以煤炭为主“黑色”能源结构燃烧后产生大量的二氧化硫和烟尘等排放物成为大气污染的“罪魁祸首”。

近年来，西安市各级政府及相关部门切实提高了对环境保护工作的认识，各项举措相继实施，尤其把治污减霾工作摆在突出位置。例如，强制淘汰“黄标车”，拆改燃煤锅炉，推进城市绿化，增加景观带建设等，一系列举措实施后空气质量达到二级以上的天数逐年增多。但是，水体和土壤的治理工作一直没有显著的成效，氨氮化物、化学需氧量、固体废物和垃圾排放量持续增长，违法违规开采现象严重。加之近年来全市外来人口年均增加50万人，人口增长使污染物总量增大，对资源的消耗增多，人口增长的压力成为影响西安市环境质量提升的一个新问题。

面对当前经济实力较弱、环境污染严重、生态系统脆弱的现状，环境治理工作不能操之过急，既要杜绝“一刀切”式的简单粗暴的关停处理，又要避免“掩耳盗铃”式的消极应付。因此，西安市应到着力增强环境自净能力，按照“十三五”期间生态文明体制改革的总体要求，建设“国家森林城市”，提高人均公共绿地面积，促进生态补偿多样化，加快公共基础设施建设，缓解人口压力。

第十三章　二线城市环境质量分析

本书界定的二线城市主要包括石家庄市、保定市、太原市、大连市、长春市、哈尔滨市、徐州市、常州市、南通市、温州市、绍兴市、嘉兴市、金华市、台州市、合肥市、福州市、厦门市、南昌市、济南市、佛山市、惠州市、中山市、南宁市、贵阳市、昆明市、兰州市和乌鲁木齐市，共27座城市，其中除了石家庄市、保定市、长春市、哈尔滨市、兰州市和乌鲁木齐市属于北部地区，以及太原市属于中部地区，其余城市均属于南部沿海或西南地区城市。根据本章对27个城市污染、吸收和综合指数的分析结果，可以看出二线城市中大部分还是呈现“高污染—低自净”的发展态势，但诸如温州市、绍兴市、金华市、厦门市和南昌市都属于“低污染”城市，自身污染较弱，证明产业结构比较合理；在“高污染”城市中也有“高吸收”的城市，比如昆明市、贵阳市、南宁市、中山市和惠州市都有较好的自身净化能力，吸收指数普遍都在1.50以上，吸收能力在所有74个环境检测重点城市中也是相对靠前的。

值得注意的是，2005—2016年，除合肥市、福州市、济南市、惠州市和昆明市外，其余的22座城市的环境污染指数和综合指数均有明显的波动下降趋势，尤其是在2011年之后，大部分城市的污染指标都呈明显的下降趋势，这无疑与各地政府出台相关的环境治理办法有关，比如将重污染重损耗的产业搬离市区或关停，推动节能产业的发展等措施，因此这些城市均出现了明显的污染指数下降趋势。然而，对于合肥市、福州市、济南市、惠州市和昆明市出现的环境污染小幅度增长的现状，各地政府也应高度重视，注意产业结构转型升级，合理利用自然资源，积极提升环境自净能力，做到“既要金山银山，也要绿水青山”。

综上所述，我国二线城市中，北部地区的大部分城市环境质量整体较差，环境承载力也较弱，但南部沿海和西南地区的城市环境质量处于中上游水平，环境自净能力也在74个观测城市中处于前列。但在2005—2016年这12年间，污染指数和综合指数波动下降，部分城市吸收指数明显上升，这也体现城市的环境状况在不断改善，有更多潜力去实现长远的可持续发展。目前，二线城市作为我国城市经济发展的中坚力量，一二线城市之间的经济鸿沟逐渐缩小，最终，二线城市的崛起，为中国带来新的发展动力。二线城市尤其是强二线城市，将成为未来人口聚集的主战场，这就为二线城市发展带来了巨大的人口和环境压力。政府不仅需要在经济发展上大力招商引资，引进人才，还需要积极处理好环境与发展之间的关系，不能走“先发展，后治理”的老路，在政策上支持节能环保企业发展，严格遏制污染排放，不断推进清洁能源和技术，加强城市绿化建设，也需要城市居民提升自身素质，主动形成清洁生活、保护环境的良好风尚，在政府和非政府组织的引导下共同呵护城市环境。

第一节　石家庄市

2005—2016年石家庄市污染指数、吸收指数以及综合指数测算结果如表3.13.1。

表3.13.1　石家庄市环境指数结果

指数＼年份	2005	2006	2007	2008	2009	2010	2011
污染	108.82	195.05	191.04	150.12	144.91	178.61	220.34
吸收	1.19	1.17	1.23	1.17	1.18	1.27	1.28
综合	107.52	192.77	188.69	148.37	143.20	176.34	217.52
指数＼年份	2012	2013	2014	2015	2016	均值	排名
污染	204.25	205.88	176.20	142.90	135.75	171.16	67
吸收	1.30	1.04	1.08	1.06	1.06	1.17	15
综合	201.60	203.74	174.31	141.39	134.31	169.15	67

通过上述结果来看，石家庄市属于典型的“高污染—低吸收”的城市。2005—2016年间污染指数均值为171.16，在全国74个样本城市中排名67位，自2011年之后出现下降趋势，但仍属于污染较为严重的城市；同期，

吸收指数均值为1.17，在全国74个样本城市中排名第15位，自净能力较强。

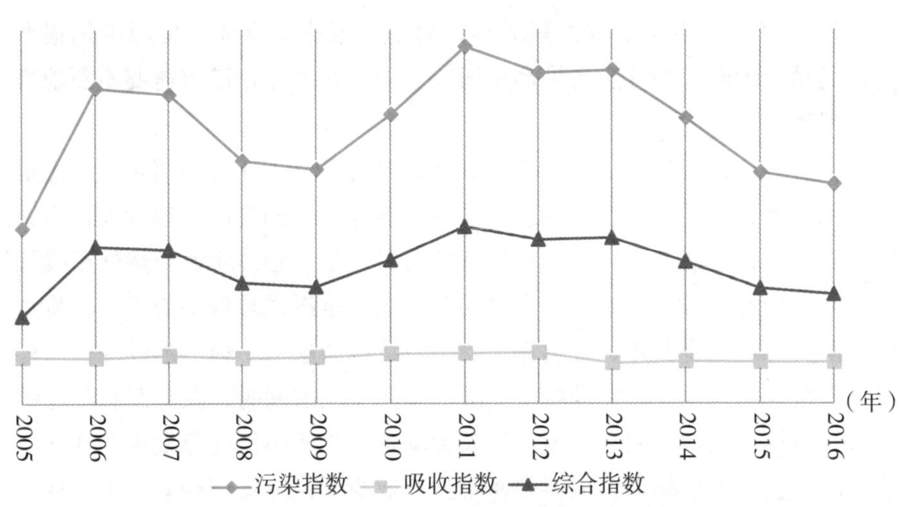

图3.13.1　石家庄市环境指数变化趋势图

2005年后，全市氮氧化物、硫化物等排放量不断上升，这间接表明石家庄市的重工业比重逐步增加，机械、建材、医药纺织、石化、电力等传统行业在很长时间内成为石家庄市的支柱产业，资源消耗型产业多，高附加值、高科技产业少，以煤为主的能源结构和落后的煤炭利用方式是造成石家庄市区大气污染的主要原因。硫化物的87%、氮氧化物的67%、烟尘的60%来自煤的燃烧，在各产业的煤炭消费构成中，工业消费的煤炭占煤炭消耗总量的90%。市区工业布局不合理，造成局部区域污染严重；裸露土地及建筑施工场地、垃圾堆、煤堆、储灰场等产生的扬尘；近年来，石家庄市区内机动车保有量大幅度增长和尾气不达标排放，加剧了环境空气中二氧化氮、一氧化碳以及扬尘的污染程度。研究成果表明，机动车尾气尘在市区环境空气中TSP（总悬浮颗粒物）和PM10的分担率分别达到7%和10%。可见机动车尾气污染对环境空气质量的影响已日益突出。随着经济建设规模的不断扩大，资源消耗量不断增加，多年来产能利用率低下，资源被大量索取和浪费，导致地下水、森林、湿地等锐减，自净能力很弱。

近年来，石家庄市各级政府及相关部门切实提高了对环境保护工作的认识，各项举措相继实施，尤其把治污减霾工作摆在突出位置。例如，强制淘汰“黄标车”，拆改燃煤锅炉，推进城市绿化，增加景观带建设等，一系列举措实施后空气质量达到二级以上的天数逐年增多，而水体和土壤的治理工作一直没有显著的成效，氨氮化物、化学需氧量、固体废弃物和垃圾排放量持续增长，违法违规开采现象严重。总体来说，“十二五”以来石家庄市环境污染指数大幅降低，但是石家庄市整体环境污染仍很严重，仍是全国较大的环境污染严重城市之一，石家庄市政府需要不断地努力实现环境的持续改善。

经济可持续发展要求石家庄市必须走符合新兴工业化的道路。首先要做到经济增长方式的转变，促进国民经济整体素质的提高。现阶段，石家庄市经济增长方式并未完全从粗放型转为集约型，很多企业仍然处于投入高、回报少的阶段。这就要求石家庄市应大力推进循环经济的发展，将清洁生产资源的综合利用、环境保护与可持续消费融为一体，形成绿色循环经济系统与绿色GDP，促进城市经济可持续发展的同时，及时调整产业结构。针对第三产业发展较为落后以及劳动资源优势不能充分发挥的现状，应及时调整产业机构，发展劳动密集型产业与知识密集型产业，满足现代社会经济发展的需求。

第二节　保定市

2005—2016年保定市污染指数、吸收指数以及综合指数测算结果如下：

表3.13.2　保定市环境指数结果

指数＼年份	2005	2006	2007	2008	2009	2010	2011
污染	63.30	64.36	73.71	61.12	55.95	64.16	78.40
吸收	0.34	0.36	0.54	0.61	0.63	0.64	0.66
综合	63.09	64.12	73.31	60.75	55.60	63.75	77.88

指数＼年份	2012	2013	2014	2015	2016	均值	排名
污染	89.05	56.13	48.11	41.24	41.47	61.42	25
吸收	0.62	0.56	0.59	0.62	0.63	0.57	58
综合	88.50	55.81	47.82	40.99	41.21	61.07	26

通过上述结果来看，保定市属于典型的“高污染—低吸收”的城市。2005—2016年间污染指数均值为61.42，在全国74个样本城市中排名25位，自2012年之后出现下降趋势，但仍属于污染较为严重的城市；同期吸收指

数均值为0.57，在全国74个样本城市中排名第58位，自净能力较差。

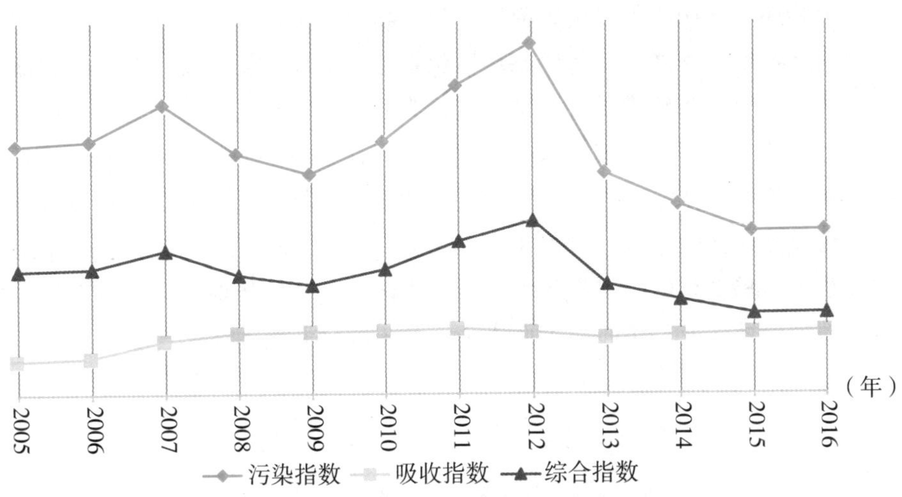

图3.13.2　保定市环境指数变化趋势图

2005年后，全市氮氧化物、硫化物等排放量不断上升，这间接表明保定市的重工业比重逐步增加，设备制造、纺织、石化、电力等行业在很长时间内成为保定市的支柱产业。虽然保定市科技实力雄厚，但科技转化水平较低，高技术产业发展步伐较慢，技术进步对工业经济增长的贡献率较低，粗放型经济增长方式未得到根本转变。2010年后，保定市的工业污染企业煤炭年耗总量维持在每年600万~700万吨，以煤炭为主的“黑色”能源结构燃烧后产生大量的二氧化硫和烟尘等排放物成为大气污染的“罪魁祸首”，这可能也是导致2010—2012年期间污染指数快速上升的原因之一。随着经济建设规模的不断扩大，资源消耗量不断增加，多年来产能利用率低下，资源被大量索取和浪费，导致地下水、森林、湿地等锐减，自净能力很弱，吸收指数也呈现不断下降的趋势。

自十八大将生态文明写入党章后，各级政府对生态文明的认识达到新的高度。近年来，保定市委、市政府深入学习领会习近平总书记系列重要讲话精神和对河北省的重要指示，贯彻落实省委、省政府关于生态文明建设和环境保护的决策部署，树立“绿水青山就是金山银山”的发展理念，将环境保护摆在更加突出位置，保定市污染排放指数呈现持续下降，推进了环境保护工作的落实，取得阶段性成效。

同时，面对当前经济实力较弱、环境污染严重、生态系统脆弱的现状，保定市各级党委和政府要牢固树立“创新、协调、绿色、开放、共享”五大发展理念，深入贯彻党中央、国务院和省委、省政府关于生态文明建设和环境保护的重要决策部署，自觉将绿色发展要求贯彻落实到经济社会发展各项工作之中，将生态环境保护摆在更加重要位置，严守生态保护红线，确保生态环境质量逐步改善，为服务保障雄安新区建设提供良好的生态支撑。提档升级城市基础设施，大力开展雨污分流、污水处理厂升级改造，建设与保定市总体规模相适应的医疗废物、危险废物、建筑垃圾与生活垃圾处置中心等，对黄花沟、府河、金线河进行高标准景观化系统综合整治，减少对白洋淀水环境污染压力。大力开展环保宣传、教育、引导工作，引导全民关注环保，形成齐抓共管的良好氛围，实现吸收指数的持续上升。

第三节　太原市

2005—2016年太原市污染指数、吸收指数以及综合指数测算结果如下：

表3.13.3　太原市环境指数结果

指数＼年份	2005	2006	2007	2008	2009	2010	2011
污染	122.09	115.47	113.73	116.19	108.85	128.29	155.93
吸收	1.07	0.97	0.98	1.01	1.19	0.86	0.82
综合	120.78	114.34	112.61	115.01	107.56	127.18	154.66

指数＼年份	2012	2013	2014	2015	2016	均值	排名
污染	155.55	129.87	124.83	111.18	108.73	124.23	60
吸收	0.63	0.63	0.68	0.69	0.69	0.85	34
综合	154.57	129.05	123.98	110.42	107.98	123.18	60

通过上述结果来看，太原市属于典型的“高污染—低吸收”的城市。2005—2016年间污染指数均值为124.23，在全国74个样本城市中排名60位，自2012年之后出现下降趋势，但仍属于污染较为严重的城市；同期吸收指数均值为0.85，在全国74个样本城市中排名第34位，自净能力较差。

2005年后，全市氮氧化物、硫化物等排放量不断上升，这间接表明太原市的重工业比重逐步增加，设备制造、纺织、石化、电力等行业在很长

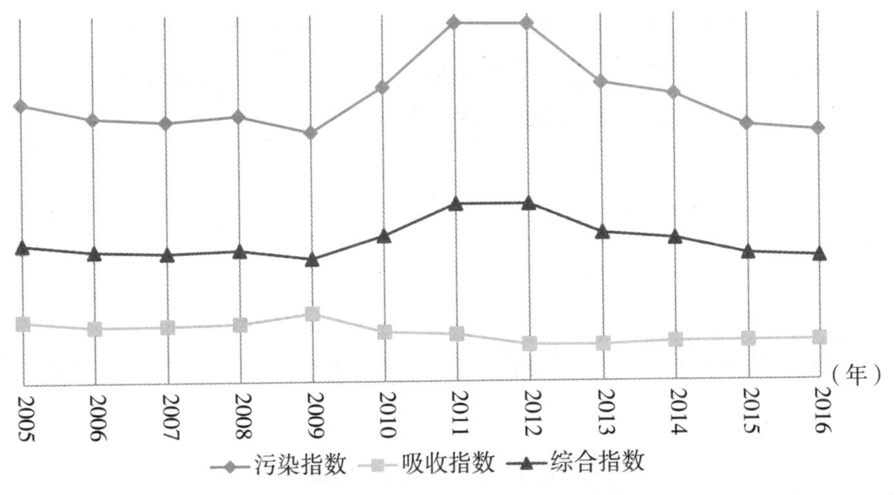

图3.13.3　太原市环境指数变化趋势图

时间内成为太原市的支柱产业。长期以来，太原作为全国能源重化工基地和资源型老工业城市，大气污染问题已成为制约太原全市乃至山西全省经济社会平稳持续健康发展的重要因素之一。太原市结构性污染的趋势仍在加剧，全市耗煤量居高不下；工业布局调整缓慢，城市总体规划确定的搬迁企业大部分未实施，市区重污染项目仍在建设；二次扬尘及市区料堆、灰堆、煤堆等开放源污染控制管理措施不到位；“城中村”燃煤锅炉改造进程较慢，管理失控；大气污染防治投入严重不足。随着经济建设规模的不断扩大，资源消耗量不断增加。多年来产能利用率低下，资源被大量索取和浪费，导致地下水、森林、湿地等锐减，自净能力很弱。这些成为制约太原市环境质量改善的主要因素。

2011年以来，太原市各级政府及相关部门切实提高了对环境保护工作的认识，各项举措相继实施，尤其把治污减霾工作摆在突出位置。为了改善市区环境空气质量，“十一五”以来，中共太原市委、太原市人民政府把大气污染防治摆到经济社会可持续发展的战略高度，集中财力、物力，人力，以创新发展模式、推动绿色转型为支撑，大力调整产业结构，全面推进大气污染防治，坚定不移地实施“蓝天碧水工程”，全市大气环境质量持续好转。但是，水体和土壤的治理工作一直没有显著的成效，氨氮化物、化学需氧量、固体废弃物和垃圾排放量持续增长，违法违规开采现象严重。加之近年来全市人口增长使污染物总量增大，对资源的消耗增多，人口增长的压力成为影响太原市环境质量提升的一个新问题。总体来说，

“十二五”以来，太原市环境污染指数在持续降低，环境整体在不断改善，但是太原市仍然是全国污染严重的城市之一，环境污染指数较高，需要政府的不懈努力来实现环境的持续改善。

第四节 大连市

2005—2016年大连市污染指数、吸收指数以及综合指数测算结果如表3.13.4。

表3.13.4 大连市环境指数结果

指数＼年份	2005	2006	2007	2008	2009	2010	2011
污染	122.95	123.71	90.29	100.15	102.97	100.73	121.27
吸收	0.42	0.27	0.43	0.72	0.53	0.54	0.60
综合	122.44	123.37	89.90	99.43	102.42	100.19	120.55

指数＼年份	2012	2013	2014	2015	2016	均值	排名
污染	125.46	105.77	101.50	93.13	96.60	107.04	54
吸收	0.82	0.53	1.10	1.12	0.98	0.67	44
综合	124.43	105.21	100.38	92.09	95.66	106.34	54

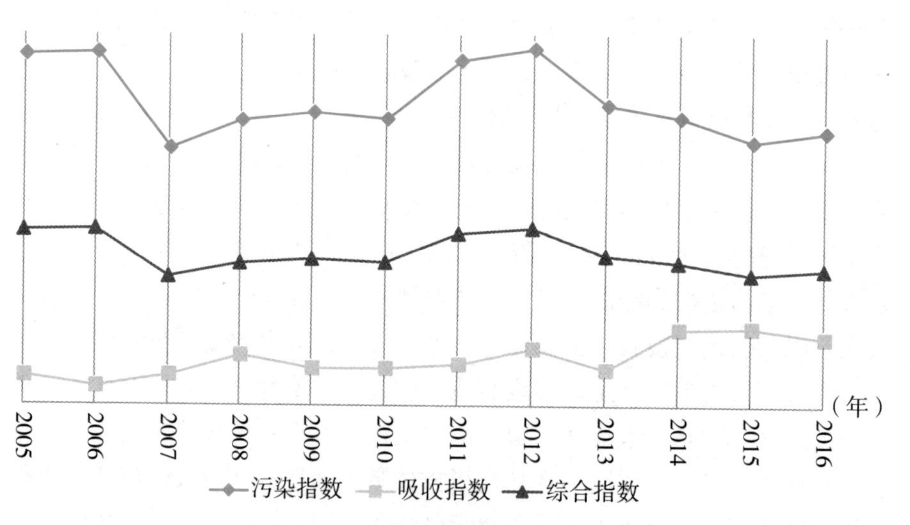

图3.13.4 大连市环境指数变化趋势图

通过上述结果来看，大连市属于典型的“高污染—低吸收”的城市。2005—2016年间，污染指数均值为107.04，在全国74个样本城市中排名54位，自2012年之后出现下降趋势，但仍属于污染较为严重的城市；同期吸收指数均值为0.67，在全国74个样本城市中排名并列第44位，自净能力较差。

2005年后，全市氮氧化物、硫化物等排放量不断上升，这间接表明大连市的重工业比重逐步增加，装备制造、石油化工和电子信息等行业在很长时间内成为大连市的支柱产业。虽然大连市科技实力雄厚，但科技转化水平较低，高技术产业发展步伐较慢，技术进步对工业经济增长的贡献率较低，粗放型经济增长方式未得到根本转变。通过调查发现，这些污染物主要来源有：冬季燃煤取暖，汽车尾气，工厂烟气排放，以煤炭为主的“黑色”能源结构燃烧后产生大量的二氧化硫和烟尘等排放物成为大气污染的“罪魁祸首”，这也是大连市污染指数较高的主要原因。随着经济建设规模的不断扩大，资源消耗量不断增加。多年来产能利用率低下，资源被大量索取和浪费，导致地下水、森林、湿地等锐减，自净能力很弱，所以大连市从2012年后出现了环境吸收指数的持续下降。

十八大以来，大连市各级政府及相关部门切实提高了对环境保护工作的认识，各项举措相继实施，尤其把治污减霾工作摆在突出位置。完成华能国际电力股份有限公司大连电厂、国电电力发展股份有限公司大连开发区热电厂、国电电力大连庄河发电有限责任公司共5台机组超低排放改造；印发《大连市人民政府办公厅关于进一步加强燃煤锅炉管理的通知》，完善了燃煤锅炉长效管理机制。完成《大连市环境空气重污染日应急预案》修编和上年度重污染日应急评估总结，开展了全市重污染日应急演习；制定《大连市机动车环保检验机构监督管理实施细则（试行）》，进一步规范环保检验机构检测行为；严格落实水体达标方案，采取控源、截污、补水等治理措施；制定《贯彻落实〈关于划定并严守生态保护红线的若干意见〉实施方案》，全面启动生态保护红线划定，完成了《大连市生态保护红线初步划定方案》，以及陆域生态保护红线1：10000地图绘制工作。这些工作都取得了一定的成效，污染指数有所下降，但是生态环境的保护仍然不到位，导致吸收指数出现了持续下降，大连市政府应及时作出政策调整，大力保护生态环境，以实现吸收指数的提高。

第五节　长春市

2005—2016年长春市污染指数、吸收指数以及综合指数测算结果如表3.13.5。

表3.13.5　长春市环境指数结果

指数＼年份	2005	2006	2007	2008	2009	2010	2011
污染	61.46	61.96	65.94	65.90	72.22	127.92	95.56
吸收	0.37	1.37	1.06	1.19	0.82	0.99	0.92
综合	61.23	61.11	65.25	65.12	71.62	126.65	94.68

指数＼年份	2012	2013	2014	2015	2016	均值	排名
污染	94.06	90.78	91.44	84.10	95.95	83.94	43
吸收	1.13	1.25	1.07	0.94	0.82	1.00	26
综合	92.99	89.65	90.46	83.31	95.17	83.10	43

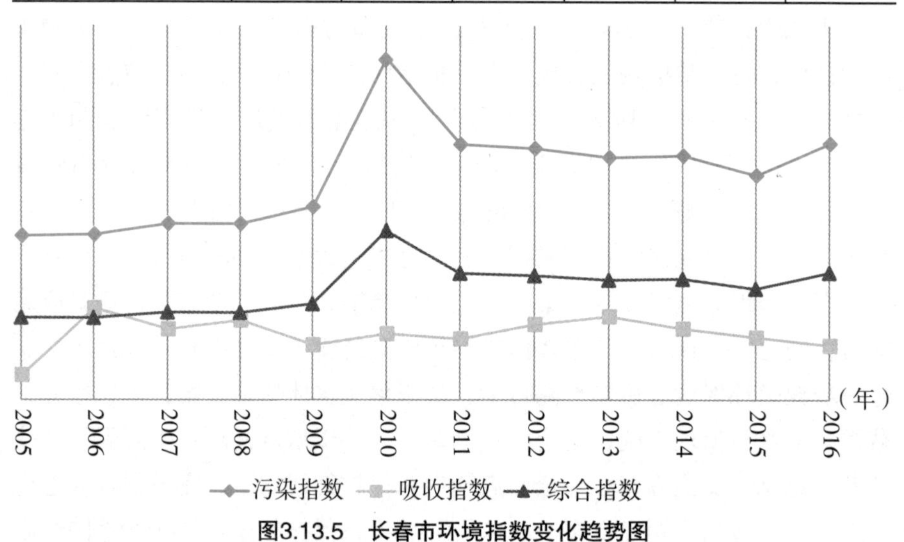

图3.13.5　长春市环境指数变化趋势图

通过上述结果来看，长春市属于典型的“高污染—中吸收”的城市。2005—2016年间，污染指数均值为83.94，在全国74个样本城市中排名43位，自2010年之后出现下降趋势，但仍属于污染较为严重的城市；同期吸收指数均值为1.00，在全国74个样本城市中排名并列第26位，自净能力中等。

2005年后，全市氮氧化物、硫化物等排放量不断上升，这间接表明长春市的重工业比重逐步增加，设备制造、纺织、石化、电力等行业在很长时间内成为长春市的支柱产业。长春市是典型的煤烟型大气污染城市，造成大气环境污染的污染物主要是煤烟型污染物，如总悬浮颗粒物、二氧化硫、氮氧化物等，除此之外由于气候条件，造成长春市总悬浮颗粒物污染严重的因素还有风沙尘、二次扬尘、建筑尘等。长春市大气环境污染的原因主要有两个方面，一是气象因素，由于冬季气候寒冷，风速偏小，逆温发生频率高、强度大，因而在长达5个多月的采暖期，大气污染物不易扩散，致使大气中颗粒物含量明显升高；二是能源结构单一，长期以来，长春市采暖期以煤作为主要能源，形成了大量烟尘源。这些都造成了长春市环境污染指数较高，环境状况在全国排名靠后。

“十二五”以来，长春市各级政府及相关部门切实提高了对环境保护工作的认识，各项举措相继实施。一是积极治理燃煤锅炉烟尘污染；二是大力发展热电联产集中供热，同时对城区原有的10吨以下锅炉分期分批逐步淘汰；三是加强工业污染防治，为解决工业污染问题，市政府在积极调整产业结构，发展高新技术产业的同时，对能源消耗高、污染物排放量大的传统产业进行调整改造，通过实施“退二进三”，对市区污染源实施异地搬迁改造，对治理能力不足的企业，积极给予资金等扶持，加快污染治理；四是加大扬尘污染防治力度，为有效地防止扬尘污染，长春市实施城市绿化和覆盖工程，增加裸露地面软硬覆盖率，提高空气自净能力；五是强化机动车排气污染防治，截至2011年年末，全市共淘汰“黄标车”和老旧机动车4652辆，其中“黄标车”4078辆、老旧机动车574辆，发放以旧换新补贴7373.9万元。这一系列措施的实施，实现了长春市环境污染指数、环境综合指数的不断下降。长春市生态环境虽取得了一定改善，但长春市仍是全国环境污染严重城市，环境治理工作任重而道远，长春市政府仍需加大力度改善环境，保持对环境治理的高压态势。

第六节　哈尔滨市

2005—2016年哈尔滨市污染指数、吸收指数以及综合指数测算结果如表3.13.6。

表3.13.6　哈尔滨市环境指数结果

指数＼年份	2005	2006	2007	2008	2009	2010	2011
污染	71.52	74.53	83.16	94.76	94.90	95.29	114.53
吸收	0.48	0.82	0.84	0.80	0.73	0.74	0.74
综合	71.18	73.92	82.46	94.00	94.21	94.58	113.69

指数＼年份	2012	2013	2014	2015	2016	均值	排名
污染	151.60	105.82	109.50	95.58	101.55	99.40	50
吸收	1.33	1.17	1.10	1.00	0.89	0.89	31
综合	149.58	104.58	108.30	94.63	100.65	98.48	50

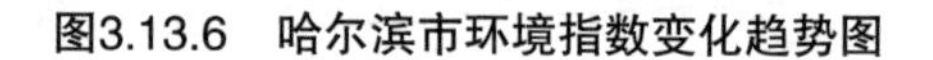

图3.13.6　哈尔滨市环境指数变化趋势图

通过上述结果来看，哈尔滨市属于典型的“高污染—低吸收”的城市。2005—2016年间，污染指数均值为99.40，在全国74个样本城市中排名50位，自2012年之后出现下降趋势，但仍属于污染较为严重的城市；同期吸收指数均值为0.89，在全国74个样本城市中排名并列第31位，自净能力一般。

2005年后，全市氮氧化物、硫化物等排放量不断上升，这间接表明哈尔滨市的重工业比重逐步增加，设备制造、石化、电力等行业在很长时间内成为哈尔滨市的支柱产业。哈尔滨市能源消耗量大，以煤炭为主的“黑色”能源结构燃烧后产生大量的二氧化硫和烟尘等排放物成为大气污染的“罪魁祸首”。哈尔滨市环境空气呈烟煤型污染特征，烟尘和扬尘并重，首要污染物为可吸入颗粒物，采暖期污染明显重于非采暖期。每年从10

月中下旬至4月中下旬为采暖期，在采暖季节风速大部分处于波谷，风速小、湍流弱，上下层空气有较大的温差，不利于污染物的稀释和扩散。同时在这个时节，供暖燃煤、焚烧秸秆都会产生大量的烟气，又由于其季节性的气象条件，使得污染物不容易稀释和扩散，造成空气质量恶化。多年来产能利用率低下，资源被大量索取和浪费，导致地下水、森林、湿地等锐减，自净能力很弱。

十八大以来，哈尔滨市各级政府及相关部门切实提高了对环境保护工作的认识，各项举措相继实施，哈尔滨市在大气污染防治四年行动计划基础上，制定出台《大气污染整治行动重点工作方案》，将从炉、车、煤、扬尘、油烟、秸秆六个方面入手，安排18项重点任务，重点是淘汰市区建成区1388台10吨及以下燃煤锅炉，推动10吨以上燃煤锅炉达标治理改造，淘汰黄标车、老旧车辆，治理大气环境。因而近年来哈尔滨市的环境污染指数持续下降，但整体污染指数还是偏高，需要更严厉的环境政策来继续实现节能减排，还城市一个蓝天。同时哈尔滨市推动52个松花江国家规划治污项目，开工率达到85%，建成率达到67%，特别是2016年以来，重点实施三沟一河污水截流、污水处理厂建设、河道清淤、绿化美化等城市内河综合整治工程，累计铺设污水截流管线108公里，主城区污水基本实现全收集、全处理。虽然目前取得了一定成效，但是哈尔滨市的环境吸收能力仍然在下降，这是需要在未来的工作中重点突破的地方。

第七节　徐州市

2005—2016年徐州市污染指数、吸收指数以及综合指数测算结果如表3.13.7。

表3.13.7　徐州市环境指数结果

指数＼年份	2005	2006	2007	2008	2009	2010	2011
污染	129.34	111.81	103.59	118.33	109.20	165.10	169.77
吸收	0.50	0.47	0.50	0.65	0.61	0.74	0.75
综合	128.69	111.28	103.07	117.56	108.54	163.88	168.50

续表

指数＼年份	2012	2013	2014	2015	2016	均值	排名
污染	180.44	158.94	140.77	109.22	108.27	133.73	61
吸收	0.69	0.66	0.73	0.69	0.62	0.63	49
综合	179.20	157.89	139.74	108.47	107.60	132.87	61

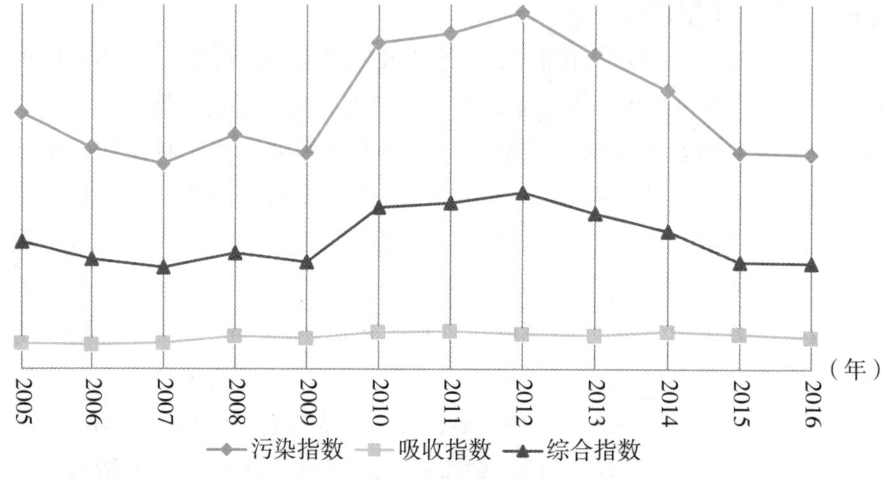

图3.13.7　徐州市环境指数变化趋势图

通过上述结果来看，徐州市属于典型的“高污染—低吸收”的城市。2005—2016年间，污染指数均值为133.73，在全国74个样本城市中排名61位，自2012年之后出现下降趋势，但仍属于污染较为严重的城市；同期，吸收指数均值为0.63，在全国74个样本城市中排名第49位，自净能力较差。

2005年后，全市氮氧化物、硫化物等排放量不断上升，其内因首先是徐州的能源结构不合理，燃煤炉窑多，不仅烟气量大，而且除火电外，其他燃煤炉窑燃烧效率偏低，净化效果远达不到超低排放水平，造成燃煤对徐州市大气污染物“贡献”最大；其次，徐州产业结构不合理，一是化工多，二是有金属表面处理工序（酸洗磷化、油漆喷涂）的企业多，三是分散、传统、粗放，不仅因跑冒滴漏而导致的无组织排放量增大，而且即使治理达标也会使排放总量较高；第三，交通工具构成不合理，新能源汽车发展较慢，汽油车保有量急剧增加，单车排放量大，再加上交通拥堵，车速慢，怠速多，排放量更大；第四，扬尘依然较大，主要是因为城建（房地产、道路及其他市政工程等）量大面广，裸露地面较多，而雨水较少，导致扬尘增加；第五，生活类大气污染对大气环境质量也有较明显的影响，包括厨房油烟、烧烤、冬季家庭采暖、燃放鞭炮等。外因主要是气象条件不利，冬季经常出现静风、微风、逆温等情况，造成大气极其稳定，污染物扩散不出去，原地积累，越积越多，超过一定时间就会出现一定程度的烟霾、灰霾；其二，外来输入停滞，冬季徐州市以北风、偏北风为主，北方大气污染输入无法阻止，但当进入徐州市后会因静风而不能输送出去，在此停滞积累，形成叠加效应，使徐州市大气污染雪上加霜；其三，市区山丘偏多、高楼林立，大大增加地面粗糙度；其四，部分企业大气污染治理设施先天不足，后天运行管理不给力，部分治理设施多为摆设，大气污染物排放经常超标，这对许多有VOC 治理的企业来说，问题尤为突出。这些都是造成徐州市环境污染指数较高、排名靠后的原因。

"十二五"以来，徐州市各级政府及相关部门切实提高了对环境保护工作的认识，各项举措相继实施，进行区域性的联防联控，调整产业结构和优化能源结构，通过对钢铁、焦化、煤电等企业的整合和重组，淘汰一批产能低、耗能高、污染治理设施水平落后的企业，优化产业结构。鼓励和支持清洁能源企业的建设和发展，提高煤炭等化石燃料的清洁化利用水平。加强无组织排放的治理，出台相应的VOCs排放标准和治理技术则可明显推动企业VOCs治理速度，提升治理水平。这些措施实现了徐州市环境污染指数的持续下降，但是徐州市整体污染指数较高，仍是全国污染严重城市之一，环境治理任重而道远。

第八节　常州市

2005—2016年常州市污染指数、吸收指数以及综合指数测算结果如表3.13.8。

表3.13.8　常州市环境指数结果

指数＼年份	2005	2006	2007	2008	2009	2010	2011
污染	52.53	54.61	65.01	54.95	56.57	46.04	78.29
吸收	0.48	0.52	0.59	0.56	0.52	0.50	0.52
综合	52.28	54.32	64.62	54.64	56.27	45.81	77.88

续表

指数＼年份	2012	2013	2014	2015	2016	均值	排名
污染	72.26	68.27	64.12	63.18	63.19	61.58	26
吸收	0.51	0.49	0.49	0.49	0.52	0.51	60
综合	71.89	67.94	63.81	62.87	62.86	61.27	27

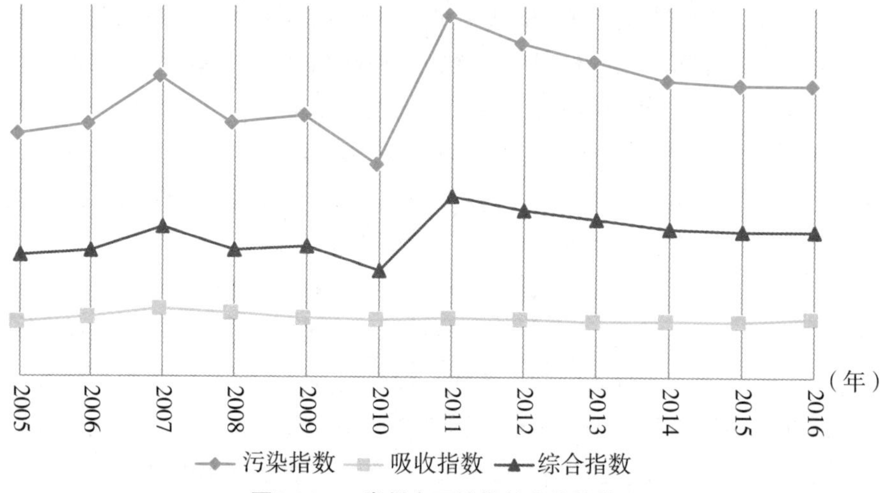

图3.13.8　常州市环境指数变化趋势图

通过上述结果来看，常州市属于典型的“高污染—低吸收”的城市。2005到2016年间，污染指数均值为61.58，在全国74个样本城市中排名26位，自2011年之后出现下降趋势，但仍属于污染较为严重的城市；同期，吸收指数均值为0.51，在全国74个样本城市中排名第60位，自净能力较差。

2005年后，全市氮氧化物、硫化物等排放量不断上升，这间接表明常州市的重工业比重逐步增加，常州最大的优势产业是装备制造业。装备制造业是常州工业经济的主体和全市经济增长的中坚，依托常州科教城的优势与中科院等共建的先进装备制造技术转化中心，装备制造业大力调整结构、提升档次，占领制高点。燃煤、机动车、工业过程和扬尘是常州市的四大主要污染来源，常州市能源结构中，燃煤占比高达77.8%；而电力行业的燃煤仅占26.9%，钢铁等高污染行业用煤占比大，小锅炉燃煤占比小，但负荷贡献大。常州市主导风向为东南偏南，而重大污染源集中在城市的上风向，导致东南面污染源对市区空气质量影响巨大。这些都导致了常州市污染指数较高。而多年来产能利用率低下，资源被大量索取和浪费，导致地下水、森林、湿地等减少，因而常州市整体自净能力一般。

“十二五”时期，常州市认真贯彻党的十八大、十八届三中和四中全会精神以及中央关于生态文明建设、环境保护的决策部署，将生态环境保护工作摆在更加重要的突出位置，坚持以环境质量改善为核心，以污染减排为抓手，全面推进各项生态环境保护工作，在全市地区生产总值增长超七成的情况下，全面完成减排任务（二氧化硫、氮氧化物、化学需氧量、氨氮分别完成“十二五”减排目标的183%、183%、187%、101%），生态建设亮点纷呈，生态环境质量整体稳定，环境安全有效保障。环境质量取得了一定的阶段性成果，污染指数有所下降，但是指数变动不大，需要更多增加环境治理的力度，以保常州市环境的可持续发展。

第九节　南通市

2005—2016年南通市污染指数、吸收指数以及综合指数测算结果如表3.13.9。

表3.13.9　南通市环境指数结果

年份 指数	2005	2006	2007	2008	2009	2010	2011
污染	63.27	61.68	59.58	61.85	70.95	77.15	70.70
吸收	0.27	0.29	0.32	0.32	0.69	0.69	0.71
综合	63.10	61.50	59.39	61.65	70.46	76.62	70.20
年份 指数	**2012**	**2013**	**2014**	**2015**	**2016**	**均值**	**排名**
污染	70.66	60.53	61.19	54.63	54.45	63.89	31
吸收	0.73	0.72	0.70	0.78	0.82	0.59	54
综合	70.14	60.10	60.76	54.20	54.00	63.51	32

通过上述结果来看，南通市属于典型的“高污染—低吸收”的城市。2005—2016年间，污染指数均值为63.89，在全国74个样本城市中排名31位，自2010年之后出现下降趋势，但仍属于污染较为严重的城市；同期，吸收指数均值为0.59，在全国74个样本城市中排名并列第54位，自净能力较差。

2005年后，全市氮氧化物、硫化物等排放量不断上升，究其原因，一是南通市产业结构比重仍不合理，高新技术产业比重较低。南通市能源结构仍然以煤炭为主，产业结构偏重导致资源消耗和污染排放一直处于高位，资源消耗和污染排放对环保工作构成较大压力；二是区域性环境污染有所增加，特别是霾、光化学污染等区域性环境问题受本地和外部双重污染影响显著，改善的难度比较大；三是环境基础设施、风险防范及处置能力、郊区工业区环境基础设施等有待进一步完善，环保法规标准和政策体系有待进一步健全，环境监测、监管、信息化等管理能力及水平有待进一步提高。

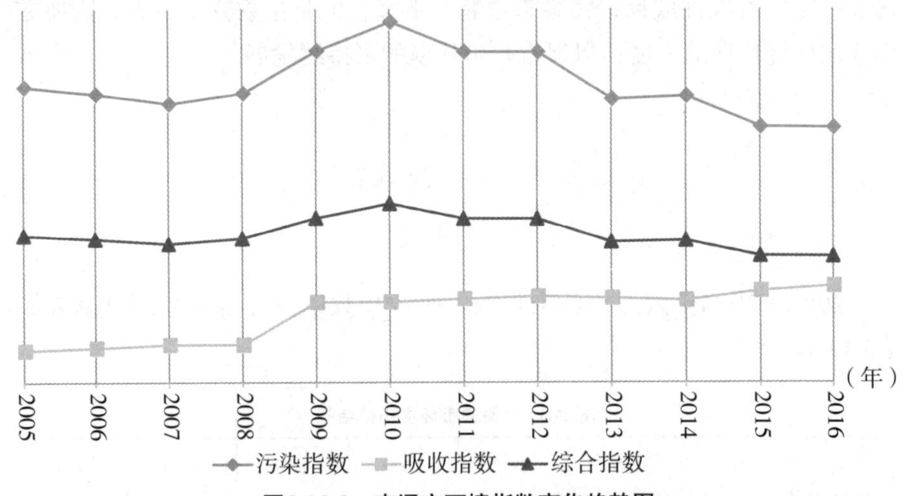

图3.13.9　南通市环境指数变化趋势图

2008年以来，南通市各级政府及相关部门切实提高了对环境保护工作的认识，各项举措相继实施，坚持工程减排、结构减排、管理减排“多管齐下”，全面完成“十二五”减排任务，制定《南通市“蓝天工程”五年行动计划》，发布了《南通市人民政府关于划定高污染燃料禁燃区的通告》，划定禁燃区面积489平方公里，达到城市建成区面积的95%以上。南通市环境吸收指数有了明显的提高，污染指数有了明显的下降，环境综合指数持续下降，南通市政府应继续保持对环境保护的高度重视，以保证环境的持续改善。

南通市应认真贯彻落实科学发展观，坚持环保优先方针，以国家生态市和国家环境保护模范城市群建设为载体，以削减主要污染物排放总量为主线，以解决危害群众健康和影响可持续发展的突出环境问题为重点，强化环境监管。按照统筹城乡发展的要求，在进一步优化城市生态环境的同时，推动环境保护和生态建设工作重心进一步向农村延伸，依靠科技进步，加大环保投入，积极改善环境质量，防范环境风险，加快构建资源节约型和环境友好型社会，为南通市建成更高水平小康社会奠定坚实的环境基础。

第十节　温州市

2005—2016年温州市污染指数、吸收指数以及综合指数测算结果如表3.13.10。

表3.13.10　温州市环境指数结果

年份 指数	2005	2006	2007	2008	2009	2010	2011
污染	72.62	70.58	68.31	66.94	65.71	66.85	48.67
吸收	1.12	1.06	1.17	1.01	0.97	0.99	1.00
综合	71.80	69.83	67.51	66.27	65.08	66.19	48.19
年份 指数	2012	2013	2014	2015	2016	均值	排名
污染	43.64	37.52	38.76	36.33	35.54	54.29	19
吸收	1.02	0.96	0.93	0.93	0.91	1.01	24
综合	43.19	37.16	38.41	35.99	35.22	53.74	18

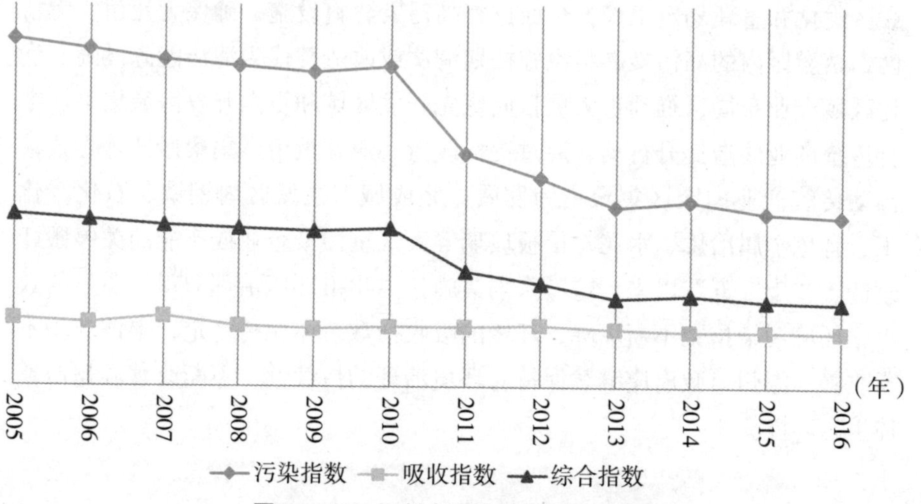

图3.13.10　温州市环境指数变化趋势图

通过上述结果来看，温州市属于典型的“低污染—中吸收”的城市。2005—2016年间，污染指数均值为54.29，在全国74个样本城市中排名19位，自2010年之后出现下降趋势；同期，吸收指数均值为1.01，在全国74个样本城市中排名并列第24位，自净能力较好。

2005年后，全市氮氧化物、硫化物等排放量不断上升，间接表明温州市的重工业比重逐步增加，市区及其周边地区集中了全市大多数工业企业，工业结构以小型、个体企业居多，产品技术含量较低，能源浪费严重。同时，经济发展的地区性差异较大，在相当长的时期，并存着传统经济与知识经济的二元化结构，传统工业经济仍将以较快的速度增长，且保持较大的经济总量。因而短期内结构性空气污染难以根本改变，粗放经营、数量扩展的增长方式使大量资源、能源异化为污染物进入大气环境，工业大气污染控制的任务仍然十分艰巨。温州市区空气污染以煤烟型和机动车尾气污染并重型为主，这在很大程度上归因于能源的利用构成，温州市非电力能源主要是煤炭、汽油、柴油等，随着经济建设规模的不断扩大，资源消耗量不断增加。

近年来，温州市各级政府及相关部门切实提高了对环境保护工作的认识，各项举措相继实施，积极发展清洁能源。全面实施《浙江省天然气发展三年行动计划》。按照“宜气则气”“宜电则电”原则，鼓励和引导用能企业实施清洁能源替代。深入推进高污染燃料设施淘汰，对照《高污染燃料目录》要求，深化高污染燃料禁燃区建设，全市完成高污染燃料禁燃区优化和重新划定工作，全面排查高污染燃料设施，确保无死角、无盲区，禁燃区内的高污染燃料设施按期淘汰或改造替代为清洁能源设施。优化区域产业布局，推动重大项目向优先开发区域和重点开发区域集中。结合传统产业改造提升行动，通过提标改造、兼并重组、集聚搬迁等方式，推动传统产业向园区集聚集约发展。完成城市主城区内钢铁、石化、化工、有色金属冶炼、水泥、平板玻璃等大气重污染企业或产能的关停搬迁改造。“十二五”以来，这一系列措施让温州市环境治理取得了明显的效果，环境污染指数不断下降，环境的吸收指数总体保持稳定，整体环境不断改善，温州市政府应继续保持对环境治理的持续性，不断改善温州市整体生态环境。

第十一节　绍兴市

2005—2016年绍兴市污染指数、吸收指数以及综合指数测算结果如表3.13.11。

表3.13.11　绍兴市环境指数结果

指数＼年份	2005	2006	2007	2008	2009	2010	2011	2012	2013	2014	2015	2016	均值	排名
污染	74.64	74.44	71.46	60.30	62.15	54.93	51.51	53.63	51.14	52.89	50.10	49.35	58.88	23
吸收	0.85	0.81	0.84	0.80	0.76	0.76	0.78	0.78	0.75	0.76	0.73	0.73	0.78	39
综合	74.01	73.84	70.87	59.82	61.68	54.51	51.11	53.21	50.76	52.49	49.73	48.99	58.42	23

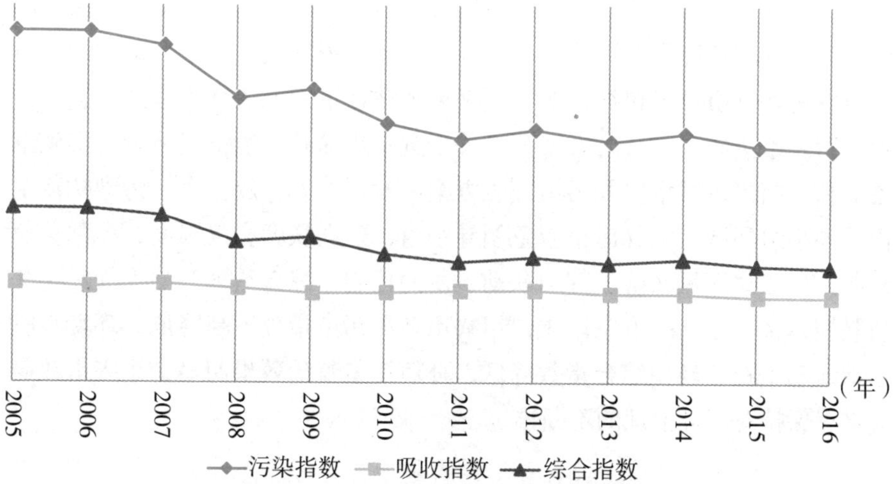

图3.13.11　绍兴市环境指数变化趋势图

通过上述结果来看，绍兴市属于典型的“低污染—低吸收”的城市。2005—2016年间，污染指数均值为58.88，在全国74个样本城市中排名23位，自2006年之后出现下降趋势；同期，吸收指数均值为0.78，在全国74个样本城市中排名第39位，自净能力中等。

2006年后，全市氮氧化物、硫化物等排放量不断下降，但是大气污染防治能力待提高，酸雨汽车尾气污染日益突出，“十一五”期间，电力热力和印染锅炉是绍兴市硫化物、氮氧化物主要来源，电力热力、纺织印染和非金属矿物制品业脱硫脱氮率均不高，全市酸雨状况有所加重，酸雨率持续上升。汽车尾气污染日渐突出，大气环境面临新型问题，另外，工业企业的污水治理设施、城镇集中式污水处理设施、垃圾填埋场和垃圾焚烧设施的废气未经过收集和处理，直接排入环境，将对周边地区居民健康产生潜在威胁。由于水域流动性差，自净能力较低，加之城市非点源和农业面源污染治理难度较大，“十一五”初期地表水质开始出现恶化趋势，满足水环境功能区要求断面比例从2005年的57.78%下降到2007年的33.33%；2008年地表水质开始逐步好转，到2010年，满足水环境功能区要求断面比例已上升至42.22%，水质恶化趋势得到遏制。

2005年以来，绍兴市各级政府及相关部门切实提高了对环境保护工作的认识，各项举措相继实施，“十一五”期间，绍兴市完成了《浙江省鉴湖水域保护条例》第5次修正，完善了《曹娥江流域保护条例》，颁布了《绍兴市城镇饮用水地表水水源保护区管理暂行办法》《绍兴市人民政府关于设置饮用水水源卫生防护区的通告》等一系列饮用水源保护文件，出台了《绍兴市环境影响评价机构与人员备案管理制度》《绍兴市建设项目环境影响评价质量考评细则》《绍兴市环评评审专家咨询管理办法》，出台《绍兴市清洁空气行动方案》《关于进一步提升环境空气质量的实施意见》和《绍兴市城市空气污染应急方案（暂行）》，成立大气污染防治工作领导小组和城市空气污染应急领导小组，建立联席会议制度、预判会商机制，形成“区域联防、部门联动、协同控制、综合治理”的大气污染联防联控体系。“十一五”以来，绍兴市环境污染指数不断降低，环境吸收指数波动平稳，环境综合指数降低，环境污染整治效果明显，绍兴市政府应继续保持对环境治理的不断推进。

第十二节　嘉兴市

2005—2016年嘉兴市污染指数、吸收指数以及综合指数测算结果如表3.13.12。

表3.13.12　嘉兴市环境指数结果

指数＼年份	2005	2006	2007	2008	2009	2010	2011
污染	73.15	79.36	84.21	79.54	82.62	75.31	80.40
吸收	0.19	0.18	0.20	0.20	0.19	0.20	0.20
综合	73.01	79.21	84.04	79.38	82.46	75.16	80.24

指数＼年份	2012	2013	2014	2015	2016	均值	排名
污染	72.81	69.58	70.70	59.70	59.37	73.90	41
吸收	0.22	0.22	0.24	0.24	0.25	0.21	70
综合	72.66	69.42	70.53	59.56	59.22	73.74	41

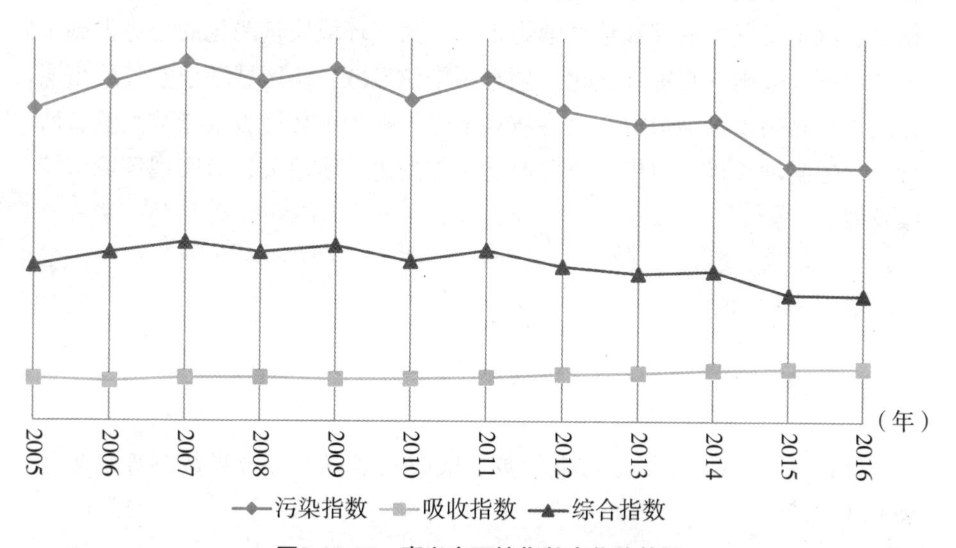

图3.13.12　嘉兴市环境指数变化趋势图

通过上述结果来看，嘉兴市属于典型的“高污染—低吸收”的城市。2005—2016年间，污染指数均值为73.90，在全国74个样本城市中排名41位，自2011年之后出现下降趋势，但仍属于污染较为严重的城市；同期，吸收指数均值为0.21，在全国74个样本城市中排名第70位，自净能力较差。

2005年后，全市氮氧化物、硫化物等排放量不断上升，这间接表明嘉兴市的重工业比重逐步增加，虽然嘉兴市科技实力雄厚，但科技转化水平较低，高技术产业发展步伐较慢，技术进步对工业经济增长的贡献率较低，粗放型经济增长方式未得到根本转变。目前，嘉兴市的大气污染已由过去煤烟污染为主，发展为煤烟、工业废气、建筑扬尘、机动车尾气、

“三产”油烟等复合型的污染，治理形势依然严峻，环境负荷与容量、资源需求与供给的矛盾尤其突出，大气污染防治总体能力也滞后于工业化、城市化进程。随着经济建设规模的不断扩大，资源消耗量不断增加。多年来产能利用率低下，资源被大量索取和浪费，导致大气自净能力很弱。这些都造成了嘉兴市环境综合指数较高，全国排名靠后。

十八大以来，嘉兴市政府高度重视环境保护工作，相关部门密切配合，在抓好水污染防治工作的同时，把大气污染防治工作作为全市的重点民生工程来抓，紧紧围绕确保环境安全、改善环境质量、服务科学发展的主线，突出解决影响环境空气质量的关键问题，扎实开展工业排放、城市扬尘、汽车尾气等治理和秸秆禁烧工作，大气环境质量恶化的趋势得到了有效遏制，酸雨、灰霾和光化学烟雾污染明显减少，区域环境空气质量明显改善，嘉兴市污染指数一直在波动下降。嘉兴市环境吸收指数虽然有所增长，但是增长极其缓慢，需要政府工作的进一步攻关，以实现环境可持续发展。

第十三节　金华市

2005—2016年金华市污染指数、吸收指数以及综合指数测算结果如表3.13.13。

表3.13.13　金华市环境指数结果

指数＼年份	2005	2006	2007	2008	2009	2010	2011
污染	51.08	53.28	57.76	53.62	57.50	58.23	62.48
吸收	0.66	0.66	0.67	0.60	0.60	0.65	0.60
综合	50.74	52.93	57.37	53.29	57.15	57.85	62.11

指数＼年份	2012	2013	2014	2015	2016	均值	排名
污染	56.07	53.87	52.60	46.49	48.14	54.26	18
吸收	0.64	0.56	0.63	0.61	0.59	0.62	51
综合	55.71	53.57	52.27	46.21	47.85	53.92	19

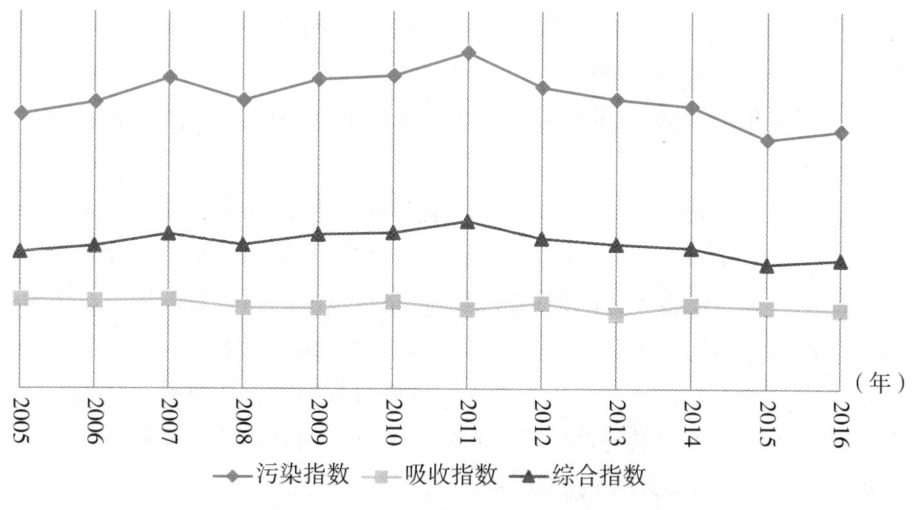

图3.13.13　金华市环境指数变化趋势图

通过上述结果来看，金华市属于典型的“低污染—低吸收”的城市。2005—2016年间，污染指数均值为54.26，在全国74个样本城市中排名第18位，自2011年之后出现下降趋势；同期，吸收指数均值为0.62，在全国74个样本城市中排名第51位，自净能力较差。

2005年后，全市氮氧化物、硫化物等排放量不断上升，这间接表明金华市的重工业比重逐步增加。金华市正处在全省第四大都市区的大开发大建设阶段，工地数量高位运行，扬尘污染管控较为粗放，机动车保有量快速增长，带来较大的污染增量。此外，煤炭在能源消费结构中所占比例居高不下，天然气管网设施及配套设施建设相对滞后，也导致大气污染治理工作推进较慢。金华市地处金衢盆地中心，污染物扩散条件差，受外来输入性污染影响较大，根据PM2.5来源解析研究结果显示，外来输入污染贡献达到49%。经气象模型及环境空气质量模型分析，周边区域对金华市PM2.5浓度的影响在50%~62%，且金华市易受东北、北部方向上杭州市、上海市等长三角重点污染区域的传输影响，秋季同时受西南方向污染输送影响，造成了金华市的大气污染。

2007年以来，金华市各级政府及相关部门切实提高了对环境保护工作的认识，各项举措相继实施，“十二五”时期，全市按照生态文明建设新要求，深入实施环境保护“十二五”规划、“811”生态文明建设推进行动和大气污染防治实施方案，以环境空气质量改善为目标，围绕实施清洁能源行动、工业大气污染防治、机动车污染防治、扬尘控制、绿色出行、烟花禁燃、餐饮业油烟污染整治、垃圾禁焚、干洗业整治、农村废气污染控制十大专项“治气”行动，扎实稳健推进各项工作，全市大气污染防治工作取得了积极成效，环境污染指数持续降低，吸收指数在波动中略有增长。

面对当前经济实力较弱、环境污染严重、生态系统脆弱的现状，环境治理工作不能操之过急，既要杜绝“一刀切”式简单粗暴的关停处理，又要避免“掩耳盗铃”式的消极应付。金华市应依托新一轮的城市总体规划，合理调整和优化工业结构、布局，对不符合城市发展需要的工业企业采取“关、停、并、转、迁”等措施，创办符合国家产业政策兼具地方特色的工业园区，大力发展低污染、高附加值的高新技术产业和包括商贸、金融、旅游、文教娱乐在内的第三产业。

第十四节　台州市

2005—2016年台州市污染指数、吸收指数以及综合指数测算结果如表3.13.14。

表3.13.14　台州市环境指数结果

指数＼年份	2005	2006	2007	2008	2009	2010	2011
污染	70.11	70.62	79.13	63.72	62.58	64.44	70.52
吸收	1.08	1.02	1.05	0.98	0.90	0.93	0.93
综合	69.35	69.90	78.30	63.10	62.02	63.84	69.86

指数＼年份	2012	2013	2014	2015	2016	均值	排名
污染	60.34	57.93	54.42	45.38	45.50	62.06	28
吸收	0.91	0.88	0.93	0.93	0.88	0.95	29
综合	59.79	57.42	53.91	44.95	45.10	61.46	28

通过上述结果来看，台州市属于典型的“中污染—中吸收”的城市。2005—2016年间，污染指数均值为62.06，在全国74个样本城市中排名第28位，自2011年之后出现下降趋势，但仍属于污染较为严重的城市；同期，吸收指数均值为0.95，在全国74个样本城市中排名第29位，自净能力中等。

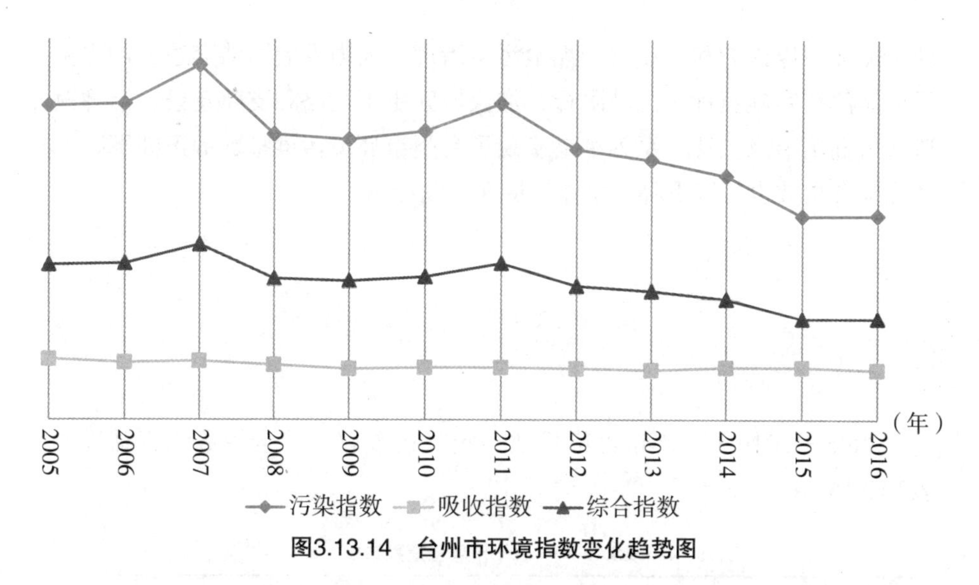

图3.13.14　台州市环境指数变化趋势图

2005年后，全市氮氧化物、硫化物等排放量不断上升，这间接表明台州市的重工业比重逐步增加，设备制造、纺织、石化、电力等行业在很长时间内成为台州市的支柱产业。虽然台州市科技实力雄厚，但科技转化水平较低，高技术产业发展步伐较慢，技术进步对工业经济增长的贡献率较低，粗放型经济增长方式未得到根本转变。随着城市工业化、城镇化进程的加快，经济发展产生巨大效益的同时，也带来了大气污染，城市空气质量受到了较大影响。酸雨、温室效应、臭氧层破坏等等，也对城市居民的身心健康产生了严重威胁，城市大气环境污染防治成为城市可持续发展不得不面对和解决的难题。随着经济建设规模的不断扩大，资源消耗量也不断增加。

“十二五”以来，台州市各级政府及相关部门切实提高了对环境保护工作的认识，各项举措相继实施，大力开发利用清洁能源，统筹优化能源消费结构。制定实施全市煤炭消费总量控制方案，深化高污染燃料禁燃区创建，逐步淘汰天然气管网覆盖范围的燃煤锅炉。在全市范围实施集中供热和煤改气，严格落实清洁生产，加快推进水泥、化工、涂装、合成革、纺织印染等重点行业的清洁生产审核，严格实施重点行业企业及其他大气污染严重企业的强制性清洁生产审核制度。制定全市落后产能淘汰计划，实施城区内大气重污染企业整体搬迁和关停工作，坚决抵制产能严重过剩行业的盲目扩张措施，积极发展循环经济，推进临海医化园区国家级循环化改造示范试点园区工作。开展工业烟粉尘治理，强化火电机组烟尘治理，加强燃煤锅炉和工业窑炉烟尘污染治理。大力发展清洁交通，加强黄标车淘汰，实施黄标车区域限行，加快城区主干道路和支路建设，治理改造城市拥堵节点。这一系列举措实现了台州市环境污染指数的不断下降，环境综合指数也持续下降，整体环境在不断改善。

第十五节　合肥市

2005—2016年合肥市污染指数、吸收指数以及综合指数测算结果如表3.13.15。

表3.13.15　合肥市环境指数结果

指数＼年份	2005	2006	2007	2008	2009	2010	2011
污染	31.60	33.02	28.14	26.68	29.50	52.56	93.84
吸收	0.31	0.30	0.32	0.31	0.30	0.32	0.33
综合	31.51	32.92	28.05	26.59	29.41	52.40	93.53

指数＼年份	2012	2013	2014	2015	2016	均值	排名
污染	91.54	80.86	76.52	67.42	62.94	56.22	21
吸收	0.33	0.37	0.33	0.35	0.41	0.33	66
综合	91.24	80.56	76.27	67.19	62.69	56.03	21

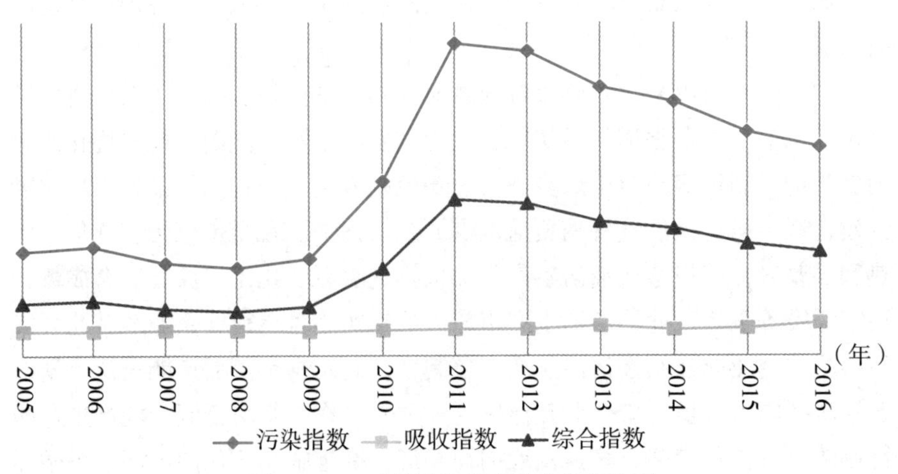

图3.13.15　合肥市环境指数变化趋势图

通过上述结果来看，2005—2016年间，合肥市污染指数均值为56.22，在全国74个样本城市中排名第21位，2009—2011年污染指数急剧上升，从2009年的29.50升至2011年的93.84，自2011年之后出现持续下降趋势，虽然排名较为靠前，但目前仍属于污染较为严重的城市；同期，吸收指数均值为0.33，在全国74个样本城市中排名第66位，近些年呈现小幅上升趋势，但自净能力仍然较差，有较大提升空间。

合肥市经济近几年取得了快速发展，城市居民生活水平不断提升，但同时也面临着很多环境问题。粗放型经济增长方式和结构性污染问题突出：化工、冶金、造纸、电镀等工业企业部分生产工艺相对落后；工业布局不尽合理，县域工业企业污染物排放处于达标临界状态，污染反弹时有出现等。合肥市水环境污染依然严重，具体表现在：董铺水库总体水质较好，但氮、磷指标有时超过Ⅱ类标准；城市主要河流南淝河及其支流、十五里河、派河没有完全实现污水截流，部分河段水质为劣Ⅴ类；巢湖西半湖富营养化趋势尚未得到有效控制。另外合肥市局部区域空气质量不够稳定：一是工业污染源废气未得到根本治理，二是机动车尾气污染仍然较严重。2008年后，合肥市的机动车保有量急剧增加，基本以每年超过15%的速度增长，2011—2015年五年间，合肥市机动车保有量增长十分迅速，2015年年底达到116.88万辆，年均增长速率达到了16.2%，尾气排放导致硫化物和氮氧化物浓度不断上升，成为大气污染的主要来源之一，使得合肥市大气环境呈现进一步恶化趋势。

近年来，经过不懈努力，合肥市的生态环境体系得到进一步完善并逐步步入良性循环，基本形成相对稳定、安全的生态格局。合肥市的水环境质量、大气环境质量得到明显改善，主要污染物排放强度显著下降。环巢湖生态示范区建设取得了阶段性重要成果，水环境治理的“合肥模式”也被业内广泛传颂。例如，2011年计划实施包括巢湖在内的重点流域水环境综合治理等“十大工程”建设，2012年起，又先后规划启动了环巢湖生态保护与修复工程。

合肥市应以习近平总书记重要讲话特别是视察安徽重要讲话为指导，按照“五位一体”总体布局和“四个全面”战略部署，坚持生态优先的发展战略，以改善环境质量为核心，实施最严格的环境保护制度，打好大气、水、土壤污染防治三大战役，积极推进环境保护各项政策、措施的落实以及重点工程的建设，促进社会、经济、环境的协调发展，在绿色发展上闯出新路，勇当示范，加快打造“大湖名城、创新高地”，奋力开创长三角世界级城市群副中心建设新局面。

第十六节 福州市

2005—2016年福州市污染指数、吸收指数以及综合指数测算结果如表3.13.16。

表3.13.16 福州市环境指数结果

指数＼年份	2005	2006	2007	2008	2009	2010	2011
污染	66.20	66.53	67.85	63.17	72.71	113.68	102.66
吸收	1.74	1.62	1.60	1.49	1.33	1.35	1.34
综合	65.04	65.45	66.77	62.23	71.75	112.15	101.29
指数＼年份	2012	2013	2014	2015	2016	均值	排名
污染	89.81	82.00	79.05	70.87	68.43	78.58	42
吸收	1.25	1.18	1.04	1.00	0.96	1.32	13
综合	88.69	81.03	78.23	70.17	67.78	77.55	42

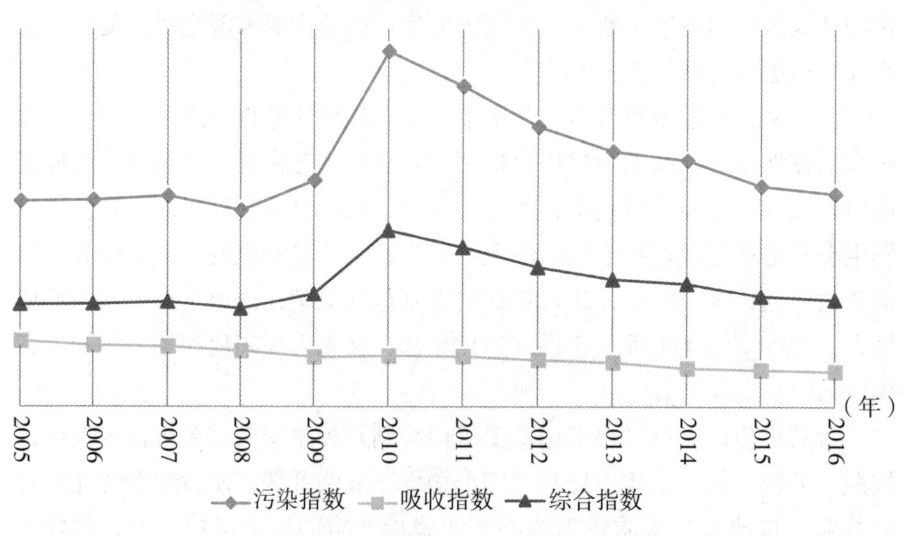

图3.13.16 福州市环境指数变化趋势图

通过上述结果来看，2005—2016年福州市污染指数均值为78.58，在全国74个样本城市中排名第42位，2009年之前较为平稳，2009年急剧上升，并于2010年开始呈现不断下降趋势，目前仍属于污染较为严重的城市；同期，吸收指数均值为1.32，在全国74个样本城市中排名第13位，呈现先下降后上升的趋势，自净能力还存有恢复空间。

福州市人口数量不断增加，而环境容量却十分有限：福州市60岁以上老年人口比重已达11.55%，社会保障压力增大；人均耕地已降至0.55亩，现有耕地每年仍在不断减少，后备耕地资源匮乏。同时福州自然灾害频繁，防灾减灾能力有待进一步提高：福州地处沿海一带，台风、洪水等天灾带来的影响较大，每年农作物受灾面积达6万公顷左右，累计水土流失面积达30万多公顷，沙化面积5万多公顷；部分水库、堤坝、渔港年久失修，亟待修建加固。资源开发利用不尽合理，环境污染、资源退化的现象仍然存在：福州市森林覆盖率虽然很高，但森林结构不合理，生态效益林偏少，部分地区仍存在乱砍滥伐现象，生物多样性继续丧失；工业污水大量入海，使得近海海域受到污染，渔业资源衰退。污染源治理不够充分，部分地区“三废”污染仍较严重：全市粉尘污染、机动车尾气污染、环境噪声污染已成为城市主要污染源；城乡污水和垃圾无害化处理率低；农业生产中大量施用农药化肥造成环境污染等。

面对以上主要的环境污染问题，为加大生态环境保护力度，福州市全面掀起了“污染防治攻坚战役”。福州市政府办公厅提出将根据“坚持排污者付费、坚持市场化运作、坚持政府引导推动”的原则，建立吸引社会资本投入生态环境保护的市场化机制，推行环境污染第三方治理。

基于此，福州市应鼓励省控以上重点排污企业：钢铁、火电、印染、造纸、电镀、化工、建陶、水泥、原料药制造、有色金属、农副食品加工等重点行业企业；信访投诉问题突出的，且环保“三同时”不到位，污染排放不达标的企业；污水处理、垃圾处置、危险废物处置等环境公用设施；工业园区污染集中治理、流域环境综合整治、农村环境综合整治、畜禽养殖面源污染治理、燃煤锅炉改造、大气污染面源治理、土壤修复等重点领域在环境污染治理方面率先开展第三方治理。重视生态环境，坚持围绕福州市污染防治攻坚战的总体部署，明确工作思路，让福州市的天更蓝、山更绿、水更清、土更净、空气更清新。

第十七节 厦门市

2005—2016年厦门市污染指数、吸收指数以及综合指数测算结果如表3.13.17。

表3.13.17 厦门市环境指数结果

指数＼年份	2005	2006	2007	2008	2009	2010	2011
污染	46.76	47.09	34.74	36.58	35.50	45.06	19.57
吸收	1.16	1.13	1.17	1.13	1.05	1.07	1.09
综合	46.22	46.56	34.33	36.17	35.13	44.58	19.35

指数＼年份	2012	2013	2014	2015	2016	均值	排名
污染	16.48	15.74	13.00	14.58	14.62	28.31	5
吸收	1.09	1.04	0.95	0.91	0.85	1.05	20
综合	16.30	15.57	12.88	14.45	14.50	28.00	5

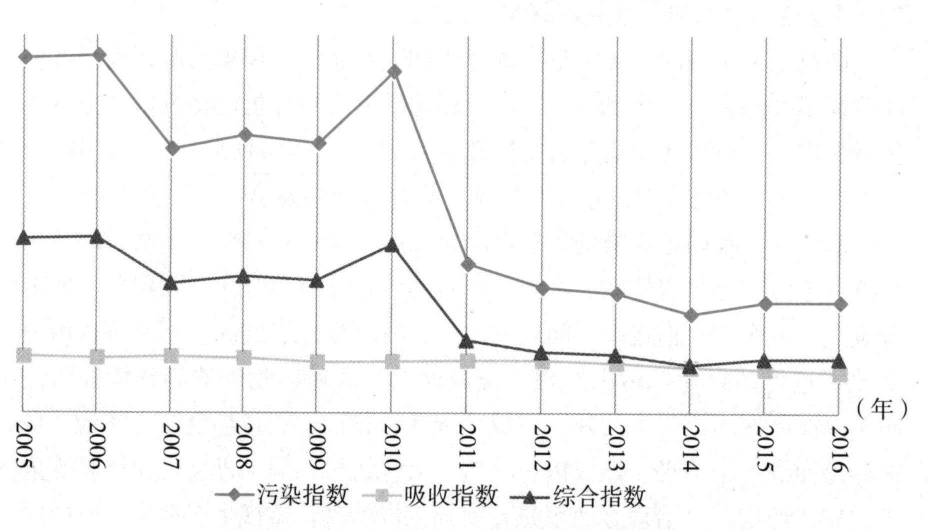

图3.13.17 厦门市环境指数变化趋势图

通过上述结果来看，厦门市属于典型的“低污染—高吸收”城市。2005—2016年间污染指数均值为28.31，在全国74个样本城市中排名第5位，2010年出现急剧下降，并于之后基本保持低污染的平稳状态；同期，吸收指数均值为1.05，在全国74个样本城市中排名第20位，自净能力较强。

2005年，全市机动车已达15万辆，比2001年翻了一番，机动车尾气污染问题越来越受到关注。餐饮业是厦门经济发展的重要组成部分，但餐饮业油烟排放和厨余泔水污染长期以来一直是辖区居民投诉的焦点之一。全市印染行业尚存在清洁化改造弄虚作假、清单外应报未报的印染企业以及偷排污水、应淘汰取缔落后产能等环保问题。2010年全市工业固体废物产生量135.13万吨，综合利用量117.93万吨，利用率为87.27%，固体废物资源化利用水平还有待进一步提高，全市固体废物环境管理工作日趋规范，工业危险废物和医疗废物基本得到安全处置。

2007年的污染指数相比2006年下降了12.35（下降到34.74），降幅达26.23%。这一年，厦门市完成饮用水源保护规划编制及保护区调整、海漂垃圾调查、农业污染源普查、土壤污染现状调查和地下水污染现状调查以及农村畜禽养殖污染治理等多项重大任务，在有效保护水源、改善农村生态环境、开展海漂垃圾调查和治理工作、推广以生活污水零排放和中水回用为重点的水资源化利用项目、推动生态保护科技创新等方面取得了很大进展。2011年，厦门市提出环境应急管理工作要点，紧紧围绕防范环境风险、保障环境安全这一主线，以维护群众环境权益、严守环境安全底线为目标，实施全过程环境应急管理，积极防范环境风险，妥善应对突发环境事件，着力推进环境投诉受理工作，各方面工作都卓有成效。

厦门市应按照加快推进生态文明建设的部署要求，以“排污者付费”“市场化运作”和“政府引导推动”为原则，吸引社会资本投入生态环境保护，建立排污者和第三方治理企业通过经济合同相互制约的市场运行机制，推动完善排污者付费、第三方治理、政府监管、社会监督的治污体系，不断提高环境管理和治污水平，为提高污染治理效率不断努力。

第十八节 南昌市

2005—2016年南昌市污染指数、吸收指数以及综合指数测算结果如表3.13.18。

表3.13.18　南昌市环境指数结果

指数＼年份	2005	2006	2007	2008	2009	2010	2011
污染	45.73	46.77	46.15	45.38	39.13	53.30	31.65
吸收	1.04	1.04	0.34	1.17	1.16	1.11	1.19
综合	45.26	46.29	46.00	44.85	38.67	52.71	31.27
指数＼年份	2012	2013	2014	2015	2016	均值	排名
污染	32.39	28.25	26.14	22.17	20.92	36.50	9
吸收	1.20	1.15	1.20	1.25	1.19	1.09	19
综合	32.00	27.92	25.82	21.89	20.67	36.11	9

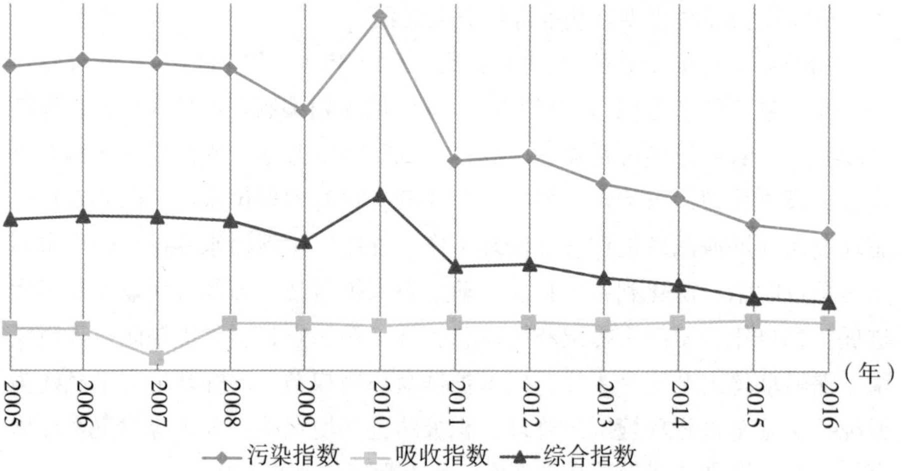

（年）

2005 2006 2007 2008 2009 2010 2011 2012 2013 2014 2015 2016

污染指数　吸收指数　综合指数

图3.13.18　南昌市环境指数变化趋势图

通过上述结果来看，南昌市属于典型的“低污染—高吸收”的城市。2005—2016年间，污染指数均值为36.50，在全国74个样本城市中排名第9位，在2009—2011年间有较大幅度波动，之后呈现不断下降趋势，到2016年污染指数下降至20.92，处于全国平均水平之下；同期，吸收指数均值为1.09，在全国74个样本城市中排名第19位，自净能力还存有上升空间。

2005年后，南昌市经济发展有了长足的进步，国民经济始终保持着快速稳健的发展态势，但在经济高速增长的背后，来自环境的压力也日益严峻。到2011年，全市的工业废气排放总量上升到1174亿标立方米，大气污染浓度偏高、区域集中；粉煤灰、炉渣、冶炼渣及少量危险物等工业固废产生量也增加至185万吨，由于技术和资金方面的原因，固废处理率和垃圾无害化处理能力较低，导致固废存量大幅增加；赣江丰水期主要集中在

4—7月，其余时间水量较少，水域紊乱、湍流力度相对减弱，不利于污染物的稀释扩散，水体纳污能力下降，造成水环境污染加剧。南昌市面临经济高速增长与环境质量恶化的两难选择：一方面由于对自然资源的过度开采、工业污染的不断排放，导致环境质量的下降；另一方面由于资源的枯竭以及环境的持续恶化也制约了经济的长期持续增长。

近年来，南昌市各级政府及相关部门切实提高了对环境保护工作的认识，各项举措相继实施。例如，进一步规范机动车排放检验，推进黄标车和老旧车淘汰，提升机动车排气污染防治监督管理水平；扩大高污染燃料禁燃区，在禁燃区，禁止销售、燃用高污染燃料，禁止新建、扩建燃用高污染燃料的设施；加大对赣江沿线河道管理专项整治工作力度，全面清理饮用水水源保护区沿岸和水面生活垃圾；推进南昌市危险废物和废弃电器电子产品处理设施向社会公众开放。

为切实解决重点、难点的环境问题，努力实现环境质量持续改善，南昌市应着力提升环境自净能力，按照“综合治理工作方案”提出的要求，建设富裕、美丽、幸福江西“南昌样板”。坚定不移打赢蓝天保卫战，扎实推进扬尘、工业、机动车、餐饮、燃煤、禁燃禁烧等重点领域大气污染防治工作；保护生态系统，坚持全民参与，推动节水洁水人人有责，促进绿色崛起；坚持预防为主、保护优先、风险管控，突出重点区域、行业和污染物，加快形成政府主导、企业担责、公众参与、社会监督的土壤污染防治体系。

第十九节 济南市

2005—2016年济南市污染指数、吸收指数以及综合指数测算结果如表3.13.19。

表3.13.19 济南市环境指数结果

指数＼年份	2005	2006	2007	2008	2009	2010	2011
污染	84.31	84.35	88.75	95.24	96.53	97.67	111.59
吸收	1.83	1.96	2.14	2.19	1.54	1.18	1.21
综合	82.77	82.70	86.85	93.15	95.04	96.52	110.23

续表

年份 指数	2012	2013	2014	2015	2016	均值	排名
污染	106.63	95.42	91.59	89.35	89.85	94.27	48
吸收	0.90	1.04	0.95	0.93	0.90	1.40	12
综合	105.67	94.43	90.72	88.52	89.04	92.97	48

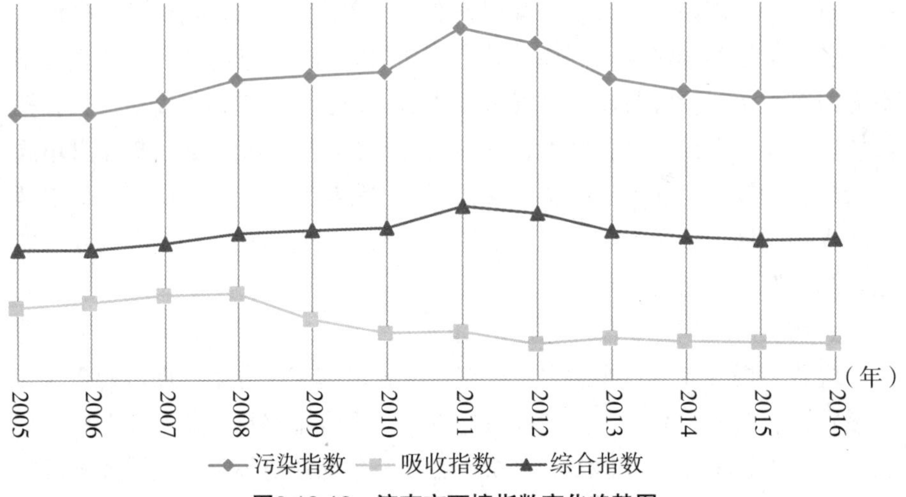

图3.13.19　济南市环境指数变化趋势图

通过上述结果来看，济南市属于“高污染—高吸收”城市。2005—2016年间，污染指数均值为94.27，在全国74个样本城市中排名第48位，自2011年之后出现下降趋势，但仍属于污染较为严重的城市；同期，吸收指数均值为1.40，在全国74个样本城市中排名第12位，自净能力较强。

2005年后，全市氮氧化物、硫化物等排放量不断上升，间接表明济南市的重工业比重逐步增加，设备制造、重汽、钢铁等行业在很长时间内成为济南市的支柱产业。目前济南的经济发展仍然是以机械制造业、原材料制造为主的传统格局，高新技术产业、环保产业尚处于起步阶段，资源消耗型产业占据主导地位，使得环境治理问题更加突出。从2008年2月—2017年10月，济南机动车年平均增长率为9.65%，呈高速增长态势，尾气排放导致硫化物和氮氧化物浓度不断上升，成为大气污染的主要来源之一。随着经济建设规模的不断扩大，资源消耗量不断增加。济南是典型的能源输入型城市，能源环境受外部环境影响较大，能源结构中原油煤炭占据主导地位，资源节约综合利用和环保产业技术水平也比较落后。能源结构以高污染型为主，燃烧后产生大量的二氧化硫和烟尘等排放物，对大气环境造成严重危害。

近年来，济南市各级政府及相关部门切实提高了对环境保护工作的认识，各项举措相继实施，把治污减霾工作摆在突出位置，例如，出台《济南市重污染天气应急预案》，将重污染天气预警等级分为红、橙、黄三级，并明确应对各级预警的相应措施。比如，红色预警启动时，绕城高速以内机动车实施单双号限行，停止所有大型户外活动，一系列举措实施后空气质量达到二级以上的天数逐年增多。但是，济南仍然存在城市环境管理比较粗放，环境基础设施建设严重滞后等问题。

面对当前经济实力较弱、环境污染严重、生态系统脆弱的现状，环境治理工作不能操之过急，一定要坚决杜绝“无关”和“过关”思想，切实抓好反馈问题整改，推进供给侧结构性改革，深化产业转型升级，提升城市管理水平，加强生态环境保护意识，坚持从严从快，全力以赴解决当前突出的环境问题。

第二十节　佛山市

2005—2016年佛山市污染指数、吸收指数以及综合指数测算结果如表3.13.20。

表3.13.20　佛山市环境指数结果

指数＼年份	2005	2006	2007	2008	2009	2010	2011
污染	128.94	123.38	145.46	150.62	132.88	133.46	126.47
吸收	0.25	0.24	0.25	0.25	0.23	0.22	0.22
综合	128.62	123.07	145.09	150.25	132.57	133.16	126.19
指数＼年份	2012	2013	2014	2015	2016	均值	排名
污染	126.37	112.05	106.12	95.32	93.26	122.86	59
吸收	0.19	0.19	0.19	0.18	0.18	0.22	68
综合	126.13	111.84	105.92	95.14	93.09	122.59	59

通过上述结果来看，佛山市属于典型的“高污染—低吸收”的城市。2005—2016年间，污染指数均值为122.86，在全国74个样本城市中排名第59位，自2008年之后出现下降趋势，但仍属于污染较为严重的城市；同

期，吸收指数均值为0.22，在全国74个样本城市中排名并列第68位，自净能力较差。

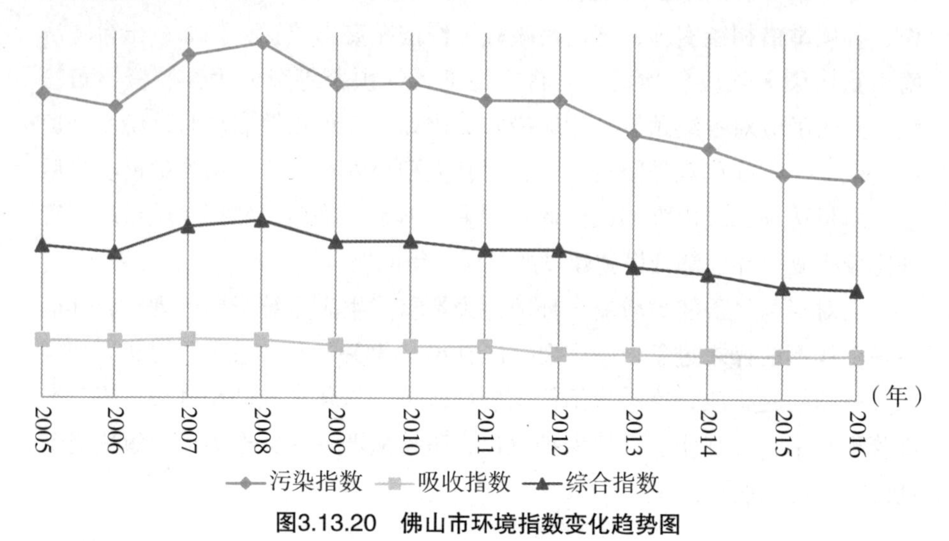

图3.13.20　佛山市环境指数变化趋势图

2005年后，全市氮氧化物、硫化物等排放量不断上升，这主要源于佛山市的产业结构问题。佛山市是重要的制造业基地，属于重污染行业的机械装备业、家用电器制造业以及陶瓷建材业在很长时间内成为佛山市的支柱产业，工业废水以及废物偷排现象也时有发生，高污染的产业结构给佛山市的生态环境造成了巨大的威胁。另外，近年来佛山市汽车保有量不断攀升，截至2016年年末，佛山市机动车保有量突破两百万，机动车数量的不断增加导致汽车尾气的大量排放，空气中的硫化物和氮氧化物浓度不断上升，对空气质量产生严重影响。

近年来，佛山市各级政府及相关部门切实提高了对环境保护工作的认识，相继出台并实施了《佛山市贯彻落实广东省大气污染防治强化措施及分工实施方案》《佛山市环境保护委员会办公室关于印发2017年挥发性有机化合物排放企业、锅炉企业、陶瓷行业、玻璃行业整治方案》等政策，强化大气污染防治措施，不再新建（扩建）陶瓷、玻璃行业，优化能源结构，切实推进煤炭消费减量替代管理工作。这一系列举措的有效实施使得佛山市空气质量达到二级以上的天数逐年增多。尽管一系列措施的出台在一定程度上缓解了环境压力，但仍然有一些问题亟待解决。例如，城市污水处理管网不完善，导致生活、工业废水不能完全处理，对居民的饮水安全造成威胁。

面对当前环境污染严重、生态系统脆弱的现状，环境治理工作不能操之过急，要杜绝"一刀切"式简单粗暴的关停处理。在保证环保措施有效实施的同时，佛山市也要继续进行积极的产业转型工作，着力增强环境自净能力，按照生态文明体制改革的总体要求，坚持规划引领、产城融合、生态宜居的原则，推动佛山城市化健康发展。

第二十一节　惠州市

2005—2016年惠州市污染指数、吸收指数以及综合指数测算结果如表3.13.21。

表3.13.21　惠州市环境指数结果

指数＼年份	2005	2006	2007	2008	2009	2010	2011
污染	31.70	32.52	40.30	45.96	42.88	43.57	45.34
吸收	1.86	2.06	2.08	1.86	1.52	1.48	1.27
综合	31.11	31.84	39.46	45.10	42.23	42.92	44.77

指数＼年份	2012	2013	2014	2015	2016	均值	排名
污染	46.85	43.97	41.76	37.20	37.30	40.78	11
吸收	1.21	1.20	1.19	1.17	1.20	1.51	10
综合	46.28	43.44	41.27	36.77	36.85	40.17	11

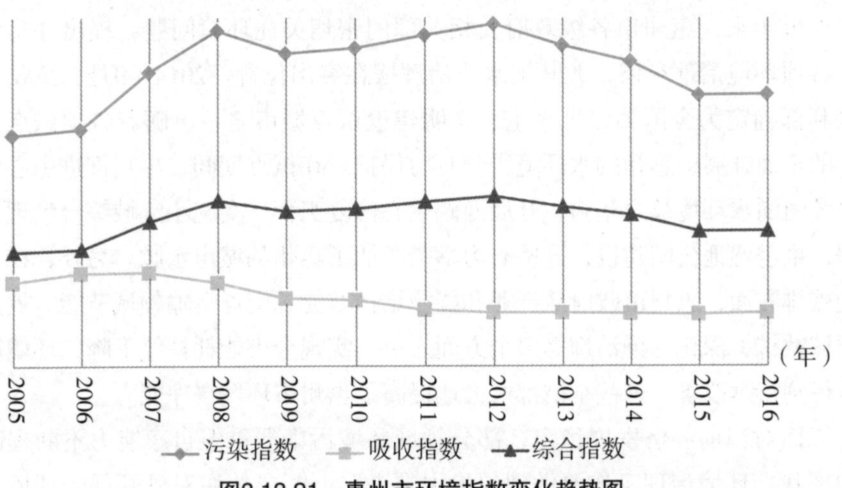

图3.13.21　惠州市环境指数变化趋势图

通过上述结果来看，惠州市属于典型的“低污染—高吸收”的城市。2005—2016年间，污染指数均值为40.78，在全国74个样本城市中排名第11位，同期，吸收指数均值为1.51，在全国74个样本城市中排名第10位，自净能力较强。

2005年后，全市氮氧化物、硫化物等排放量不断上升，这间接表明惠州市的重工业比重逐步增加。目前，惠州市形成了以电子信息和石化为支柱产业，以清洁能源和汽车与装备制造为新支柱产业，多个优势产业共同发展的局势。近年来，惠州把视野放诸全球，通过打造全球孵化网络、设立海外人才工作站、引进高端研究机构、引进创新创业人才、促进成果转化等途径，吸引了大量创新创业资源。借此，惠州扩大了高端人才和技术的源泉，夯实了一批战略性新兴产业的基础，提升了自主创新能力。惠州市通过突出供给侧结构性改革、产业转型升级以及创新驱动发展等一系列举措，使其经济运行呈现稳中向好、稳中提质的发展态势。2005年以来，惠州市的机动车保有量不断上升，截至2017年年底已突破“百万大关”，成为继广州市、深圳市、东莞市、佛山市之后，珠三角第5个民用汽车保有量超过百万的城市。机动车数量的急速增长使得因尾气排放导致的硫化物和氮氧化物浓度不断上升，成为大气污染的主要来源之一。随着经济建设规模的不断扩大以及人口数量的激增，工业污染与生活垃圾的不当处理与排放导致了惠州市附近海域以及淡水河污染严重，酸雨频率有所上升。以煤炭及石油为主的“黑色”能源燃烧后产生大量的二氧化硫和烟尘等排放物成为惠州市大气污染的“元凶”。

近年来，惠州市各级政府及相关部门密切关注环境问题，提出并实施了各项环境治理举措，尤其把水质治理摆在突出位置。2014年9月，惠州被水利部确定为全国第二批水生态文明建设试点城市之一。随着各项试点工作的全面开展，惠州的水环境得到有力保护。在试点期间，惠州推进中心区主要河涌水环境综合整治，开展西湖生态修复工程，实施小流域综合治理工程，推进湿地公园建设，这些有力举措激活了惠州的城市水脉。另外，在节能减排方面，惠州市政府从产业和能源结构节能、交通运输领域节能、重点领域减排、深化污染治理等多个方面入手，实现全市能耗持续下降，环境质量得到持续改善，这些举措都极大地提高了惠州市环境自净能力。

面对当前经济发展稳定，部分领域环境污染严重但自净能力不断提高的现状，环境治理工作要做到“稳中求进”，既要关注对已开展的环境治理工作的持续落实与加强，也要重点关注与实施污染严重领域以及新污染源的防治工作。因此，惠州市应继续加强环境自净能力，按照“十三五”期间生态文明体制改革的总体要求，建设“国家森林城市”，提高人均公共绿地面积，促进生态补偿多样化，加快公共基础设施建设，提高人口素质，倡导绿色生活。

第二十二节　中山市

2005—2016年中山市污染指数、吸收指数以及综合指数测算结果如表3.13.22。

表3.13.22　中山市环境指数结果

指数＼年份	2005	2006	2007	2008	2009	2010	2011
污染	43.70	42.53	50.54	55.32	51.38	52.58	46.71
吸收	1.73	1.72	1.66	1.61	1.63	1.49	1.47
综合	42.94	41.80	49.70	54.43	50.54	51.80	46.02
指数＼年份	2012	2013	2014	2015	2016	均值	排名
污染	49.17	44.57	41.93	39.74	37.90	46.34	16
吸收	1.52	1.57	1.48	1.40	1.38	1.55	9
综合	48.42	43.87	41.31	39.19	37.38	45.62	15

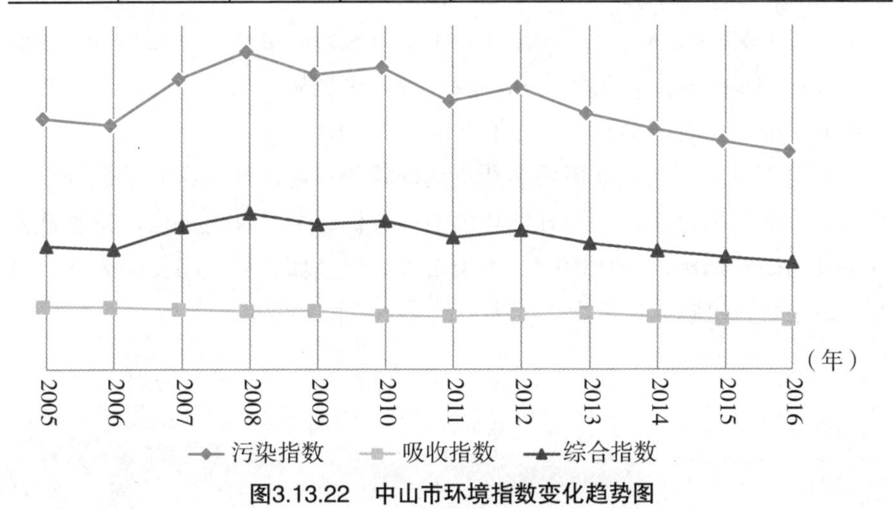

图3.13.22　中山市环境指数变化趋势图

通过上述结果来看，中山市属于“低污染—高吸收”城市。2005—2016年间，污染指数均值为46.34，在全国74个样本城市中排名第16位，同期，吸收指数均值为1.55，在全国74个样本城市中排名第9位，自净能力较好。

中山市以纺织服装制造业、化学原料及化学制品制造业、金属制品业、电气机械及器材制造业、电子及通信设备制造业为其支柱产业。工业产业的快速发展带活了当地经济的同时，也给环境造成了一定的负担。工业废物的不当处理与排放成为环境质量恶化的一大诱因。近年来，氮氧化物、硫化物等排放量不断上升，使得中山市的空气与环境质量问题日益严峻。此外，扬尘污染以及生活垃圾，尤其是餐饮油烟，成为中山市复合型大气污染的主要源头。随着城市建设及私人购车数量增长的加快，中山市机动车保有量增长迅速，机动车排气污染量越来越大，排气污染问题日益突出，大幅度上升的尾气排放是中山市呈现复合型大气污染的另一源头。

近年来，中山市各级政府及相关部门密切关注环境保护问题，并相继出台了一系列环保措施与条例，尤其把空气质量改善摆在突出位置。例如，深入推进脱硫脱硝工作，推进电厂降氮脱硝工程，推广燃气机组干式低氮燃烧技术，全面推动工业锅炉污染整治，削减挥发性有机物，着力控制臭氧污染，发展绿色交通，减少移动机械设备污染排放，控制扬尘和有毒气体排放等。随着空气治理措施的展开，中山市的环境自净能力得到了提升，空气质量也得以改善，曾获全国空气质量十佳城市称号。虽然中山市在空气治理方面取得了显著成效，但是人口数量的激增成为制约其环境质量改善的又一大问题。近10年间，中山市人口数量增长了32.04%。随着人口数量的不断攀升，生活污水以及垃圾的过度排放与不当处理严重影响了地下水源以及河道水质，危害了当地生态环境。

面对当前个别领域环境污染严重的现状，环境治理工作应该做到有的放矢，既要持续落实已经展开的环境治理工作，又要针对重度污染领域做好治理与防护措施。与此同时，中山市也应该全面开展生态文明教育，提升人口素质，缓解人口压力，使人口的质与量协调发展。

第二十三节　南宁市

2005—2016年南宁市污染指数、吸收指数以及综合指数测算结果如表3.13.23。

表3.13.23　南宁市环境指数结果

指数＼年份	2005	2006	2007	2008	2009	2010	2011
污染	49.70	48.54	48.70	48.84	49.69	52.79	32.96
吸收	2.55	2.49	2.52	2.41	2.80	2.82	2.85
综合	48.43	47.33	47.47	47.66	48.29	51.31	32.02

指数＼年份	2012	2013	2014	2015	2016	均值	排名
污染	38.71	40.22	41.03	31.78	31.36	42.86	12
吸收	2.80	2.98	2.95	2.91	2.91	2.75	4
综合	37.63	39.02	39.82	30.86	30.45	41.69	12

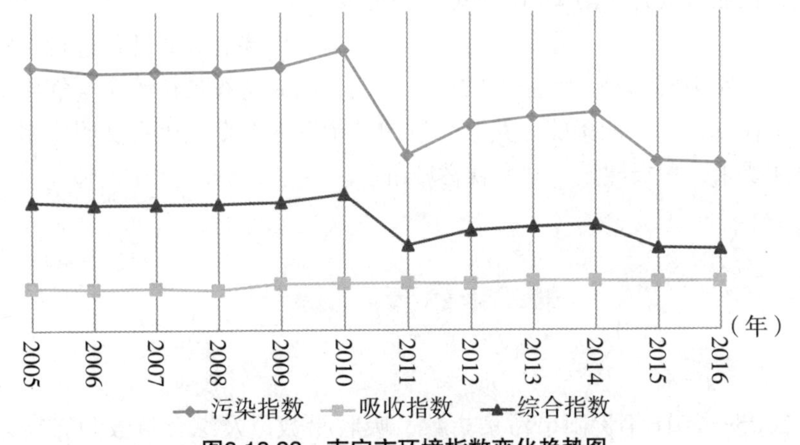

图3.13.23　南宁市环境指数变化趋势图

通过上述结果来看，南宁市属于典型的“低污染—高吸收”的城市。污染指数均值为42.86，在全国74个样本城市中排名第12位，自2010年之后出现下降趋势；吸收指数均值为2.75，在全国74个样本城市中排名第4位，自净能力较好。

近年来，南宁市深化产业结构升级，工业转型升级步伐加快，深入实施“工业强市”战略，出台减轻企业负担、降低企业成本的若干意见，工业成为南宁市经济增长的主动力。工业的发展不仅带来了经济发展，也产生了一系列环境问题。据联合国统计，南宁水污染严重程度居全国榜首。工厂废水排放成为严重水污染的“元凶”，此外，农业产品残留物和生活垃圾的不当堆放与处理也是水质恶化的主要原因。

近年来，南宁市各级政府及相关部门切实提高了对环境保护工作的认识，各项举措相继实施，尤其把空气治理工作摆在突出位置。南宁市以落实“城市扬尘治理制度建设年”活动为契机，持续推进城市大气环境治理，坚决打赢南宁蓝天保卫战。南宁市近年来不断巩固和深化城市扬尘治理，建立城市扬尘治理长效机制。南宁市以抓好建设工地、消纳场、城市道路、堆场、采石场和园林绿化用地六大扬尘污染源头治理为首要任务，并推进科技控尘，加快推进扬尘治理的精细化、信息化水平。同时，南宁市积极推进城区大气污染监测网格化建设，强化工业大气污染治理，加大环境监管执法力度，严厉打击违法排污行为，充分发挥在线监控设备作用。此外，南宁市对火电、水泥、制浆造纸、玻璃等重点行业进行重点监控，并加强机动车尾气污染防治。这一系列举措不仅保证了南宁市的空气质量，也显著提升了南宁市的环境自净能力。

面对当前水污染严重的现状，环境治理工作要有针对性地进行。应该把一部分精力转移到水污染的防治工作上，同时持续贯彻落实空气质量的改善工作，做到“两条腿走路”，按照“十三五”期间生态文明体制改革的总体要求，积极建设“国家森林城市”。

第二十四节　贵阳市

2005—2016年贵阳市污染指数、吸收指数以及综合指数测算结果如表3.13.24。

表3.13.24　贵阳市环境指数结果

年份 指数	2005	2006	2007	2008	2009	2010	2011
污染	117.16	90.43	71.06	73.41	76.16	77.82	61.81
吸收	3.88	3.73	3.84	3.67	4.33	4.36	4.34
综合	112.62	87.06	68.33	70.71	72.87	74.43	59.13

续表

年份 / 指数	2012	2013	2014	2015	2016	均值	排名
污染	53.55	57.41	56.35	53.98	55.96	70.43	39
吸收	4.33	4.96	5.01	4.93	4.91	4.36	3
综合	51.23	54.57	53.52	51.32	53.21	67.42	38

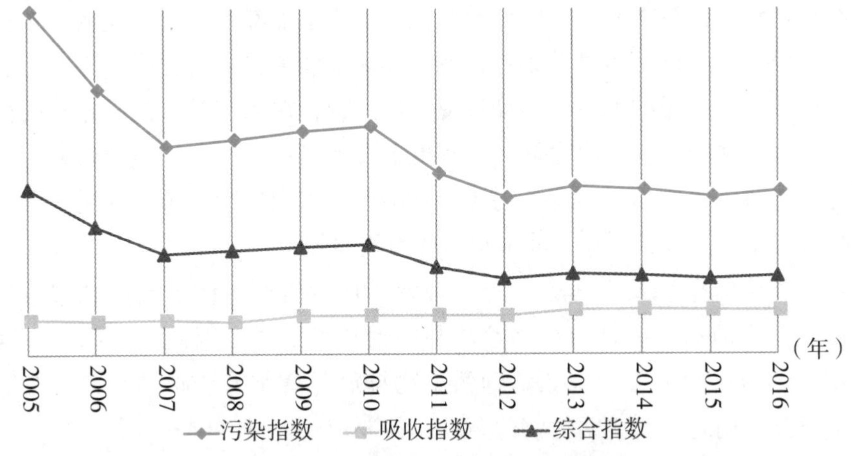

图3.13.24　贵阳市环境指数变化趋势图

通过上述结果来看，贵阳市属于“高污染—高吸收”的城市。污染指数均值为70.43，在全国74个样本城市中排名第39位，自2007年之后出现波动下降趋势，但仍属于污染较为严重的城市；吸收指数均值为4.36，在全国74个样本城市中排名第3位，自净能力较强。

自2007年后，贵阳市的产业结构较以往发生了较大变化，以第二、第三产业为主，加工制造业仍然是贵阳市经济发展的主要推动力。作为贵阳市的支柱产业之一，加工制造业的规模正在不断扩大，由此带来的环境问题也日益严重。工业废气以及废水的不当排放与处理成为水源污染以及大气污染的主要原因。另外，贵阳市的能源结构仍然以原煤为主，生活民用煤以及工业燃煤的大量使用严重影响了贵阳市的大气质量。在地理环境及气象条件上，贵阳市大气压偏低，静风、微风和逆温层出现频率偏高，致使大气及其他污染物难以扩散和迁移，造成市区环境空气污染十分突出，冬、春季尤为严重。此外，贵阳市机动车保有量呈现逐年递增的趋势。截至2018年年末，全市民用车辆拥有量131.40万辆，比上年末增长10.4%。汽车排放大量废气，直接增加地面空气污染物，也是导致近地面环境空气污染严重的原因之一。

针对贵阳市的环境污染问题，各级政府及相关部门相继出台并实施了一系列环保政策以及措施，并将空气质量改善作为主要环保目标，提升了生态环境自净能力。2018年，贵阳市政府出台了《贵阳市“十三五”节能减排综合工作方案》，提出了防治有害气体排放的具体措施，并要求各级各单位牢固树立绿色循环发展理念，采取精准有效的政策措施，综合运用经济、法律、技术和必要的行政手段，加强节能减排统计、监测和考核体系建设，着力健全激励和约束机制，加大节能减排市场化推广力度，进一步增强全体公民的资源节约和环境保护意识，深入推进节能减排全民行动。尽管一系列措施的出台在一定程度上缓解了环境压力，但仍然有一些问题亟待解决，例如，劣五类河流专项治理上工程进度缓慢，饮用水水源保护区违法建筑屡禁不止、河水自净能力较弱等。

面对当前空气及水污染严重的现状，环境治理工作不能操之过急，要做到循序渐进、有针对性地解决与防治环境问题。因此，贵阳市应继续增强环境自净能力，加紧治理污染物排放并落实节能减排政策。按照“十三五”期间生态文明体制改革的总体要求，建设“国家森林城市”，促进生态补偿多样化，建设生态文明，全面促进资源节约。

第二十五节　昆明市

2005—2016年昆明市污染指数、吸收指数以及综合指数测算结果如表3.13.25。

表3.13.25　昆明市环境指数结果

指数＼年份	2005	2006	2007	2008	2009	2010	2011
污染	53.22	53.59	60.47	54.45	53.03	56.02	82.55
吸收	6.91	6.67	6.86	6.55	6.90	6.96	7.00
综合	49.54	50.01	56.33	50.89	49.38	52.12	76.77
指数＼年份	2012	2013	2014	2015	2016	均值	排名
污染	81.21	87.51	70.84	64.92	64.72	65.21	34
吸收	6.88	7.19	7.13	7.04	7.07	6.93	1
综合	75.62	81.22	65.79	60.35	60.15	60.68	25

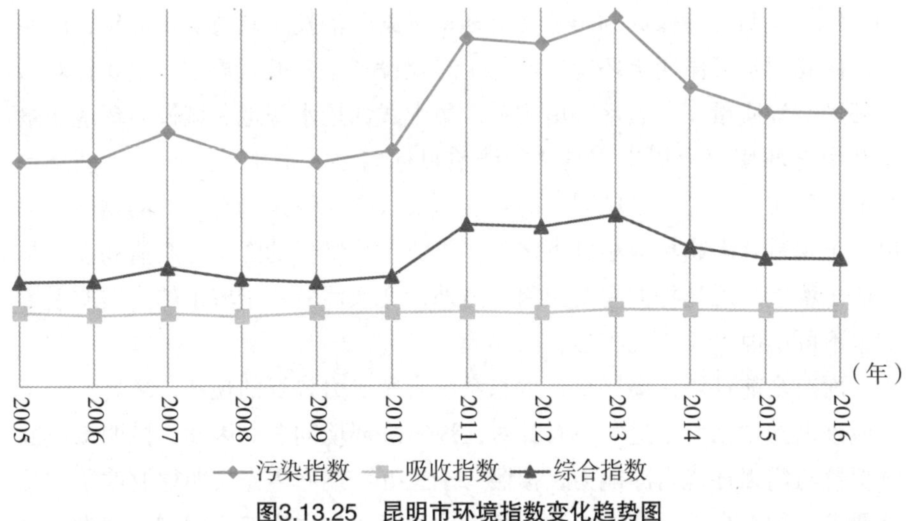

图3.13.25　昆明市环境指数变化趋势图

通过上述结果来看，昆明市属于典型的“高污染—高吸收”的城市。污染指数均值为65.21，在全国74个样本城市中排名第34位，自2013年之后出现下降趋势，但仍属于污染较为严重的城市；吸收指数均值为6.93，在全国74个样本城市中排名第1位，自净能力最优。

2000年之后，昆明市逐步完成了产业结构优化升级，第一产业的比重持续下降，第二三产业的比重不断上升。同时，昆明市的经济也呈现逐年增长的态势，过去10年（2017年之前）年均GDP增长率约为11.7%。经济增长离不开第二、第三产业的扩张与带动，而工业规模的不断扩大将给生态环境造成一定的压力，工业废物与垃圾的不当排放成为昆明市水域重金属超标的“罪魁祸首”。从能源结构来看，昆明市煤炭类占能源消费的比重较大，燃煤排放的污染物对空气质量产生较大负面影响。随着人民生活的不断改善，昆明市的机动车保有量逐年增加，截至2017年年末，机动车总量为215万辆，位居全国第21位。随着机动车数量的增加，大量尾气排放给空气质量造成了负面影响。另外，昆明市三面环山、一面临水，整个城市处于半包围中，空气质量受气候条件影响明显。风速较小时，空气中的粉尘等污染物很难在城市周围形成扩散，出现堆积效应，进而产生空气质量下降的状况。

针对昆明市的环境污染问题，各级政府与部门相继出台与实施了一系列环保政策与措施，有效提高了昆明市的环境自净能力。空气质量提升一直是昆明市的主要环保目标，为降低机动车尾气排放带来的空气污染物，

2017年，昆明市环保局颁布了《机动车污染防治技术政策》。同年，昆明市环保局制定了昆明市环境保护与生态建设“十三五”规划，主要针对城镇环境空气质量、地表水环境质量、集中式饮用水源地、城镇声环境质量以及生态环境建设提出了具体的防治目标与改善措施。虽然一系列环保政策的落实有效缓解了昆明市的空气污染状况，但是仍有一些问题亟待解决，土壤重金属超标就是其中之一。工业区冶炼厂的降尘、废渣和废水是造成土壤重金属超标的主要原因。另外，交通污染对于城市的土壤质量影响也不可小视。

面对当前环境污染严重、生态系统自净能力较好的现状，环境治理工作应该做到“稳中求进”，有针对性地解决环境问题。因此，昆明市应继续保持与增强环境自净能力，按照“十三五”期间生态文明体制改革的总体要求，加大自然生态系统和环境保护力度，加强生态文明制度建设，要着力解决突出的环境污染问题。

第二十六节　兰州市

2005—2016年兰州市污染指数、吸收指数以及综合指数测算结果如表3.13.26。

表3.13.26　兰州市环境指数结果

指数 \ 年份	2005	2006	2007	2008	2009	2010	2011
污染	51.78	57.53	58.48	58.31	63.70	71.80	92.55
吸收	0.25	0.23	0.26	0.21	0.18	0.22	0.20
综合	51.65	57.40	58.32	58.19	63.59	71.65	92.36

指数 \ 年份	2012	2013	2014	2015	2016	均值	排名
污染	87.75	85.56	77.64	64.62	58.60	69.03	38
吸收	0.21	0.23	0.23	0.24	0.15	0.22	68
综合	87.57	85.36	77.46	64.46	58.51	68.88	39

通过上述结果来看，兰州市属于典型的“高污染—低吸收”的城市。污染指数均值为69.03，在全国74个样本城市中排名第38位，自2011年之后出现下降趋势，但仍属于污染较为严重的城市；吸收指数均值为0.22，在

全国74个样本城市中排名第68位，自净能力较差。

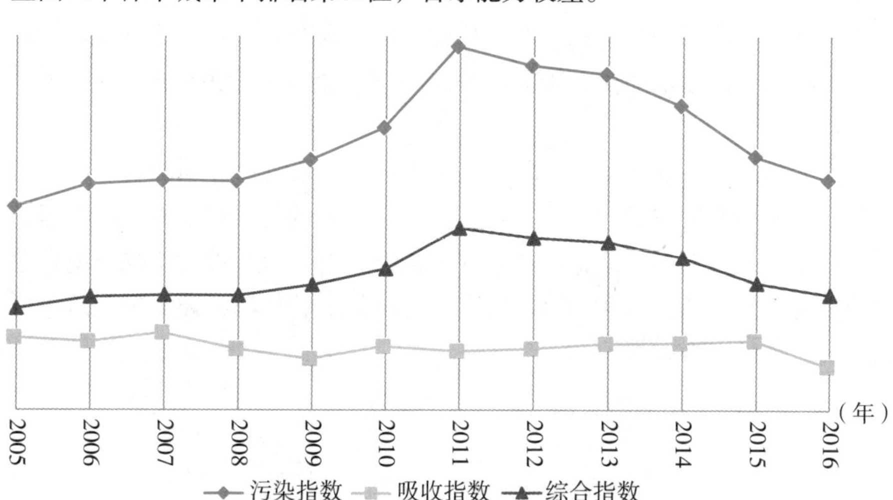

图3.13.26　兰州市环境指数变化趋势图

近年来，兰州市的经济总量逐年提高，但是GDP的增速逐年下滑，整体来看，经济较为落后。从产业结构来看，兰州市以第二、第三产业为主。自2014年后，兰州已形成以石油、化工、机械、冶金四大行业为主体的工业体系，成为我国主要的重化工、能源和原材料生产基地之一，重工业产业的发展将会给生态环境造成负面压力。工业废物、废气、垃圾及重金属的排放以及堆放成为兰州空气、水域和土壤污染的主要原因。另外，兰州市机动车保有量逐年递增，截至2018年10月，机动车总量已达104万辆，较2017年增加9万辆。机动车尾气排放加重了兰州市的大气污染程度与道路拥堵情况，由拥堵导致的机动车怠速又进一步加重了尾气的排放与空气污染，形成恶性循环。兰州的地理位置也是导致其空气污染的一个主要原因，兰州位于谷地，大气稳定，没有对流，致使污染气体无法及时扩散，空气自净能力差。

针对兰州市的环境问题，各级政府与部门相继出台了一系列的环保政策与措施，并将空气污染治理作为主要任务。例如，强化黄标车限行管控，强化高污染机动车路面监管，严格货运车辆限行措施，着力减少机动车尾气排放总量等，一系列举措实施后，兰州市的空气质量逐步得到改善，达标天数不断增长。虽然这些环保措施有效遏制了大气污染状况，但是兰州市仍然存在一些环境问题亟待解决，水污染就是其中一个。兰州地区地下水资源主要分布于东、西两大盆地和中部的断陷盆地。近年来，由于受黄河补给量的限制以及城市垃圾、生活污水等的影响，市区段河谷和雁滩的地下水质已严重污染，有害成分增加，大部分为硫酸盐或氯化物型水，这给人民的生活质量、资源的开发利用和经济的持续发展造成了不良影响。

面对当前经济实力较弱、环境污染严重、生态系统脆弱的现状，环境治理工作不能操之过急，既要杜绝"一刀切"式的简单粗暴的关停处理，又要避免"掩耳盗铃"式的消极应付。因此，兰州市应着力增强环境自净能力，加大生态系统保护力度，改革生态环境监管体制，建立健全绿色低碳循环发展的经济体系。

第二十七节　乌鲁木齐市

2005—2016年乌鲁木齐市污染指数、吸收指数以及综合指数测算结果如表3.13.27。

表3.13.27　乌鲁木齐市环境指数结果

指数＼年份	2005	2006	2007	2008	2009	2010	2011
污染	94.19	100.24	106.12	106.34	100.20	126.04	126.19
吸收	0.18	0.20	0.25	0.30	0.29	0.36	0.46
综合	94.02	100.04	105.86	106.02	99.91	125.58	125.61
指数＼年份	2012	2013	2014	2015	2016	均值	排名
污染	129.77	112.77	97.38	74.80	71.29	103.78	53
吸收	0.52	0.56	0.60	0.58	0.54	0.40	63
综合	129.10	112.15	96.80	74.37	70.91	103.36	53

通过上述结果来看，乌鲁木齐市属于"重污染—低吸收"的城市。污染指数均值为103.78，在全国74个样本城市中排名第53位，自2012年之后出现下降趋势，但仍属于污染比较严重的城市；吸收指数均值为0.40，在全国74个样本城市中排名第63位，自净能力较差。

乌鲁木齐是第二座亚欧大陆桥经济带，也是中国西部地区重要的经济中心。近几年，乌鲁木齐经济呈现逐年增长的态势，并形成了以第二、第三产业为主的产业结构，重工业比重不断增加。工业产业的高覆盖率为生

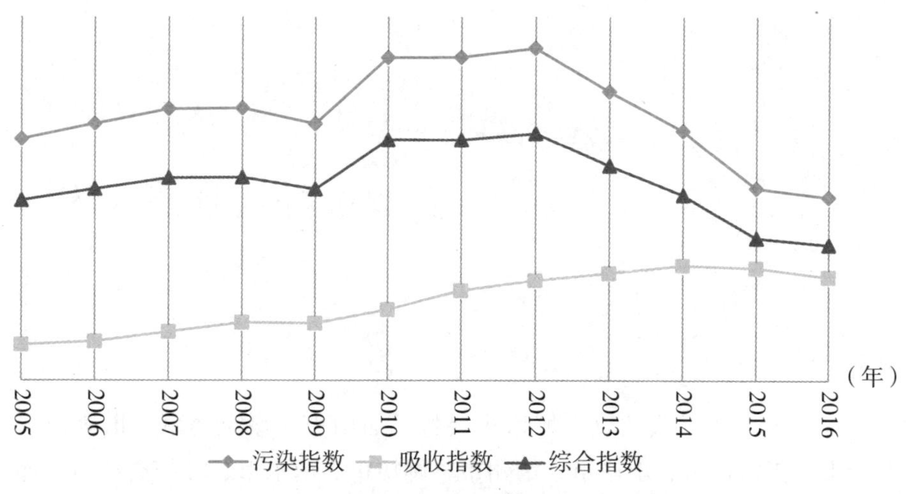

图3.13.27　乌鲁木齐市环境指数变化趋势图

态环境带来了一定的负面影响，工业废物的排放严重影响了乌鲁木齐市的空气、土壤以及地表水质量。另外，随着人民生活质量的提高，机动车保有量也在不断攀升。截至2018年3月，乌鲁木齐市的机动车总量已突破107万辆，较2016年增长13万辆。机动车数量的增加将导致尾气排放量激增，进而对大气造成污染。乌鲁木齐市的能源结构也是以煤炭、石油为主，化石能源的消费进一步恶化了空气质量。从地理位置看，乌鲁木齐市地处内陆干旱区，地形特点是“三山夹两盆”，这一自然地理特点决定了其生态环境总体呈现干旱、多样性、封闭性和脆弱性特征，环境自净能力较差。

针对乌鲁木齐市的环境问题，各级政府以及部门相继出台了一系列环境保护政策与措施，每年都会颁布城市环境保护方案，对具体的环境问题进行梳理并提出整治措施。虽然环保措施的落实与实施在一定程度上改善了乌鲁木齐市的环境质量，但仍存在一些问题需要解决，例如，水污染问题。近几年，由于工业废水以及生活污水乱排现象严重、污水处理不当，乌鲁木齐市的地下水以及河流污染较为严重。

面对当前环境污染较为严重、生态系统脆弱的现状，环境治理工作应该采取“双管齐下”的方式，既要全面提升环境自净能力，也要有针对性地解决具体的环境问题。因此，乌鲁木齐市应响应国家“低碳环保”的要求，壮大节能环保产业、清洁生产产业以及清洁能源产业，着力解决突出的环境问题，优化生态安全屏障体系，积极倡导生态文明建设。

第十四章　三线及以下城市环境质量分析

本书界定的三线及以下城市主要包括唐山市、秦皇岛市、邯郸市、邢台市、张家口市、承德市、沧州市、廊坊市、衡水市、呼和浩特市、连云港市、淮安市、盐城市、扬州市、镇江市、泰州市、宿迁市、湖州市、衢州市、丽水市、舟山市、珠海市、肇庆市、江门市、海口市、拉萨市、西宁市、银川市，共28座城市。其中除中部地区的呼和浩特和西部地区的拉萨、西宁和银川，其余均位于东部地区。根据本章对28个城市污染、吸收和综合指数的分析结果可以看出：三线及以下城市除唐山市呈“高污染—高吸收”以外，衡水市、衢州市、丽水市、舟山市、珠海市、海口市呈“低污染—低吸收”态势，连云港市、淮安市、宿迁市、肇庆市、江门市、拉萨市呈“低污染—高吸收”态势，其余城市主要呈现“高污染—低吸收”的发展态势。其中，除唐山市、邯郸市、邢台市、张家口市、沧州市、呼和浩特市以外，其余地区污染指数均小于100，拉萨污染指数最小，仅为3.61，且大多数城市自净能力较弱，除唐山市、连云港市、淮安市、肇庆市、江门市和拉萨市外，其余城市的吸收指数都不超过1，这在所有74个环境检测重点城市中也是相对靠后的，反映出我国三线及以下城市环境质量整体较差，环境承载力较弱的现状。

通过数据比对，我们可以注意到，从2013年开始，大多数城市的污染指数有明显的波动下降趋势，诸如污染较为严重的唐山市，污染指数由2011年最高的462.88降至2016年的364.65，说明这些城市的环境污染虽然现状严峻，但有了改善的态势，同时在吸收指数方面，大部分城市都呈稳中有升的趋势，环境净化能力有所加强。

综上所述，我国三线及以下28座城市目前大多呈“高污染—低吸收”的态势，但近年来，大多城市污染指数呈波动下降，而吸收指数稳中有升，可以看到在各项政策方针的作用下，这些城市的环境状况有所好转。

目前，三线城市大部分城市规模较大，城市基础设施、商业配套设施和交通设施相对比较完善，城市拥有一定的支柱产业，产业结构相对比较合理，对某些行业的大型企业具有一定的吸引力，但城市综合竞争力仍有待进一步提高。随着国家大发展进程的推移，这些城市都在不断地崛起，甚至在某些方面有望赶超二线城市，那么如何在可持续发展前提下充分激发三线及以下城市发展活力，这就需要政府在政策上支持节能环保企业发展，严格遏制污染排放，不断推进清洁能源和技术，加强城市绿化建设，也需要城市居民提升自身素质，主动形成清洁生活、保护环境的良好风尚，在全社会的共同努力下，让这些城市不仅在经济实力上有大幅度提升，更在经济与环境的协调发展方面不断进步。

第一节　唐山市

2005—2016年唐山市污染指数、吸收指数以及综合指数测算结果如表3.14.1。

表3.14.1　唐山市环境指数结果

年份 指数	2005	2006	2007	2008	2009	2010	2011
污染	278.75	345.07	404.17	401.96	396.30	410.76	462.88
吸收	1.54	1.42	1.54	1.22	0.95	0.96	1.01
综合	274.47	340.17	397.96	397.05	392.54	406.84	458.21

年份 指数	2012	2013	2014	2015	2016	均值	排名
污染	451.80	429.89	405.97	381.33	364.65	394.46	73
吸收	1.00	1.00	1.02	1.07	1.03	1.15	17
综合	447.29	425.59	401.84	377.26	360.89	390.01	73

通过上述结果来看，唐山市属于典型的“高污染—高吸收”的城市。污染指数均值为394.46，在全国74个样本城市中排名第73位，自2011年之后出现下降趋势，但仍属于污染极其严重的城市；吸收指数均值为1.15，在全国74个样本城市中排名并列第17位，自净能力较好。

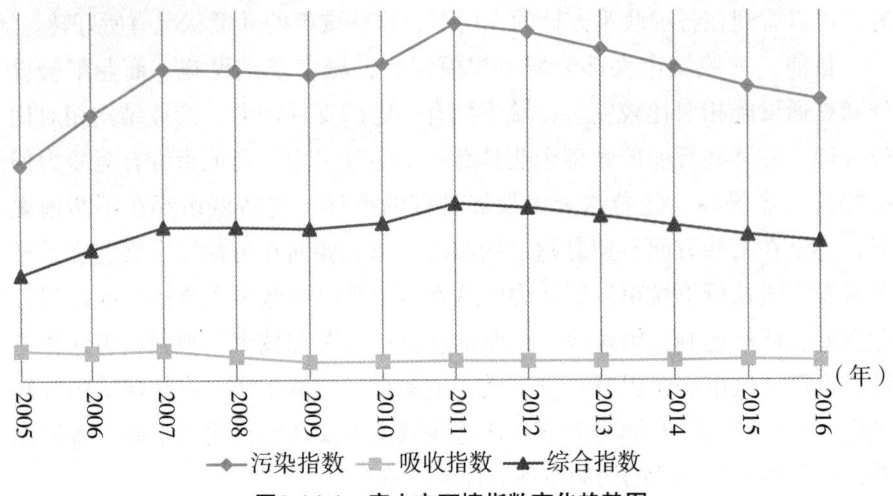

图3.14.1　唐山市环境指数变化趋势图

2005年后，唐山因铁矿石资源较丰富，交通便利，近10年间逐渐成为我国钢铁生产的“重镇”和北方重要的重化工业基地，发展成为了名副其实的“钢都”。2007年年初，唐山小钢厂多达70多家，其布局分散，污染治理水平低。近年来，唐山作为河北第一钢铁大市，年产钢铁很快达到5000万吨以上，且每年产量增加接近1000万吨。2015年，全国钢产量为11亿吨，河北省钢产量为2.5亿吨，唐山市钢产量就达1.1亿吨，也就是说，全国十分之一钢铁来自唐山。同时，高产能也带来了高污染。我国钢铁行业二氧化硫年排放总量为84万吨，唐山二氧化硫年排放28.27万吨，全市二氧化硫、氮氧化物排放量约占河北省的20%，占全国钢铁行业总排放量的34%。“一钢独大”的产业结构和粗放的发展方式使得唐山全市能源消耗高且污染物排放量巨大，给资源、环境带来很大压力。2016年，全社会规模以上工业煤炭消费总量7568万吨，单位面积耗煤强度全国最大，给大气污染防治工作带来了巨大压力。此外，随着震后30年的发展，城市建筑物高，交通繁忙。除市区主干道为畅通工程外，其他部分道路狭窄，汽车行驶经常处于低速、减速运行和怠速状态下，尾气排放污染严重，又不易扩散，导致城市上空常出现稳定污染层，进一步加速环境恶化。

近年来，唐山市为改善环境质量付出了巨大的努力，包括强力开展责任落实、重大活动空气质量保障、产业结构优化调整、重点行业深度治理、燃煤污染治理等多方面措施。2013年5月10日，唐山市决定对首批199家严重污染企业及落后装备予以关停取缔，其中就涉及唐山钢铁等钢铁企业。8月底，唐山市又关停取缔了第二批污染企业，要求对小钢铁、小烧结、小橡胶、小镀锌、小灰窑等“两高一低”企业尽快取缔到位。在国务院出台大气污染防治行动计划后，唐山市按照“减煤、降尘、控车、增绿”的原则，积极完成市区及周边重点污染企业的搬迁改造。各项措施取得了一定成就。截至2016年，唐山市空气质量达标天数比2015年增加44天，PM2.5年均浓度也同比下降12.9%。但是空气质量仍然处于全国倒数水平，污染情况依旧不容乐观。

面对当前产业结构单一过重造成的严重环境污染的现状，环境治理工作一定要加紧推进落实。全面推进清洁生产审计，取缔落后工艺和装置，调整优化产业和能源结构，对钢铁、焦化、水泥等重点排污行业实行错峰生产，同时实施更加严格的环保、能耗、水耗、质量、技术、安全等标准，加大监管力度。坚持正确的发展观，贯彻绿色崛起发展理念，尽快摘掉污染大市的帽子。

第二节　秦皇岛市

2005—2016年秦皇岛市污染指数、吸收指数以及综合指数测算结果如表3.14.2。

表3.14.2　秦皇岛市环境指数结果

年份 / 指数	2005	2006	2007	2008	2009	2010	2011
污染	54.04	56.05	60.54	57.06	59.50	74.81	91.41
吸收	0.12	0.10	0.12	0.13	0.16	0.20	0.21
综合	53.98	55.99	60.46	56.99	59.41	74.66	91.22

年份 / 指数	2012	2013	2014	2015	2016	均值	排名
污染	125.27	84.75	86.06	62.38	53.69	72.13	40
吸收	1.03	1.10	1.28	1.35	1.61	0.62	51
综合	123.99	83.82	84.97	61.54	52.82	71.65	40

通过上述结果来看，秦皇岛市属于典型的“高污染—低吸收”的城市。污染指数均值为72.13，在全国74个样本城市中排名第40位，自2012年之后出现下降趋势，但仍属于污染比较严重的城市；吸收指数均值为

0.62，在全国74个样本城市中排名并列第51位，自净能力处于下游水平。

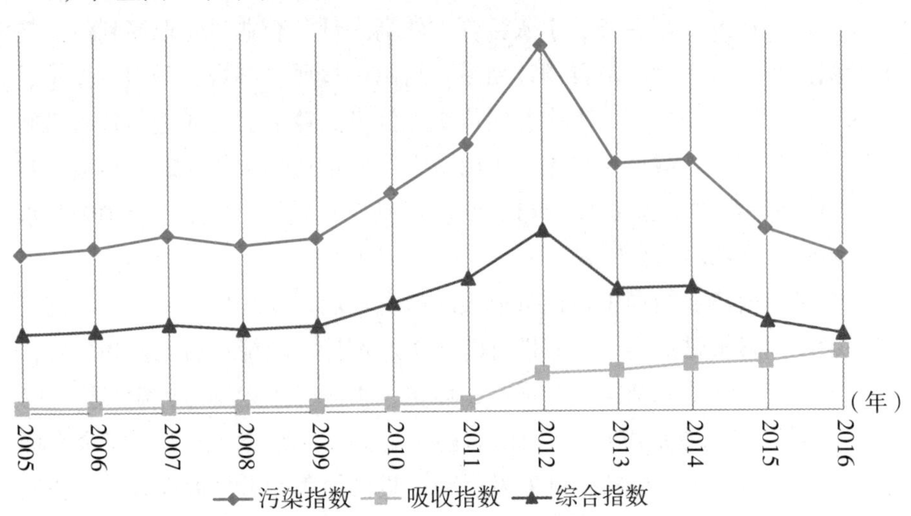

图3.14.2 秦皇岛市环境指数变化趋势图

2005年以来，随着社会的发展，秦皇岛空气环境状况越来越差。这是因为秦皇岛的工业主要集中在北部工业园区，周围青龙、抚宁等分散有多个小型水泥厂、淀粉厂，而位于东北部的港务局以煤炭为主要能源材料，每年产生大量的空气污染物，是秦皇岛主要的排污单位。而且秦皇岛城市面积不大，工业区和市区、居民聚集区相对较近，随着季节的变化，特别是春秋季节风向的变化，工业污染物对市区有较大的影响。除此之外，近年来旅游、地产业的突起导致机动车排放尾气的剧增和粉尘扬尘的蔓延也对环境状况造成了严重污染。

近年来，秦皇岛市环保工作在市委、市政府和省环保厅正确领导下，以“持续改善人居环境质量、助推全市经济社会科学发展”为目标，以污染减排工作为主线，以大气污染防治、水污染治理和农村环境综合整治工作为重点，以严格环境执法为抓手，以创新环境管理长效机制为载体，攻坚克难，狠抓落实，切实加强了环境保护工作的力度。例如，严格控制工业准入门槛，对于一些污染重、耗能高的项目坚决取缔，坚决停建产能严重过剩行业和违规在建项目。积极推进散煤整治工作，加快产业升级与调整，推行清洁生产方式。加大植树造林，使得2013年秦皇岛森林覆盖率约达到43.5%，位居全省第二。

面对当前经济实力一般、环境污染较严重的现状，秦皇岛市要找准自己的发展定位，加大产业结构调整的力度，积极发展循环经济、绿色经济。同时，加强和其他地区的协同治污，特别是靠近秦皇岛市的京津冀地区，建立共同应对的有效机制。与河北周边城市在污染减排、生产力布局、产业结构调整等方面提出具体的整治措施，共同调度并协力实施，以有效地应对环境污染并达到最佳的治理效果，还美丽的海滨城市秦皇岛一片“蓝天白云”。

第三节　邯郸市

2005—2016年邯郸市污染指数、吸收指数以及综合指数测算结果如表3.14.3。

表3.14.3　邯郸市环境指数结果

指数＼年份	2005	2006	2007	2008	2009	2010	2011
污染	152.55	152.40	276.61	165.66	169.19	179.60	242.19
吸收	0.60	0.63	0.83	0.88	0.86	0.92	0.91
综合	151.64	151.45	274.32	164.20	167.72	177.95	239.98

指数＼年份	2012	2013	2014	2015	2016	均值	排名
污染	227.07	219.11	200.42	171.81	157.84	192.87	69
吸收	0.95	0.98	1.02	0.94	1.14	0.89	31
综合	224.91	216.96	198.37	170.20	156.05	191.14	69

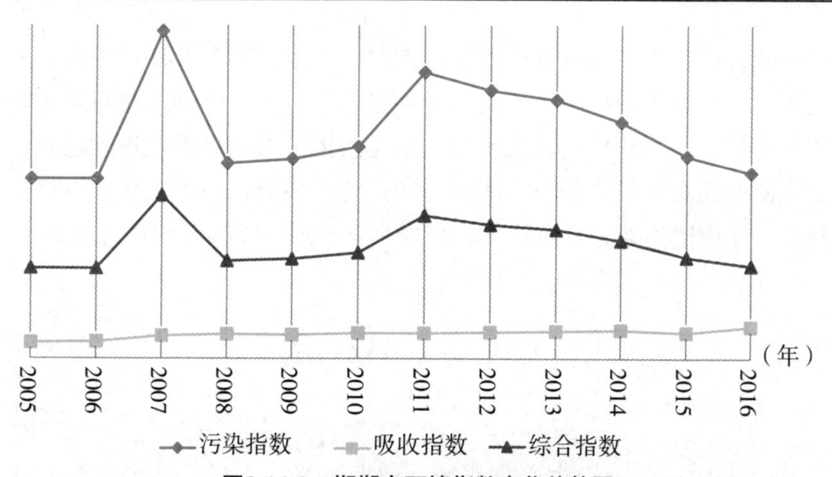

图3.14.3　邯郸市环境指数变化趋势图

通过上述结果来看，邯郸市属于典型的“高污染—低吸收”的城市。污染指数均值为192.87，在全国74个样本城市中排名第69位，2008年出现下降趋势，但之后又逐渐上升，属于污染极其严重的城市；吸收指数均值为0.89，在全国74个样本城市中排名并列第31位，自净能力中等。

近年来，邯郸市工业迅猛发展，人民生活水平显著提高。但是经济的快速增长带来了严重的环境问题，而其中，以大气污染最为突出：尤其在风力达到一定程度后，尘土漫天飞舞。由于邯郸地处晋冀鲁豫四省交会处，这一“四不管”地带多年来聚集了成千上万家重污染小企业。邯郸市小石料、小白灰、小煤场等重污染企业众多，而这些小企业是二氧化硫分布的主要行业，占二氧化硫排放总量的93%，严重影响邯郸市大气环境质量。此外，由于种种原因，邯郸市工业布局不尽合理，部分污染企业如邯郸电厂等位于城市的上风向，极易造成污染气体在市内聚积。再者，由于煤炭的大量开采造成的堆场的废渣废料，以及煤炭等燃料在市内的堆积也加剧了粉尘污染等现象。

近年来，邯郸市也采取了一系列措施积极推进环境质量改善。例如，邯郸钢铁已经在邯郸市区西部进行迁移，建立新的工厂园区，以减少对城市的环境污染。2013年，邯郸市委、市政府曾坚持把大气污染综合整治作为“一号工程”，全面清理取缔重点区域“三小”（小石灰、小石料、小煤场）污染企业，按照中央政策关停了一批不合规定的产业，全市总计关停取缔“三小”及各类重污染小企业2232家，其中西部6个重点县（市、区）关停取缔“三小”企业861家。严厉的措施使得邯郸市区的空气质量有了明显改善。

因此，邯郸市在大力发展经济的同时，也应牢牢抓紧环境治理。政府应发挥好自己的作用，制定严格标准加强监管，一边继续实施对众多小企业整治工作，一边严格监督大企业的减排进度，对超标排污现象进行严厉惩治。此外还要运用高新技术改造传统产业，使高污染的工矿企业通过技术升级，使用清洁能源环保技术，减少污染排放，逐步改善环境质量。

第四节　邢台市

2005—2016年邢台市污染指数、吸收指数以及综合指数测算结果如表3.14.4。

表3.14.4　邢台市环境指数结果

指数＼年份	2005	2006	2007	2008	2009	2010	2011
污染	104.47	107.11	107.67	96.18	98.45	102.97	136.21
吸收	0.75	0.69	0.67	0.61	0.55	0.60	0.61
综合	103.69	106.38	106.95	95.59	97.91	102.35	135.38

指数＼年份	2012	2013	2014	2015	2016	均值	排名
污染	134.87	135.24	146.32	105.17	111.70	115.53	56
吸收	0.69	0.69	0.68	0.70	0.55	0.65	47
综合	133.94	134.31	145.32	104.43	111.08	114.78	56

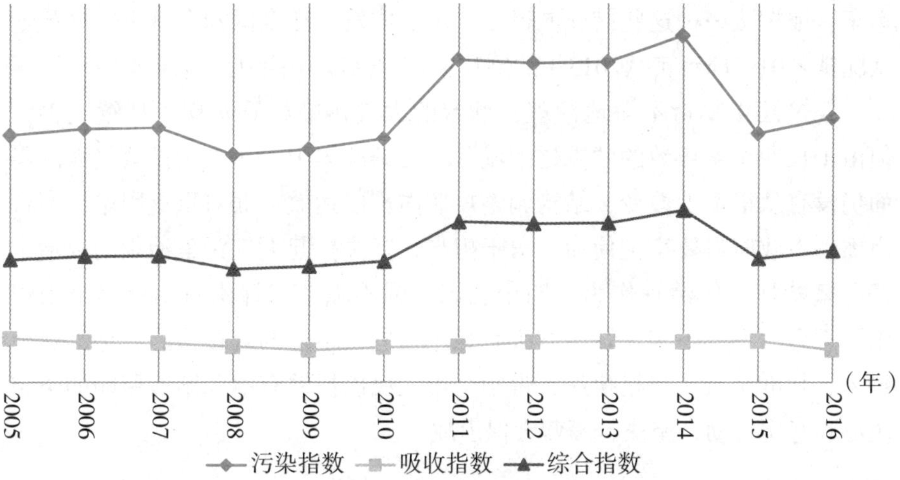

图3.14.4　邢台市环境指数变化趋势图

通过上述结果来看，邢台市属于典型的“高污染—低吸收”的城市。污染指数均值为115.53，在全国74个样本城市中排名第56位，自2015年之后出现下降趋势，但仍属于污染较为严重的城市；吸收指数均值为0.65，在全国74个样本城市中排名第47位，自净能力较差。

2005年以来，全市污染情况总体稳中有降，然而自2011年以后，环境质量又进一步恶化，这间接表明邢台市的重工业企业在近两年骤增。邢台空气污染严重，主要有三个方面的原因：一是地理因素。邢台地势低，风速小，这就不利于污染物的扩散。二是气候因素。特殊的气候条件导致雾霾久、面积大，大气污染物极易长时间大量聚积，加剧了大气污染程度。三是排放多，污染重。邢台市区及周边分布的上百家燃煤企业，每年的燃煤量都在1000万吨以上，这种重污染企业围城的工业布局，全国少见。邢台市工业企业布局、产业结构、能源结构问题长期存在，污染源管控不到位，市区单位面积燃煤量全省最高，工地扬尘、机动车尾气、劣质煤监管治理不严。以上种种因素均导致邢台市的环境污染状况不容小觑。

近年来，邢台市相继出台了《大气污染防治行动计划实施细则》《今冬明春大气污染治理攻坚行动实施方案》等一系列规章制度，决定采取淘汰落后产能、优化产业空间布局、加大治理力度、深化面源污染治理、强化移动源污染防治、实施生态绿化工程等60条措施。仅在2014年，就进行压减钢铁产能超200吨，压减玻璃产能近2000万重量箱，关停18座煤矿，同时近8万城区周边居民“煤改气（电）”，830台锅炉燃煤、12万辆“黄标车”被淘汰……这些措施取得了一定的成效。在全国74个城市空气质量状况排名中，邢台市从2013年的倒数第1上升到2016年的倒数第4。

经过几年坚持不懈地治理，邢台的大气污染尽管实现了持续改善，但由于长期积累导致的“重化围城”、污染源集中、污染物排放量大的局面仍没有从根本上改变，结构调整短期内难以达效。面对重重困难，邢台市委、市政府需要牢记使命，勇于担当，坚决扛起大气污染治理的政治责任。坚持把大气治理作为“四个意识”强不强、“绿水青山就是金山银山”理念树得牢不牢、转型升级和绿色发展快不快的直接检验，加大资金投入，找准重点，严格执法，带领全市人民以抓铁有痕、踏石留印的坚定决心和坚实行动，坚决打赢蓝天保卫战。

第五节　张家口市

2005—2016年张家口市污染指数、吸收指数以及综合指数测算结果如表3.14.5。

表3.14.5　张家口市环境指数结果

指数＼年份	2005	2006	2007	2008	2009	2010	2011
污染	105.96	101.30	108.42	106.25	99.70	97.71	114.66
吸收	0.63	0.63	0.69	0.70	0.61	0.60	0.64
综合	105.29	100.66	107.68	105.51	99.09	97.12	113.93

续表

指数＼年份	2012	2013	2014	2015	2016	均值	排名
污染	110.39	105.03	103.89	90.46	89.52	102.77	52
吸收	0.41	0.60	0.54	0.42	0.60	0.59	54
综合	109.93	104.40	103.33	90.08	88.99	102.17	52

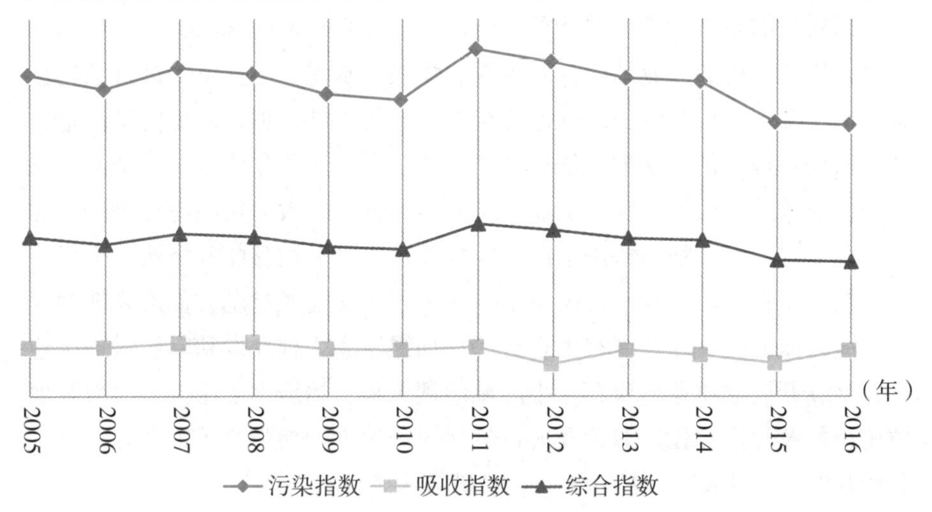

图3.14.5　张家口市环境指数变化趋势图

通过上述结果来看，张家口市属于典型的“高污染—低吸收”的城市。污染指数均值为102.77，在全国74个样本城市中排名第52位，多年来污染水平变化不大，仍属于污染较为严重的城市；吸收指数均值为0.59，在全国74个样本城市中排名并列第54位，吸收能力较差。

多年以来，张家口全市污染状况保持相对稳定，并有小幅度下降的趋势。张家口市各类能源、资源相对丰富，主要有煤炭、风能等，这就使得工业生产，尤其是重工业生产在张家口经济结构中占据了较重的地位。在2005年之前，分散供热现象加剧与环境污染有着非常密切的关联。分散供热以燃煤取暖为主要途径，由此而带来的影响便是“满城尽是小烟囱”。当然，燃煤污染除了和家庭供暖息息相关以外，工业中燃煤锅炉滞后、新能源比重低等也是导致大气污染的主要因素。此外，机动车数量的增长导致的尾气排放增加也是城镇化背景下张家口雾霾污染源的主要表现之一。

针对居高不下的雾霾，张家口市各级政府自2006年以来便逐步强化市区大气污染建设，拔除了市区近千根黑烟囱，此举直接导致：张家口2009年空气质量达到二级标准，2014年优良空气天数达到315天。当然，张家口的经济结构中，仍然存在着一些不合理之处。张家口市首先需要关闭、淘汰一些不达标的企业，仅2014年，张家口市就取缔煤炭经营企业812家，关闭整顿矿山84家。此外据了解，2015年以来虽然张家口市也进行矿山开采和开办工厂，但远远比不上唐山市、石家庄市等地区，所以张家口市在经济缓慢发展的同时，产业转型也在逐步进行。

面对当前空气污染依然严重、环境吸收能力较差的现状，张家口市既要继续优化当前的产业结构，对钢铁、煤炭、水泥、小火电等进行结构性调整，从源头上控制污染，降低雾霾发生的可能性。加强环境污染治理，加大依法管理、依法治理、依法处罚力度，严禁企业非法排污。全面开展污染物排放总量控制，确保工业污染源达标排放，大力实施清洁生产，加大污染治理力度，加强饮用水源地监督管理力度，调整能源结构，全面推行天然气工程，因地制宜发展集中供热工程。又要通过全方位措施努力提高环境自净能力，保护现有生态资源，加强生态工程建设和自然保护区建设，继续开展退耕还林还草、小流域治理工程，治理水土流失，大力开展植树造林及荒山绿化，继续开展自然保护区建设，加强对矿山资源的开发利用和保护，开发与保护并重，严禁破坏生态环境。

第六节　承德市

2005—2016年承德市污染指数、吸收指数以及综合指数测算结果如表3.14.6。

表3.14.6　承德市环境指数结果

指数＼年份	2005	2006	2007	2008	2009	2010	2011
污染	76.69	72.07	84.81	84.86	74.26	79.42	107.19
吸收	0.54	0.50	0.43	0.41	0.31	0.38	0.36
综合	76.27	71.71	84.45	84.51	74.03	79.12	106.80

指数＼年份	2012	2013	2014	2015	2016	均值	排名
污染	113.32	97.18	86.71	70.47	69.57	84.71	44
吸收	0.40	0.37	0.45	0.51	0.65	0.44	62
综合	112.87	96.81	86.33	70.12	69.12	84.34	44

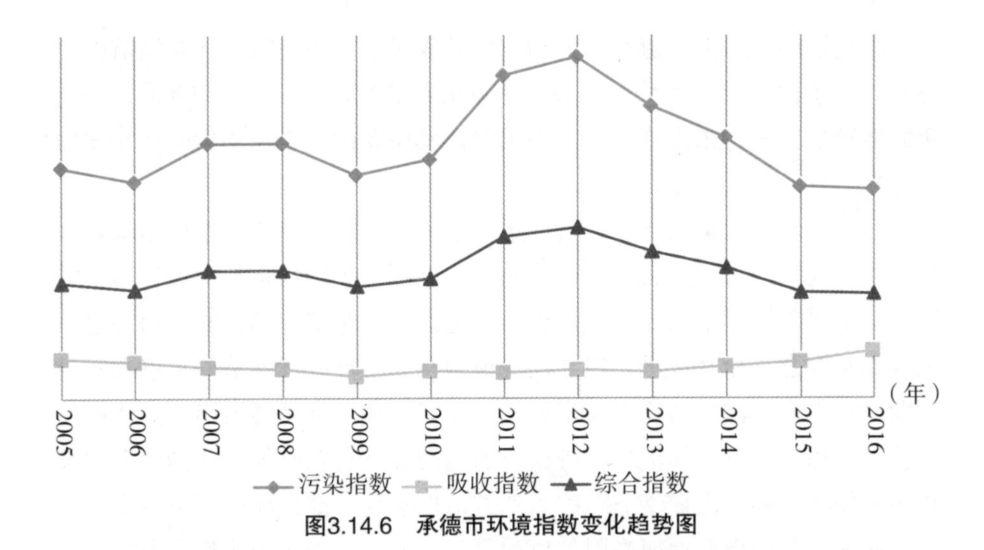

图3.14.6　承德市环境指数变化趋势图

通过上述结果来看，承德市属于典型的"高污染—低吸收"的城市。污染指数均值为84.71，在全国74个样本城市中排名第44位，自2013年之后出现下降趋势，但仍属于污染较为严重的城市；吸收指数均值为0.44，在全国74个样本城市中排名第62位，自净能力较差。

2005年以来，全市污染水平有升有降，但在全国范围均处于较高的水平。冬春季节由于气候干燥，风速较大，裸露地表面积大，使得扬尘加重；承德市散煤用户多，集中供热率低，且供热站规模小、布局分散，均使得承德县城大气环境质量在冬季采暖期较差。除此之外，平日里由于承德县城工业企业多分布在城区和周围，部分企业布局不尽合理，虽然排放浓度达标，但废气排放量较大，致使污染物排放总量较大，且部分小型企业的污染治理措施不够，所排放污染物浓度不能稳定达标，亦给城区大气环境造成一定影响。

近几年，承德市大力推进各项措施整治环境污染。2009年，承德市出台了《承德市大气污染防治管理办法》，高度重视环境治理工作。截至2014年，承德市空气质量优良天数为249天，与2013年持平，优良天数仅次于张家口市，排在京津冀13个城市的第二名。2015年，配合《承德市环境保护监督管理暂行规定》，承德市下发《大气污染防治部门工作职责》，涉及承德市环保局、发改委、工信局、城管局、交运局等26个职能部门，详细规定了各部门在大气污染防治工作中的职责范围。2016年，承德市在持续开展"减煤、治企、控车、抑尘、多污染物"五场攻坚战基础上，深化散煤、矿山、道路车辆和焦化行业四个专项整治。一系列措施使得2016年承德市市区环境空气质量优良天数275天（占比75.14%），比上年同期增加15天，未出现严重污染天气。其中，PM2.5年均浓度为40毫克/立方米，较上年下降7%。

为实现环境质量的逐步改善，承德市政府应坚定不移地把调结构转方式作为污染防治的长久大计，认识到加快调整产业结构是解决大气污染问题的必由之路，严格实施大气污染防治是推动产业结构调整的倒逼手段，两者相互融合、相互促进，需要同步谋划、同步推进。这就要求市政府一方面对全市大气污染防治工作实施统一监督管理，推动燃煤锅炉淘汰和污染治理、挥发性有机物治理、餐饮业油烟治理，与发改部门共同建立“谁排污谁付费，谁治理谁受益”的第三方治理模式，推进环境污染治理；另一方面加快无污染低耗能高附加值项目建设，加大矿业企业整合力度，推进矿山企业技改升级，改造提升传统优势产业，实现绿色生产；按照构建“5+2”现代产业体系和培育六个千亿元主导产业的要求加速培育战略性新兴产业；大力发展节能环保产业和循环经济，同时持续推进以植树造林为重点的生态工程建设。

第七节　沧州市

2005—2016年沧州市污染指数、吸收指数以及综合指数测算结果如表3.14.7。

表3.14.7　沧州市环境指数结果

年份 指数	2005	2006	2007	2008	2009	2010	2011
污染	101.12	107.80	111.96	86.53	86.47	102.42	158.75
吸收	0.14	0.13	0.13	0.14	0.06	0.17	0.13
综合	100.97	107.65	111.82	86.41	86.42	102.25	158.54

年份 指数	2012	2013	2014	2015	2016	均值	排名
污染	145.62	141.59	135.58	118.81	129.50	118.84	58
吸收	0.10	0.13	0.21	0.23	0.24	0.15	74
综合	145.47	141.41	135.30	118.54	129.18	118.66	58

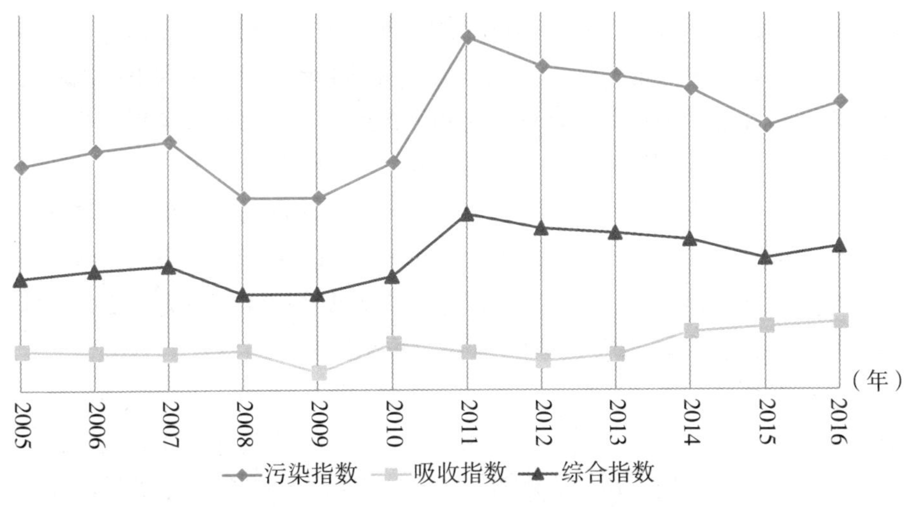

图3.14.7　沧州市环境指数变化趋势图

通过上述结果来看，沧州市属于典型的“高污染—低吸收”的城市。污染指数均值为118.84，在全国74个样本城市中排名第58位，自2012年之后出现下降趋势，但2016年又小幅上升，属于污染较为严重的城市；吸收指数均值为0.15，在全国74个样本城市中排名第74位，自净能力全国倒数第1。

进入21世纪以来，产业结构布局不合理致“工业围城”、能源结构“一煤独大”、环保基础设施建设滞后、政府环保不作为不到位等问题变得日益普遍，重化产业是造成环境污染的主要因素。环保基础设施建设滞后的问题十分普遍。多数城市对环保基础设施建设重视不够、投入不足，环保基础设施落后，历史欠账较多。城乡集中供热率普遍较低，清洁能源供应不足，工业园区或产业集聚区小型自备锅炉常见，散烧煤大量使用，致使冬季大气污染问题十分突出。与此同时，一些企业环境违法违规问题依然常见。擅自停运治污设施，甚至弄虚作假的情况时有发现，超标排放问题较为常见，突出存在于焦化、玻璃等行业。此外，城乡接合部及广大农村地区环保能力不足，环境管理粗放，不少地区“土小”企业群和小作坊比较密集，加之一些污染企业退城进郊，给农村地区大气污染防治带来困难。这些地区治污设施落后，日常监管薄弱，环境污染突出，较之全国其他地区，沧州市大气环境质量总体偏差。

近年来，沧州市各级政府及相关部门把环境保护作为推进“生态之城”建设的重要抓手，采取多种措施改善生态环境、保障群众健康、促进绿色转型。2014年以来，扎实推进大气治理“八大工程”，即企业污染治理、产业结构调整、能源结构优化、扬尘污染整治、机动车污染控制、餐饮油烟秸秆焚烧整治、城乡绿化美化和重污染天气应急应对工程。此外，沧州市委、市政府确定并重点实施了“6+1+1”绿色廊道（石黄、京沪、津汕、大广、沧保、廊沧6条高速，京沪高铁、106国道）、森林“围城”（中心城区、县城、开发区、工业园区）、六个万亩造林大方三大绿化工程，把筑绿廊、搭框架、建大方、绿城乡作为重中之重和关键环节，在绿与美的结合、量与质的统一上重点安排、重点发力。

连续的环境政策使环境质量取得了一定程度的改善，但是2016年的环境污染指数又转折上升，因此当前沧州市政府应当积极探索建立健全长效监管机制，防止环保工作“头疼医头、脚疼医脚”的现象，推动环境保护尽快步入科学化、规范化、精细化轨道。从强化日常监管入手，建立健全环保行政执法与司法衔接机制。不断推动大气治理常态化、长效化，为京津冀区域大气污染联防联控作出新的贡献。

第八节　廊坊市

2005—2016年廊坊市污染指数、吸收指数以及综合指数测算结果如表3.14.8。

表3.14.8　廊坊市环境指数结果

年份 指数	2005	2006	2007	2008	2009	2010	2011
污染	77.84	72.88	77.93	69.88	65.61	69.20	102.75
吸收	1.30	1.25	1.40	1.48	0.43	0.51	0.49
综合	76.83	71.97	76.84	68.84	65.33	68.85	102.24

年份 指数	2012	2013	2014	2015	2016	均值	排名
污染	103.23	102.49	104.75	94.87	95.71	86.43	45
吸收	0.61	0.64	0.59	0.75	0.64	0.84	35
综合	102.60	101.83	104.12	94.17	95.10	85.73	45

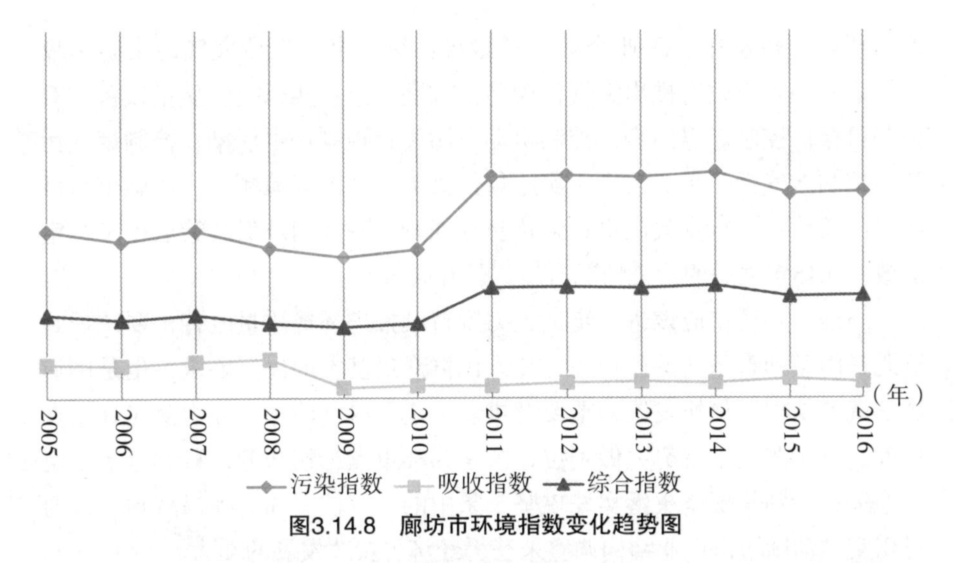

图3.14.8 廊坊市环境指数变化趋势图

通过上述结果来看，廊坊市属于典型的“高污染—低吸收”的城市。污染指数均值为86.43，在全国74个样本城市中排名第45位，污染指数几乎一直增加至2015年之后出现下降趋势，属于污染比较严重的城市；吸收指数均值为0.84，在全国74个样本城市中排名第35位，自净能力一般。

2011年后，廊坊市大气污染状况日益严重，除受地理环境和气象因素影响外，主要源于污染防治措施不到位、责任落实不到位造成的各类大气污染物排放量大，扬尘、燃煤、机动车尾气和各类烟气是主要的大气污染物排放源。首先廊坊市区位特殊，处于京津冀地区中心位置，海拔低，高度明显低于北京市、保定市、唐山市等周边城市，有文安洼、贾口洼等洼地，在特殊天气特别是静风天气下污染物不断在市内沉积和聚集，在大气污染物扩散方面处于严重的不利地位。此外，建筑施工、道路运输、裸露土壤等引起的扬尘污染是长期影响空气质量的重要因素。廊坊市的能源结构以煤炭为主，相当一部分冬季取暖燃煤锅炉没有安装脱硫除尘设施，已安装的也大多没有正常运行，普遍存在偷排偷放现象，加重了市区普遍存在的偷排偷放现象和空气污染。再者，露天烧烤、饭店油烟、加油站油气、垃圾焚烧等各类烟气对空气质量也有较大的影响。市区规模以上饭店大部分没有安装油烟净化设施，安装的也不能正常运行。市区几十家加油站都没有完成油气回收治理。

近三年来（截至2016年），面对供暖以后排放增加、气象条件不利、雾霾多发的严峻挑战，廊坊市精细谋划大气污染防治10项措施，严防严控严治燃煤、机动车、工业企业、扬尘等污染，全力打赢大气污染防治攻坚战。2015年市政府推出大气污染防治攻坚十条：实行空气质量改善“双控”目标；控制燃煤污染；控制机动车污染；控制扬尘污染；控制烟气污染；控制涉气行业企业污染；实施重污染天气“削峰减频”；实施全市域网格化监管；实行党政同责；强化督导问责。一系列环保政策取得了一定成效，2015年之后的污染情况有所好转和改善。

当前，廊坊市应该进一步加大力度持续推进环境质量改善，要认识到这既是国家和省下达的死任务，是人民群众最基本的民生要求，也是倒逼廊坊调整结构、加快发展的重要契机。一定要科学治理，强力落实好重点任务。一定要把主观努力做到位，紧紧瞄准重点工作任务，科学施治、定向施治，特别是要坚决落实好攻坚十条中的“五控”和“削峰减频”，通过切实推动廊坊市产业结构调整来获得经济可持续发展的动力。

第九节　衡水市

2005—2016年衡水市污染指数、吸收指数以及综合指数测算结果如表3.14.9。

表3.14.9　衡水市环境指数结果

指数＼年份	2005	2006	2007	2008	2009	2010	2011
污染	78.74	70.31	63.19	54.66	51.22	53.82	67.76
吸收	0.81	0.78	0.84	0.80	0.75	0.80	0.76
综合	78.11	69.75	62.66	54.22	50.84	53.39	67.24

指数＼年份	2012	2013	2014	2015	2016	均值	排名
污染	67.20	63.94	61.73	55.95	56.20	62.06	28
吸收	0.76	0.94	0.75	0.79	0.82	0.80	38
综合	66.69	63.34	61.27	55.50	55.74	61.56	30

通过上述结果来看，衡水市属于典型的“低污染—低吸收”的城市。污染指数均值为62.06，在全国74个样本城市中排名并列第28位，除去2011年和2012年污染上升以外，近年来污染指数一直处于下降状态，属于污染较为一般的城市；吸收指数均值为0.80，在全国74个样本城市中排名第38

位，自净能力一般。

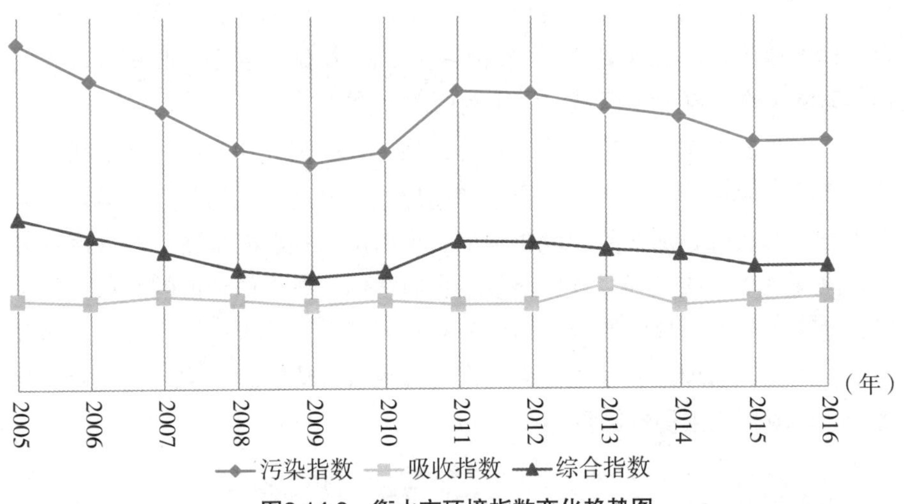

图3.14.9　衡水市环境指数变化趋势图

2005年后，全市空气质量在逐步改善，这间接表明衡水市的产业结构相对稳定并在逐渐改善。而2010年后，随着城乡一体化进程的不断推进，城市规模进一步扩大，建筑业的持续繁荣导致建筑工地逐年增多，二次扬尘问题日益严重。同时，随着私家车数量的增加，尾气污染压力一路上升，道路扬尘也随之加重。据衡水市国民经济和社会发展统计公报，截至到2013年年底，民用汽车保有量44.2万辆，比2010年增长21.8万辆，其中，小型及微型载客汽车33.0万辆，比2010年增长15.5万辆，个人汽车2011年比2010年增长6.5万辆。扬尘和机动车尾气使城市环境空气的污染越来越严重，这二者已成为衡水市大气污染的主要来源。

近年来，全市环境保护工作以科学发展观为统领，深入贯彻落实市委、市政府关于加强环境保护和促进经济平稳较快增长的决策部署，把环境保护与推动发展方式转变、污染减排与促进经济结构战略性调整、环境治理与保障改善民生更加有机地结合起来。比如在“十一五”污染减排和环境保护期间，坚持“建管”并重，确保顺利完成“十一五”减排任务，以城镇面貌三年大变样为契机，力促城镇环境质量改善，以解决突出环境问题为着力点，严格环境执法。自2015年以来，衡水市委、市政府坚持把大气污染防治工作作为事关全市长远发展的政治任务和事关群众生活质量的民生工程，认真贯彻执行国家、省关于大气污染防治工作的决策部署，先后制订了《衡水市大气污染防治2015年度实施计划》《衡水市大气污染冬季防治专项行动实施方案》《衡水市“净大气、抑扬尘、确保蓝天蓝”行动方案》等方案，细化了各项措施、明确了责任和任务，按照“远近结合、标本兼治”的总原则，从“精准、精细、精确”入手，扎实推进大气污染防治工作，确保了区域空气质量持续改善。

面对当前生态环境质量恶化趋势得到有效控制并在逐步好转的状况，衡水市政府应按照《衡水市生态环境保护“十三五”规划》进一步推进全市生态文明建设，加快建设经济强市、美丽衡水。总体来看，衡水市应着重解决环境空气质量和水环境质量未全面达标，冬季供暖期的雾霾现象频发，地表水断面考核的要求提高，公众对环境质量改善的期待日益迫切等问题。此外，治理区域大气污染、恢复流域水体功能和土壤环境修复等改善生态环境的任务仍然繁重。

第十节　呼和浩特市

2005—2016年呼和浩特市污染指数、吸收指数以及综合指数测算结果如表3.14.10。

表3.14.10　呼和浩特市环境指数结果

指数＼年份	2005	2006	2007	2008	2009	2010	2011
污染	125.61	127.73	116.30	101.11	95.63	117.31	162.25
吸收	0.34	0.10	0.15	0.82	0.46	0.11	0.13
综合	125.19	127.61	116.13	100.29	95.19	117.18	162.04

指数＼年份	2012	2013	2014	2015	2016	均值	排名
污染	149.62	126.03	112.30	95.58	87.95	118.12	57
吸收	0.41	0.15	0.18	0.94	0.80	0.38	64
综合	149.00	125.84	112.09	94.68	87.25	117.71	57

通过上述结果来看，呼和浩特市属于典型的“高污染—低吸收”的城市。污染指数均值为118.12，在全国74个样本城市中排名第57位，自2011年污染指数达到巅峰后遂呈现逐年递减趋势，但仍属于污染较为严重的城市；吸收指数均值为0.38，在全国74个样本城市中排名并列第64位，自净能力较差。

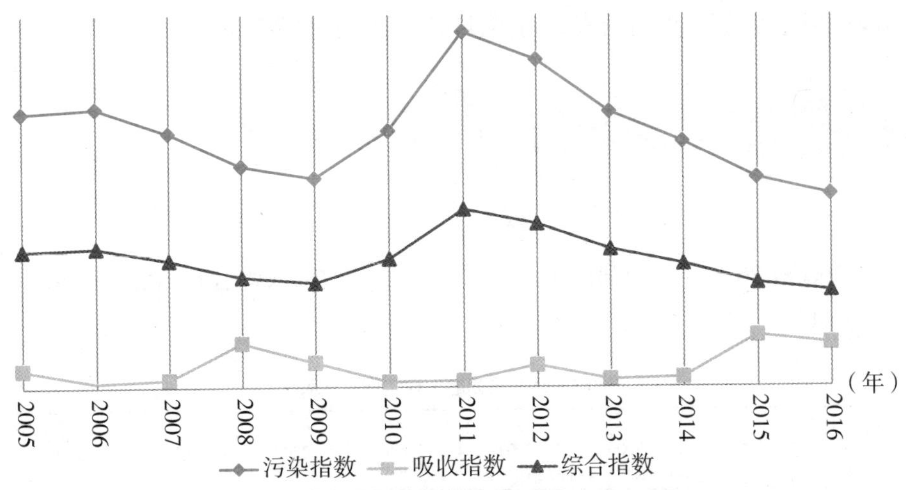

图3.14.10　呼和浩特市环境指数变化趋势图

呼和浩特市是我国北方典型的冬季煤烟型污染城市之一，其受污染程度一直属我国城市的前列，但单纯就该市的能源消耗量和污染物排放量而言，与其他城市相比并不是具有很大的量。但是长期以来，全市经济发展方式仍较粗放，产业结构不够合理，城乡区域发展不够平衡，基础设施体系不够完善，环境污染的形势依然严峻，新老环境问题的压力依然很大。

近几年来，呼和浩特市在环境质量、总量控制、污染治理、风险防范、环境监管能力建设及其他方面均取得了可喜的成绩。2012年以来，呼和浩特市委、市政府高度重视生态环境保护，大力发展以奶业为主导的特色产业，积极推进解决历史遗留环境问题，实施“气化呼和浩特”工程，加强工业企业提标改造，积极治理机动车污染，启动大青山南坡生态治理工程，大气环境质量得到改善。特别是新环保法实施以来，已对60多家企业采取了查封扣押、按日计罚、挂牌督办等处罚措施，发挥了震慑效果。环境质量总体保持稳定，主要污染物排放显著减少，环境风险得到有效管控，环境监管能力逐步提高，生态环境实现了“整体遏制，局部好转”的重大转变。

目前，从经济与环境协调发展更高要求来看，从全市环境质量水平和人民群众环境期待来看，呼和浩特市环境形势依然不容乐观，存在产业结构性污染较为突出、部门环保责任落实不够到位、环保基础设施历史欠账较多、部分区域环境污染严重等问题。针对上述问题，呼和浩特市应进一步提高认识，按照中央“党政同责、一岗双责”的要求，强化措施，深化治理，狠抓监管，严肃问责，切实推进有关问题的整改落实。

第十一节　连云港市

2005—2016年连云港市污染指数、吸收指数以及综合指数测算结果如表3.14.11。

表3.14.11　连云港市环境指数结果

指数＼年份	2005	2006	2007	2008	2009	2010	2011
污染	44.00	45.29	46.96	48.78	48.38	61.69	42.99
吸收	1.56	1.40	1.29	1.12	0.93	0.93	0.96
综合	43.32	44.66	46.36	48.23	47.93	61.11	42.58

指数＼年份	2012	2013	2014	2015	2016	均值	排名
污染	43.42	42.40	45.17	43.19	42.78	46.25	15
吸收	0.87	0.87	0.74	0.73	0.74	1.01	24
综合	43.04	42.03	44.84	42.87	42.47	45.79	16

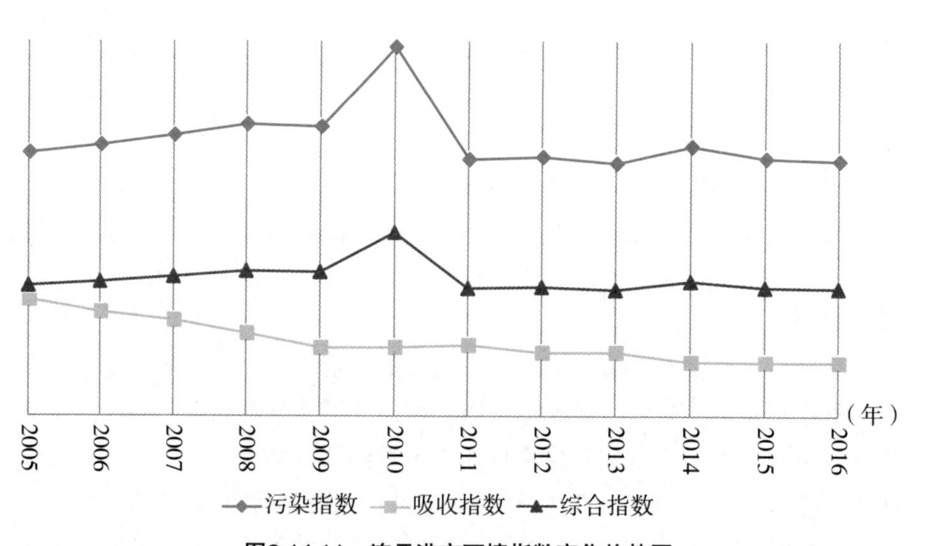

图3.14.11　连云港市环境指数变化趋势图

通过上述结果来看，连云港市属于典型的“低污染—高吸收”的城市。污染指数均值为46.25，在全国74个样本城市中排名第15位，除2010年小幅上升外均处于较平稳状态，属于环境污染较少的城市；吸收指数均值为1.01，在全国74个样本城市中排名第24位，自净能力较好。

2005年以后，全市存在一些不符合产业政策或产业布局规划、未办理相关审批手续、无治污设施或治污设施不能满足稳定达标排放要求、存在污染直排或偷排等严重环境违法行为的小型企业，主要集中在造纸、印染、电镀、农药、染料、涂料、油墨、有机溶剂、塑料造粒、石英砂酸洗、铅酸电池、炼铁、碳素生产、石灰窑、砖瓦窑、印刷、家具制造等行业，排放了大量二氧化硫、二氧化氮等气体，引起扬尘，这是造成环境污染的主要原因之一。

“十二五”以来，全市深入贯彻党的十八大和十八届三中、四中、五中全会以及习近平总书记系列重要讲话精神，紧紧围绕稳增长、抓改革、调结构、重生态、惠民生、防风险的大局，积极推进生态文明建设工程，全市环境质量有所改善，环保治理、监管、改革等各项工作展现新气象、取得新成效。重点开展了污水处理设施整改建设、重点行业大气污染限期治理、排污权核定与排污权交易制度的建立等工作，确保各类主要污染物排放总量均有所降低。全市共安排工业及生活类减排项目190个，农业类减排项目600个，大气污染物减排项目56个。认真贯彻落实大气“国十条”和“省十条”，以改善空气质量为核心，加大项目督查推进力度，严防秸秆焚烧，强化环境执法管控。空气污染治理取得初步成效，环境空气质量得到明显改善。2015年全年空气质量优良天数260天，优良率为71.2%，比2014年有所上升。全市PM2.5平均浓度为55μg/m^3，超额完成国家规定的空气质量改善目标。

随着各项措施的有效实施，连云港市环境治理模式已经发生明显的变化，环境治理应跨入多介质、多因子、多领域协同并治阶段。“十三五”期间，全市应加快能源结构调整，推广使用清洁能源，综合治理大气污染；全面提升水环境质量，加强水源地保护，保障城乡饮用水源水质安全；深化开展土壤调查，建设土壤环境质量监测网络，积极开展土壤污染防治，将打赢治霾、治水、净土这三大战役作为环境质量改善的核心工作。

第十二节　淮安市

2005—2016年淮安市污染指数、吸收指数以及综合指数测算结果如表3.14.12。

表3.14.12　淮安市环境指数结果

指数＼年份	2005	2006	2007	2008	2009	2010	2011
污染	44.30	40.89	45.37	44.08	48.41	48.47	50.83
吸收	0.94	0.96	1.06	1.07	1.04	1.05	1.08
综合	43.88	40.50	44.88	43.60	47.90	47.96	50.29

指数＼年份	2012	2013	2014	2015	2016	均值	排名
污染	57.57	56.62	57.05	51.52	51.21	49.69	17
吸收	1.06	1.03	1.08	1.07	1.08	1.04	21
综合	56.97	56.03	56.43	50.97	50.65	49.17	17

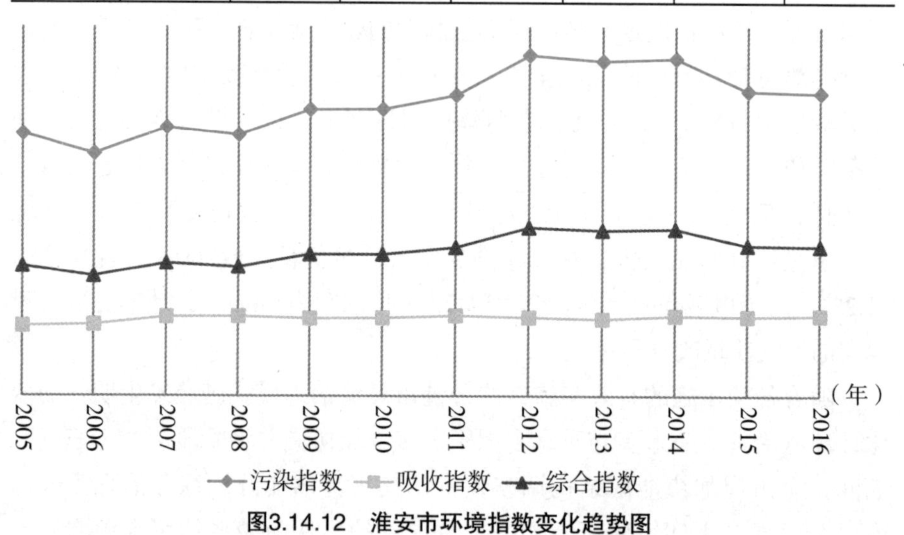

图3.14.12　淮安市环境指数变化趋势图

通过上述结果来看，淮安市属于典型的“低污染—高吸收”的城市。污染指数均值为49.69，在全国74个样本城市中排名第17位，近年来污染指数呈小幅上升趋势，但增幅不大，环境质量仍然较好；吸收指数均值为1.04，在全国74个样本城市中排名并列第21位，自净能力较好。

淮安地处江苏省中北部，属平原地区且水资源丰富，长年以来，第一产业比重较大，经济发展相对于苏南地区落后，工业所引起的环境污染相对较少；与此同时，由于资金的缺乏和科学技术的不普及，工业能源消耗的治理难度也加大，形成淮安市环境空气污染的主要因素。特别地，淮安市区废气污染物是煤烟型污染，主要污染物为二氧化硫和烟（粉）尘。这是因为市区高污染企业比较多，比如淮钢、火力发电厂、台玻、盐化、轮胎厂，都是高污染企业。

“十二五”期间，全市以习近平总书记“把周总理的家乡建设好”的殷殷嘱托为动力，紧紧围绕全面小康社会和苏北重要中心城市两大目标，积极适应经济发展新常态。在全市经济快速发展的情况下环境质量有所改善，生态建设取得新突破，基本实现了环境保护与经济发展“双赢”的目标。全市坚持以环境保护优化经济发展，强力推进污染减排工作。关停了凡力钢管、虞程钢管等八家重污染企业，淘汰水泥、铅酸蓄电池、纺织等落后产能企业116家，并重点实施14家电力企业脱硫脱硝工程，加大污水处理设施建设力度，新建淮安经济技术开发区污水处理厂和市第二污水处理厂，扩建四季青污水处理厂和淮安区污水处理厂，污水处理规模增加了19万吨/日。“十二五”期间，淮安市化学需氧量、氨氮、二氧化硫和氮氧化物指标均完成省下达的主要污染物总量减排目标。

如今，淮安市在全省“1+3”功能战略布局中被划为“江淮生态经济区”，全市应围绕“生态优先、绿色发展”理念打造江苏绿色发展示范区、淮河生态经济引领区和苏北重要中心城市，奋力建设江苏永续发展的“绿心”。全市应全力推动《“两减六治三提升”专项行动方案》实施（“263”专项行动），紧紧围绕结构调整、治污减排、生态保护、政策调控、执法监管等重点领域，采取更加系统、更加精准、更加严格的措施，努力确保在实现“十三五”生态环境保护目标的基础上，更大幅度地改善环境质量，更加有效地规范环境秩序，切实补齐全面建成小康社会的突出短板。

第十三节　盐城市

2005—2016年盐城市污染指数、吸收指数以及综合指数测算结果如表3.14.13。

表3.14.13　盐城市环境指数结果

指数＼年份	2005	2006	2007	2008	2009	2010	2011
污染	58.96	59.34	60.01	55.75	60.46	63.92	66.85
吸收	0.55	0.61	0.72	0.77	0.85	0.85	0.88
综合	58.64	58.97	59.58	55.32	59.95	63.38	66.26

指数＼年份	2012	2013	2014	2015	2016	均值	排名
污染	75.89	75.76	75.07	64.85	64.13	65.08	33
吸收	0.87	0.88	1.03	0.96	0.96	0.83	36
综合	75.23	75.09	74.30	64.23	63.51	64.54	34

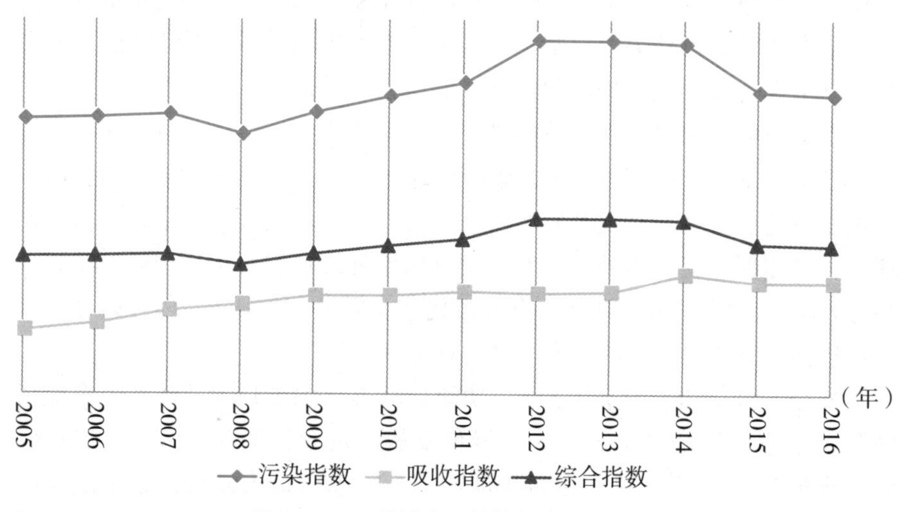

图3.14.13　盐城市环境指数变化趋势图

通过上述结果来看，盐城市属于环境质量中等的城市。污染指数均值为65.08，在全国74个样本城市中排名第33位，从2005年以来基本呈上升趋势，2015年开始有所好转，但仍属于污染较严重的城市；吸收指数均值为0.83，在全国74个样本城市中排名第36位，自净能力一般。

近年来，盐城市积极实施招商引资政策，吸引了更多的企业落户盐城，尤其是一个个工业园区、开发区的建设，增加了污染物的排放量，使得原来以制造业和农业为主导产业的盐城的空气质量有所恶化。此外，冬季时期大量煤燃料的使用和夏秋季的秸秆焚烧也进一步加重了环境破坏的速度。然而由于盐城有着最大的滩涂面积，并且每年都在不断壮大，滩涂对空气质量的调节和对温度的调节有着很大的作用，可以吸收部分污染源，并且调节气温和湿度的同时，减轻原有的污染程度，所以盐城市的环境质量仍然保持在全国中等水平。

近几年，盐城市坚持环保优先方针，实施“生态立市”发展战略，先后出台《关于大力推进生态文明建设的意见》《盐城市生态文明建设规划（2013—2022）》等系列文件，大力实施生态文明建设工程，采取一系列推动生态文明发展的重大举措。“十二五”期间，全市深入贯彻党的十八大和十八届三中、四中全会以及习近平总书记系列重要讲话精神，坚持生态立市，坚定绿色发展，大力加强环境保护，全力推进清新空气、清澈河道、清洁村庄、清爽城市“四清”工程。开展重点企业VOCs治理，完成挥发性有机物治理企业48家，完成油气改造回收企业435家；开展扬尘集中整治“双百日” 活动，扬尘污染得到有效遏制，降尘量明显下降；机动车污染治理提速，淘汰黄标车和老旧机动车58455辆，机动车环保定期检测率达98.02%；强化秸秆综合利用和禁烧禁抛，2014年、2015年连续实现秸秆焚烧“零火点”，秸秆禁烧工作考核全省第一。在综合经济实力显著提升的情况下，全市环境质量总体稳中趋好，环境保护和生态建设取得积极进展。

目前，盐城经济社会发展与环境保护之间的矛盾、环境质量现状与群众强烈期盼之间的矛盾、优质生态产品供给与需求之间的矛盾仍较为突出，环境保护还面临许多迫切需要解决的问题。因此，盐城市需要宏观层面牢固确立绿色发展理念，增强全社会环保意识，提高各级领导干部对环保工作的认识，进一步加快创新发展转型发展。此外在实际工作中切实将可吸入颗粒物和细微颗粒物控制在国家二级标准之上，加强环保基础设施建设，根治雾霾天气，促进污染减排的有力推进和环境质量的稳步提升。

第十四节　扬州市

2005—2016年扬州市污染指数、吸收指数以及综合指数测算结果如表3.14.14。

表3.14.14　扬州市环境指数结果

指数\年份	2005	2006	2007	2008	2009	2010	2011
污染	78.30	76.73	75.77	71.77	70.99	59.49	70.66
吸收	0.24	0.24	0.25	0.25	0.69	0.69	0.71
综合	78.11	76.55	75.58	71.59	70.50	59.08	70.16

指数\年份	2012	2013	2014	2015	2016	均值	排名
污染	63.36	59.90	52.57	47.19	46.36	64.42	32
吸收	0.68	0.56	0.70	0.70	0.98	0.56	59
综合	62.93	59.56	52.20	46.86	45.90	64.08	33

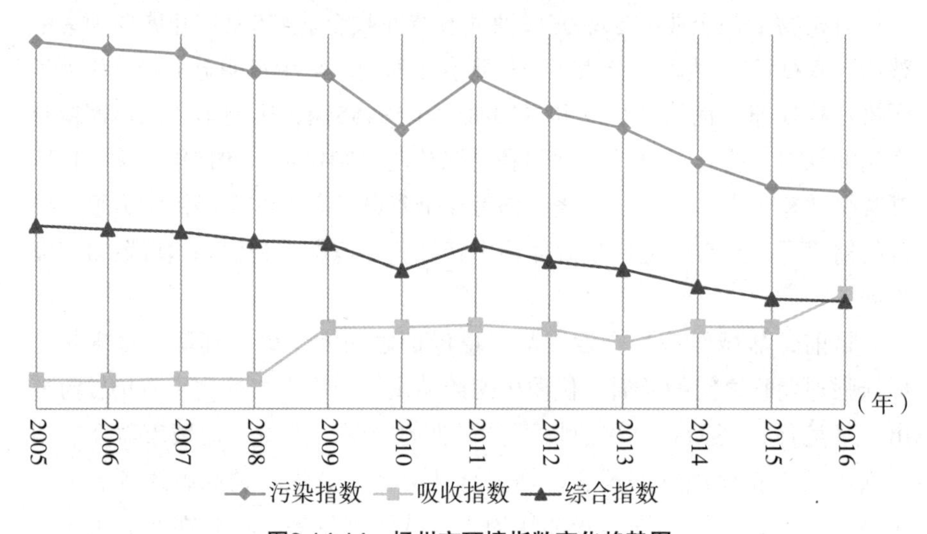

图3.14.14　扬州市环境指数变化趋势图

通过上述结果来看，扬州市污染治理改善成果较为明显。污染指数均值为64.42，在全国74个样本城市中排名第32位，自2005年之后出现在波动中下降的趋势，但仍属于污染较为严重的城市；吸收指数均值为0.56，在全国74个样本城市中排名第59位，自净能力一直保持上升趋势。

2005年以来，扬州市空气质量良好，空气环境质量良好率达86.85%，但酸雨发生频率大幅上升，全年降水pH均值仍在下降。各城区生活饮用水均以地表水作为饮用水源，水质良好，长江、廖家沟、芒稻河、高水河水质符合国家地表水Ⅲ类标准，京杭大运河水质基本符合国家地表水Ⅲ类标准。各地农村集镇集中式饮用水源水质逐年好转，但水质普遍劣于城市水源，以地面水为饮用水源的好于地下水源。部分集镇集中式饮用水源水质常年不达标。地表水饮用水源的主要超标项目为溶解氧，地下水饮用水源的主要超标项目为氨氮、总大肠杆菌菌群。噪声污染源为生活噪声和交通噪声，随着城市交通道路的不断建设以及城市禁鸣措施的落实，扬州市在机动车激增的情况下，城市道路交通噪声基本稳定在同一水平，2016年，各县（市、区）平均等效声级为63.7~67.2分贝，均处于一级（好）水平。

近年来，扬州市各级政府及相关部门切实提高了对环境保护工作的认识，按照中央、省、市有关环境保护工作的部署要求，以改善环境质量为核心，深入推进大气和水污染防治等环境保护工作。例如，对全市国家重点监控污染源按季度进行监督性监测，并出具监测情况报告，及时责令不达标企业整改；2016年伊始，江苏就对二氧化硫等主要污染物排污费征收标准作大幅度调整，主要污染物征收标准将提高3倍之多，且实行差别化收费，剑指污染企业。

环保指标是全面建设小康社会的最大“短板”，因此，扬州市要紧紧抓住改善环境质量这个核心，实施质量和总量双管控，加强和完善环境监测体系建设，科学决策、系统治污，分区分类、分级分项，精细管理、精准发力。将环保工作重点放在攻克大气、水体、土壤污染防治上，着力健全立法执法、政府履职尽责、改革环境治理、完善社会共治和强化市场机制五大制度。集中各方面的智慧，拿出一个好的设计图和施工图，全面加强环境保护工作，努力改善环境质量，朝着蓝天常在、青山常在、绿水常在的目标不断前进。

第十五节　镇江市

2005—2016年镇江市污染指数、吸收指数以及综合指数测算结果如表3.14.15。

表3.14.15　镇江市环境指数结果

年份 指数	2005	2006	2007	2008	2009	2010	2011
污染	65.68	64.34	65.00	58.83	60.78	63.27	75.18
吸收	0.24	0.19	0.27	0.24	1.08	1.08	1.11
综合	65.52	64.22	64.82	58.69	60.12	62.59	74.34

续表

指数＼年份	2012	2013	2014	2015	2016	均值	排名
污染	77.08	71.93	70.61	56.18	54.26	65.26	35
吸收	1.09	1.16	1.12	1.11	1.11	0.82	37
综合	76.24	71.10	69.82	55.55	53.66	64.72	35

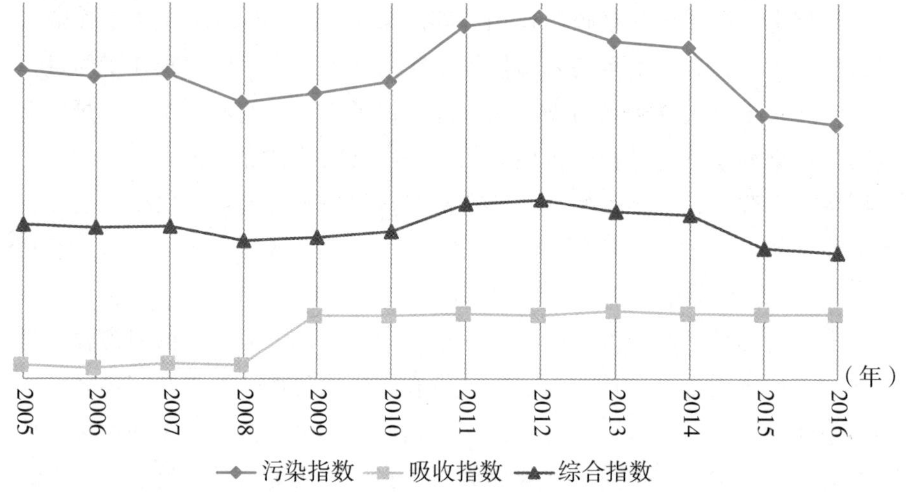

图3.14.15 镇江市环境指数变化趋势图

通过上述结果来看，镇江市环境指数不断波动。污染指数均值为65.26，在全国74个样本城市中排名第35位，2005—2016年间呈现先下降后上升再下降的趋势，于2012年达到峰值77.08，2016年达到最低值54.26，仍属于污染较为严重的城市；吸收指数均值为0.82，在全国74个样本城市中排名第37位，2009年上升幅度最为明显，随后基本保持平稳。

2005年，全市工业煤炭消费总量为1182.47万吨，燃料油消费量3.81万吨，工业废气排放总量126.09亿标立方米，全市空气质量均优于国家二级标准。工业废水排放总量10314.23万吨，达标率98.42%，长江外江段存在有机污染，内江段有机污染明显。全年工业固废综合利用量460.89万吨，综合利用率达91.16%，危险废物处置率为100%。到2016年，镇江市区环境空气质量总体有所改善，空气中主要污染物浓度均有不同程度下降或保持稳定，全年全市空气优良天数279天，占比76.2%，PM2.5年均浓度49微克/立方米。地表水环境质量总体处于轻度污染，全市地表水国家考核断面好于Ⅲ类水质的比例75%，高于62.5%的年度目标，省考核断面好于Ⅲ类水质的比例60%，达到60%的年度目标。2016年，全市声环境质量总体保持稳定，各类声源声强及分布情况无明显变化。声环境质量与社会经济发展、城市建设、交通路网建设等息息相关，生活噪声和道路交通噪声仍是影响全市声环境质量的主要因素。

过去几年，镇江市加快推进生态文明建设和生态文明体制改革的部署要求，牢牢把握“生态领先、特色发展”战略路径，大力推进国家低碳试点城市、全国生态文明先行示范区和省级生态文明综合改革试点市建设。例如，对新购和转入的轻型汽油车、轻型柴油客车全面执行国五标准，淘汰黄标车和老旧车辆，推广应用新能源汽车；按计划修复金山湖原江南化工厂和句容市宝华镇凯美科瑞亚化工有限公司的两块污染场地；推进“互联网+”绿色生态工程，建立环境信息资源大数据中心；等等。

面对镇江市经济社会发展与环境承载能力不足的矛盾仍然尖锐，环境质量现状与公众对环境的期望值之间的差距仍然较大，资源环境的硬约束尚未根本缓解等问题，全市各地各部门应该认真履行生态环保职责，以提升生态文明建设水平为目标，大力推进青山碧水、城乡环境综合整治、生态试点示范建设、生态文明理念传播四项重点任务。全面推进生态文明建设，为环境保护工作带来新的发展契机。

第十六节　泰州市

2005—2016年泰州市污染指数、吸收指数以及综合指数测算结果如表3.14.16。

表3.14.16　泰州市环境指数结果

指数＼年份	2005	2006	2007	2008	2009	2010	2011
污染	52.33	51.23	54.41	60.90	64.35	65.33	68.70
吸收	0.18	0.18	0.21	0.21	0.91	0.91	0.93
综合	52.24	51.14	54.30	60.77	63.76	64.73	68.06

指数＼年份	2012	2013	2014	2015	2016	均值	排名
污染	73.19	65.74	68.52	59.43	59.02	61.93	27
吸收	0.83	0.82	0.90	0.89	0.90	0.66	46
综合	72.58	65.20	67.90	58.90	58.49	61.51	29

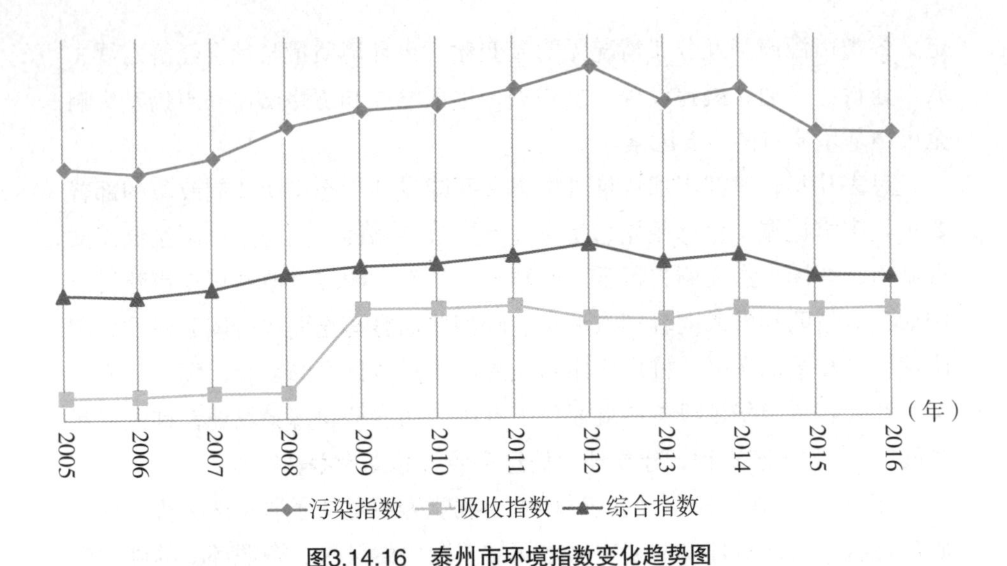

图3.14.16　泰州市环境指数变化趋势图

从上述测算结果来看，泰州市属于典型的“低污染—低吸收”的城市。污染指数均值为61.93，在全国74个样本城市中排名27位，2006—2012年基本呈上升趋势，虽然从2013年开始有所缓解，但是污染问题；吸收指数均值为0.66，在全国74个样本城市中排名第46位，自净能力较差。

到“十二五”末，泰州市第一产业比重由“十一五”末的7.4%下降到6.0%，第二产业比重从56.2%下降到49%，第三产业比重从36.4%上升到了45.0%。作为沿江工业城市，第二产业仍然为泰州市的支柱产业。但从产业结构看，与沿江各市的产业趋同现象较为严重，新材料、新能源的开发利用度不高。从产品结构看，产品档次依然偏低，技术含量高、附加值高、具有自主知识产权的产品少。随着快速城市化的规模和强度的加大，环境问题也就不可避免了。

在“十二五”期间，泰州市紧紧围绕科学发展主题和转变发展方式主线，全面推进全市产业转型升级。高端装备、生物医药、电子信息、新能源、智能电网、新材料、节能环保七大新兴产业蓬勃发展，节能减排成效显著。2015年全市生活污水集中处理率和建制镇污水处理设施覆盖率分别达到86.2%和95.5%，高于全省平均水平。“十二五”期间，全市化学需氧量、氨氮、二氧化硫、氮氧化物四项主要污染物累计削减1.29万吨、0.17万吨、0.72万吨、1.58万吨，圆满完成省政府下达目标。同时，生态系统保护与修复全面开展。《江苏省生物多样性保护战略与行动计划》全面实施，森林生态屏障建设积极推进，新增造林面积37万亩，林木覆盖率达23%。湿地资源保护切实加强，建成姜堰溱湖国家级、高港春江省级湿地公园，新建兴化里下河湿地恢复示范区1个、里下河沼泽湿地自然保护区1个，完成湿地恢复面积0.56万亩，全市自然湿地保护率达40.7%。村庄环境整治、覆盖拉网式农村环境整治和城市环境综合整治"931行动"深入推进，提前一年完成省政府下达的村庄环境整治任务，城乡环境面貌得到明显改善。

为了缓解环境压力，泰州市在接下来应大力推进节能技术进步，支持科研单位和企业开发高效节能工艺、技术和产品，优先支持拥有自主知识产权的节能共性和关键技术示范，增强自主创新能力。要建立健全组织体系，逐步建立健全各级节能工作组织领导和执法监督组织体系，建立节能目标责任制和能耗评价考核体系，将确定的单位国内生产总值能耗降低目标分解落实到各市（区）以及重点耗能企业，并实行严格的考核奖惩。应进一步优化技改投资结构，引导企业在投资结构上提高"三个比重"，即提高工业项目的装备和技术投资比重，提高四大优势产业投资的比重。按照有保有压、扶优限劣的原则，严格控制高能耗、高物耗、高污染、低附加值的项目，坚决限制产能过剩、质量低劣、污染严重、不具备安全生产条件的落后生产能力。

第十七节　宿迁市

2005—2016年宿迁市污染指数、吸收指数以及综合指数测算结果如表3.14.17。

表3.14.17　宿迁市环境指数结果

年份 指数	2005	2006	2007	2008	2009	2010	2011
污染	30.14	29.45	28.90	34.44	33.00	37.67	41.99
吸收	1.62	1.36	1.22	1.15	0.91	0.93	0.94
综合	29.65	29.05	28.55	34.04	32.69	37.32	41.59

续表

指数＼年份	2012	2013	2014	2015	2016	均值	排名
污染	44.21	41.86	43.24	37.21	37.01	36.59	10
吸收	0.81	0.73	0.79	0.74	0.77	1.00	26
综合	43.85	41.56	42.90	36.94	36.73	36.24	10

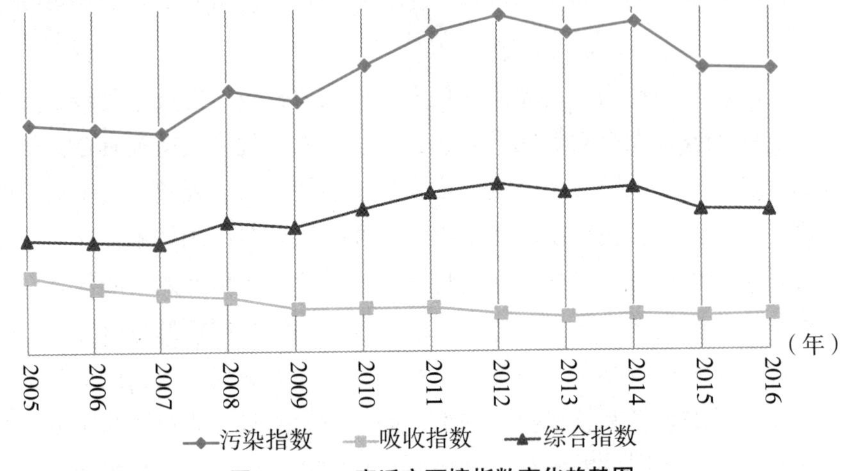

图3.14.17　宿迁市环境指数变化趋势图

从上述测算结果来看，宿迁市属于典型的“低污染—高吸收”的城市。污染指数均值为36.59，在全国74个样本城市中排名第10位，虽然从2009年开始污染指数大致呈现上升的趋势，但是总体来说仍然属于污染较为轻微的城市；吸收指数为1.00，在全国74个样本城市中排名第26位，自净能力较为可观。

宿迁市的四大支柱产业为酿酒食品、纺织服装、林木加工和机械电子，这四项产业占全市主营业务收入的六成左右，撑起了全市工业经济发展的半边天。依靠先进的机器设备，企业不仅在“量”上实现了增长，“质”上也赢得了突破，智能家电、绿色建材获批江苏省先进制造业基地，智能家电产业形成了较为完备的产业链，初步确立了全国白色家电第五极的地位。产业技术的进步大大缓解了环境污染治理的压力。据悉，2017年全市二氧化硫、氮氧化物分别同比削减5.97%和4.41%，化学需氧量、氨氮、总磷、总氮排放量分别较2015年削减8.59%、8.18%、5.81%、5.85%，环境污染治理取得了不错的成效。

近年来，宿迁对环境工作相当重视。2016年12月28日，宿迁在全省率先启动“263”专项行动，强势推进“两减六治三提升”，坚决打好污染防治攻坚战。自2016年以来，宿迁市坚持把减少煤炭消费总量和减少落后化工产能作为突破口，加快推进能源结构、产业结构转型升级，从源头上为全市生态环境减负。“十二五”期间，宿迁市认真落实绿色发展理念，大力实施生态立市战略，在生态文明建设取得了重大进展和积极成效。全市关停迁移重点污染企业，化学需氧量和二氧化硫减排提前完成“十二五”的削减目标。2016年之前的五年，市区新增公交线路46条，增开城市公交683辆，先后建设576个站点、投放3350辆公共自行车，公交分担率5年提升10个百分点、达到20.6%，低碳出行成为了城市新风尚。宿迁市高质量实施大气污染整治工程，从污染物排放的源头治起，持续推进扬尘、交通尾气、工业废气、燃煤锅炉等专项整治行动，累计淘汰黄标车14423辆、拆除燃煤锅炉632台。5年中，宿迁以五大廊道建设为载体，推进全民植树造林工程，全市新增林地26万亩，植树7688万株，林木覆盖率提高到30.1%，位居全省第二，用全省1/12的国土创造了全省1/8的森林。

在“十三五”期间，宿迁也提出了多项环境目标：2020年全市耕地保有量不低于省定任务、公交线路总里程突破1000公里、中心城市与三县实现“双源供水”等。为此，宿迁正强势推进“2620”工程，即打好京杭运河城区段沿线和骆马湖东岸环境综合整治攻坚战、黑臭水体整治攻坚战，开展工业企业达标排放专项治理等六个专项治理，督导完成加快建成城市“清风廊道”等20项重点任务，坚决打赢污染防治攻坚战，不断满足人民日益增长的优美生态环境需要。

第十八节　湖州市

2005—2016年湖州市污染指数、吸收指数以及综合指数测算结果如表3.14.18。

表3.14.18　湖州市环境指数结果

年份 指数	2005	2006	2007	2008	2009	2010	2011
污染	73.34	73.29	87.95	78.41	96.10	94.13	55.46
吸收	0.62	0.53	0.55	0.52	0.51	0.54	0.60
综合	72.89	72.90	87.47	78.00	95.61	93.62	55.12

续表

指数＼年份	2012	2013	2014	2015	2016	均值	排名
污染	51.95	46.07	47.12	44.94	44.40	66.10	36
吸收	0.63	0.65	0.69	0.73	0.81	0.61	53
综合	51.62	45.77	46.79	44.62	44.04	65.70	36

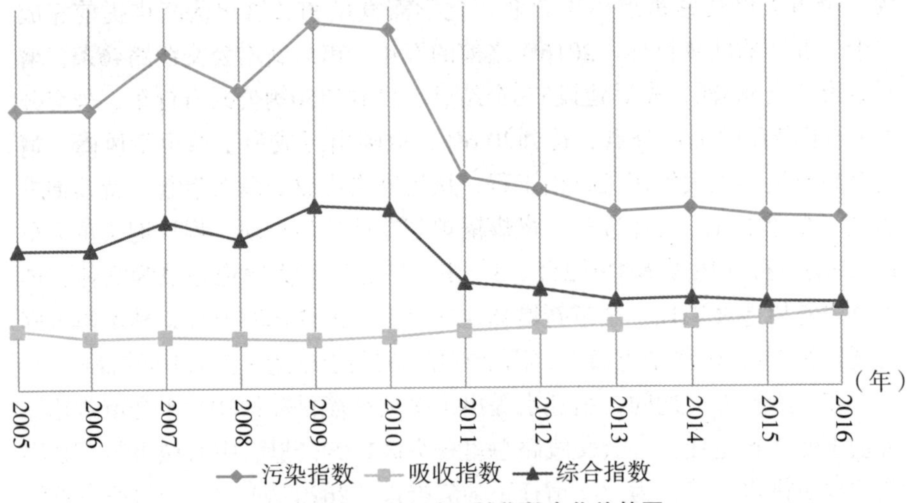

图3.14.18　湖州市环境指数变化趋势图

从上述测算结果来看，湖州市属于“高污染—低吸收”的城市。污染指数均值为66.10，在全国74个样本城市中排名第36位，2009年之后，环境污染指数基本呈下降趋势，但是从2013年开始下降的幅度非常小，仍然属于污染较为严重的城市；吸收指数均值为0.61，在全国74个样本城市中排名第53位，自净能力较差。

目前，湖州正在从工业化中级向工业化高级阶段迈进，工业仍然是湖州的支柱产业，是吸收就业和财政来源的主要渠道。湖州在未来相当长的一段时间内应该还是会坚持“工业强市”不动摇。湖州传统工业（如黑色金属冶炼和压延加工业、电器机械和器材制造业）发展较为迅速，因此对环境造成了较大的压力。全市工业废气排放量在1998—2012年期间每年都呈现缓慢增加的趋势；全市工业废水排放量整体呈现上升状态，但在2005年和2011年略微下降；工业固体废弃物排放量在1998—2007年逐年上升，而在2007—2012年逐年下降。

湖州市是习近平总书记“两山”重要思想的诞生地。近年来，湖州市委市政府针对环境问题作出了很多努力。在2017年3月，市第八次党代会明确了“高质量建设现代化生态型滨湖大城市、高水平全面建成小康社会的奋斗目标”，并专门编制了生态文明建设专项规划，形成了完善的生态文明规划体系。湖州坚持传统产业改造提升和新兴产业培育发展“两手抓”，大力发展绿色低碳循环经济，为淘汰落后产能，湖州先后对纺织、印染、蓄电池等十多个行业进行专项整治。近年来，湖州先后实施了四轮环境整治行动，有效促进了生态环境改善。在治理水污染方面，湖州率先落实“四级河长制”，部署开展整治黑臭垃圾河、全面剿灭劣V类水、农村生活污水治理等攻坚战。

面对环境污染问题，湖州市应当推动形成绿色发展方式，集中解决突出环境问题，着力构筑绿色生态空间。要加快绿色化技术创新体系建设，制定绿色生产强制性标准体系，出台财税等激励政策，加快建立循环型工业、农业和现代服务业。在面对突出环境问题时，要制订出台操作性强的大气、土壤、水环境污染防治计划，建立统一高效的区域联动协调体系，落实重点环境污染问题治理措施。

第十九节 衢州市

2005—2016年衢州市污染指数、吸收指数以及综合指数测算结果如表3.14.19。

表3.14.19 衢州市环境指数结果

指数＼年份	2005	2006	2007	2008	2009	2010	2011
污染	29.51	28.75	28.67	28.75	31.40	28.73	35.63
吸收	0.85	0.85	0.85	0.80	0.70	0.76	0.74
综合	29.26	28.50	28.43	28.52	31.18	28.51	35.37

指数＼年份	2012	2013	2014	2015	2016	均值	排名
污染	31.48	31.36	36.35	33.13	32.13	31.32	8
吸收	0.77	0.72	0.77	0.81	0.73	0.78	39
综合	31.24	31.13	36.07	32.86	31.90	31.08	8

从上述测算来看，衢州市属于“低污染—低吸收”的城市。污染指数均值为31.32，在全国74个样本城市中排名第8位，除2011年和2014两年相

比上年产生了较大幅度的波动外，其余年份基本保持稳定，属于污染情况非常轻微的城市；吸收指数均值为0.78，在全国74个样本城市中排名并列第39位，吸收能力并不是很好。

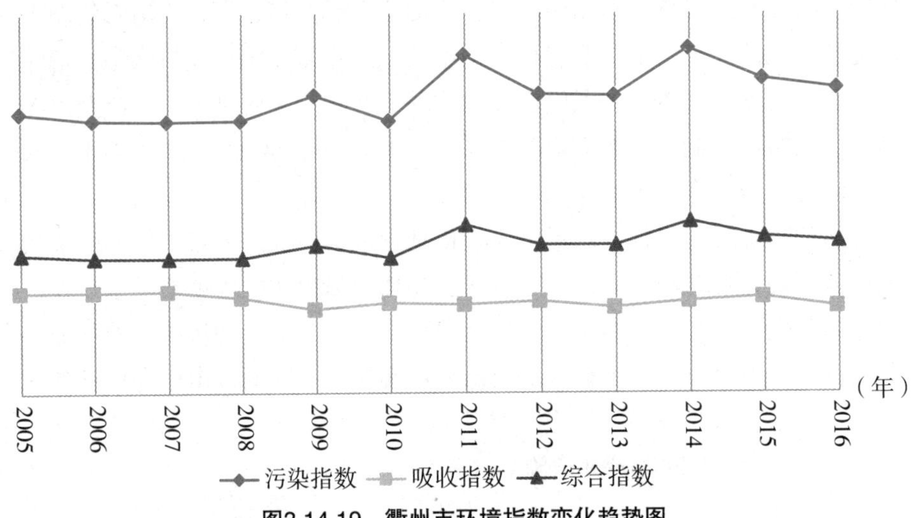

图3.14.19　衢州市环境指数变化趋势图

近年来，衢州坚持绿水青山就是金山银山，坚持绿色发展理念，以环境质量改善为目标，以生态环境安全为底线，取得了明显成效。2017年1—9月，全市地表水监测断面水质达标率100%，全域河流水质稳定达到或优于Ⅲ类水标准；出境水洋港断面考核预评估为优秀。衢州市区环境空气质量AQI优良率90.8%，位列全省第3名，同比提高1.4个百分点，其中4月份、8月份两个月优良率达到100%；PM2.5浓度均值37微克/立方米，位列全省第五，同比下降9.8%，较考核基准年（2013年）同期下降36.2%，降幅全省第2。

5年来，衢州在污染整治、污染减排、改善环境质量等方面作出了诸多努力。在空气污染治理方面，先后出台多个大气污染防治行动实施方案，全面开展“工业废气、建筑扬尘、汽车尾气、餐饮烟气、秸秆焚烧”“五气共治”行动。2016年，衢州市PM2.5浓度较2013年下降36.8%，降幅全省第一。在水体污染治理方面，衢州在2017年制定了《衢州市信安湖保护条例》，完善信安湖保护措施；列入年度治理计划的35家涉水地方特色行业完成32家，完成率91.4%；相继关停了柯城双熊猫纸业、衢江富华制革、龙游捷马化工等一批园区外重点排污单位，改善了区域环境质量，为新增项目建设腾出了发展空间。同时，借由五水共治工作，2013

年，衢州率全省各地之先启动“智慧环保”项目建设。四年多来，该项目为环保执法提供线索和证据，更让很多可能发生的污染事件，消失在了萌芽状态。

当然，环境污染治理依然任重而道远，面对环境污染问题，衢州市应当加快优化产业结构，转变经济增长方式。首先，应加快农业结构调整，推进现代高效农业发展，促进现代农业规模化、高效化、产业化、特色化。其次，要加快工业结构调整，促进产业优化升级，应认真研究和把握国家产业政策，因地制宜，坚持区别情况，分类指导，优胜劣汰，有步骤、有目标地推进全市产业结构优化升级，从根本上转变经济增长方式。最后，应加快发展现代服务业，推动经济转型升级，提高服务业市场化、产业化水平，促进经营业态的创新和整合。

第二十节　丽水市

2005—2016年丽水市污染指数、吸收指数以及综合指数测算结果如表3.14.20。

表3.14.20　丽水市环境指数结果

年份 指数	2005	2006	2007	2008	2009	2010	2011
污染	21.17	21.12	21.80	19.78	22.06	25.07	29.65
吸收	0.42	0.41	0.41	0.34	0.32	0.38	0.36
综合	21.08	21.04	21.71	19.71	21.99	24.98	29.55
年份 指数	2012	2013	2014	2015	2016	均值	排名
污染	25.52	24.06	24.06	25.58	23.46	23.61	4
吸收	0.42	0.36	0.38	0.39	0.39	0.38	64
综合	25.42	23.98	23.97	25.47	23.37	23.52	4

通过上述结果来看，丽水市属于典型的“低污染—低吸收”的城市。污染指数均值为23.61，在全国74个样本城市中排名第4位，在经历2008—2011年的上升后，此后几年基本保持平稳，生态环境情况非常良好；吸收指数均值为0.38，在全国74个样本城市中排名第64位。

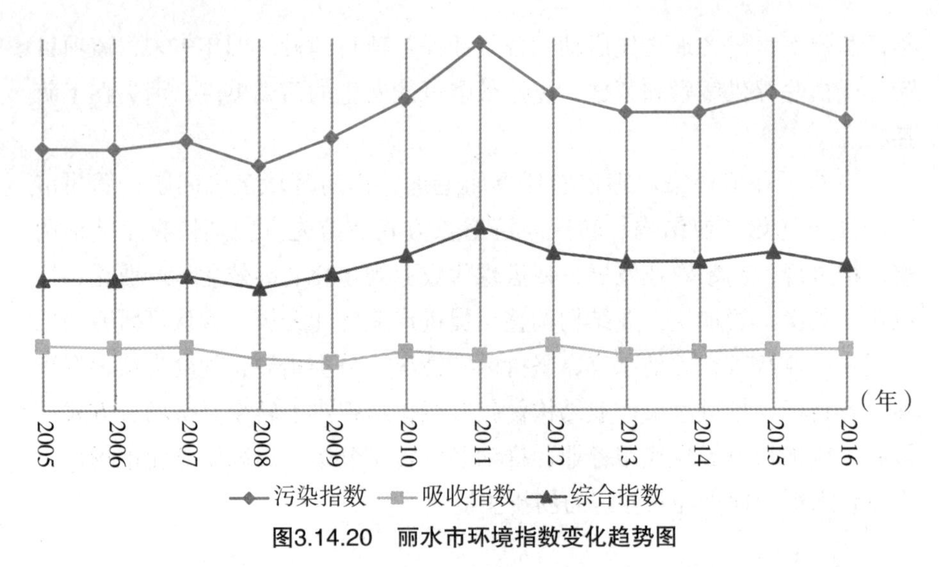

图3.14.20　丽水市环境指数变化趋势图

丽水市自然资源丰富、生态环境优越，被誉为“浙江绿谷”。生态环境质量常年保持全国前列，生态环境质量公众满意度也位居浙江省首位。截至2015年，丽水市生态环境状况指数连续13年位居全省第一，得天独厚的生态优势不断凸显，其所辖（市）及丽水市区的植被覆盖指数、生物丰度指数明显优于其他地区，森林覆盖率常年稳定在80%以上，位居全国第二，空气质量位列全国前十，而且是唯一的非沿海、低海拔城市。借助好环境释放“生态红利”，生态为丽水带来了八方游客。如今，丽水旅游呈爆发式发展，旅游形态也由观光游转向休闲养生游，丽水成为华东地区地级市首个国家级生态示范区。生态还为丽水农业的发展增加了内在动力，“十二五”农民收入年均增速达到13.6%，比全省高2.1个百分点，比全国多出4个百分点。

2016年6月，丽水在认真回顾过去十年生态创建的基础上，突出问题导向、结果导向、民生导向，进一步作出了《中共丽水市委关于补短板、增后劲，推动“绿色发展、科学赶超、生态惠民”的决定》，推动丽水生态文明建设站上了一个新台阶。2017年12月5—19日，浙江省第二环境保护督察组进驻丽水开展督察，并于2018年5月10日反馈了督察意见。目前，《丽水市贯彻落实浙江省环境保护督察反馈意见整改方案》已经向社会公开。《整改方案》明确了环境工作目标：到2018年年底，PM2.5浓度控制在33微克/立方米以内，空气质量优良天数比例保持在93%以上，地表水Ⅰ~Ⅲ类水比例占98%以上，县级以上集中式饮用水水源地水质达标率继续保持100%，“水十条”考核断面水质达标率100%，污染地块安全利用率不低于91%。全市生态环境质量持续提升，并继续保持全省第一、全国领先，实现“天更蓝、地更净、水更清、空气更清新、城乡更美丽”的最美生态环境目标。

第二十一节 舟山市

2005—2016年舟山市污染指数、吸收指数以及综合指数测算结果如表3.14.21。

表3.14.21 舟山市环境指数结果

指数＼年份	2005	2006	2007	2008	2009	2010	2011
污染	20.82	19.68	22.66	20.59	21.98	23.06	21.36
吸收	0.26	0.25	0.23	0.26	0.30	0.40	0.37
综合	20.76	19.63	22.61	20.53	21.92	22.97	21.28

指数＼年份	2012	2013	2014	2015	2016	均值	排名
污染	19.70	19.88	18.27	16.75	19.41	20.35	3
吸收	0.33	0.32	0.37	0.40	0.40	0.32	67
综合	19.64	19.82	18.20	16.68	19.34	20.28	3

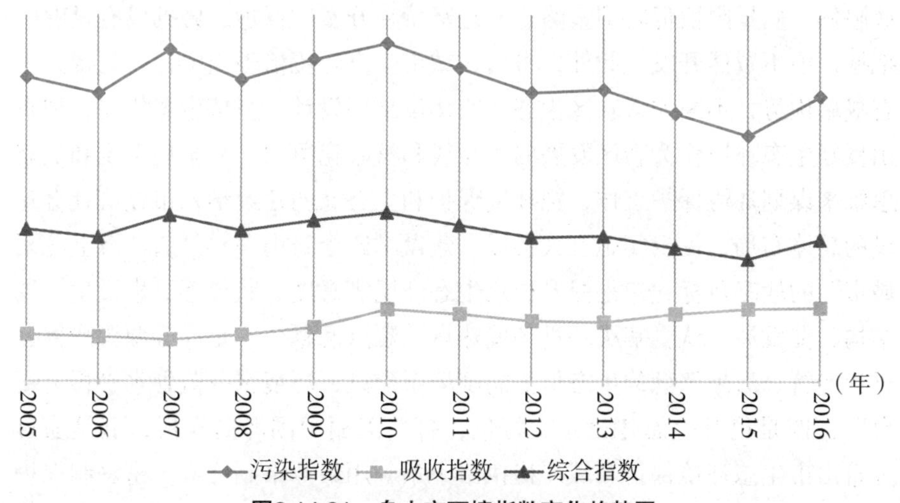

图3.14.21 舟山市环境指数变化趋势图

通过上述结果显示来看，舟山市近12年污染指数平均值为20.35，在全国74个样本城市中排名第3位，属于污染较少的城市，舟山市环境污染排放指数始终在均值附近波动，自2010年以来，随着环保力度的加强，污染排放持续下降，只有2016年，污染排放指数有所上升；舟山市环境吸收指数平均值为0.32，在全国74个样本城市中排名第67位，吸收能力一直维持得较为稳定，生态吸收能力保持良好，生态环境吸收能力总体较弱。从舟山市污染排放与吸收水平来看，舟山市整体属于"低污染—低吸收"型城市。

舟山群岛四面环海，属亚热带季风气候，冬暖夏凉，温和湿润，光照充足。年平均气温16℃左右，常年降水量927~1620毫米。年平均日照1941~2257小时。2017年，舟山市第一产业增加值占地区生产总值的比重为11.7%，第二产业增加值比重为36.5%，第三产业增加值比重为51.8%，第三产业发达，总体污染排放较少。

舟山市把保持提升空气环境质量作为城市发展的金名片和核心竞争力，以好空气、好生态促进经济高质量发展，以严格的环境标准倒逼产业转型升级，提升区域环境治理水平，深入践行"两山"理论，积极打造美丽中国海岛样板。

舟山市在生态环境治理中：一是坚持生态优先，实施岛屿生态功能引导策略。通过编制《浙江舟山群岛新区发展规划环境影响评估报告书》和《舟山市环境功能区划》，科学预测新区环境、资源承载力，实施环境功能分区分类管控；二是坚持严格环境准入、创新空间限域、产业限类、排放限额、质量限值促转型策略；三是坚持在开发中保护，做到没有足够的把握，绝不贸然开发。此外，舟山在城市生态环境治理当中，一是提升生态战略优势，不断完善新区生态文明建设顶层设计，坚持生态优先，把舟山良好生态环境作为新区发展的生命线和核心竞争力，从全局高度和战略思维来谋划环境保护工作，把环境保护和生态文明建设纳入市经济社会建设的总体布局，提出实施五大会战、建设"四个舟山"、打造"海上花园城市"的战略目标；二是提升群众生态环境满意度、获得感，惠民生、调结构、促发展，认真解决一批环境热点、难点问题；三是提升源头严控、过程严管、后果严惩的生态保护制度体系建设，环境服务监管水平再上新台阶；四是提升生态建设舟山特色，打造美丽中国海岛样板；五是通过《舟山市生态环境保护领域严格执法十条》用最严格制度最严密法制保护生态环境。

第二十二节　珠海市

2005—2016年珠海市污染指数、吸收指数以及综合指数测算结果如表3.14.22。

表3.14.22　珠海市环境指数结果

指数＼年份	2005	2006	2007	2008	2009	2010	2011
污染	27.23	24.89	63.40	71.71	66.99	72.31	48.55
吸收	0.25	0.24	0.27	0.25	0.96	0.96	0.97
综合	27.16	24.83	63.23	71.53	66.35	71.61	48.08

指数＼年份	2012	2013	2014	2015	2016	均值	排名
污染	45.14	37.14	38.27	27.62	26.88	45.84	14
吸收	0.92	0.91	0.90	0.88	0.88	0.70	42
综合	44.72	36.80	37.93	27.37	26.65	45.52	14

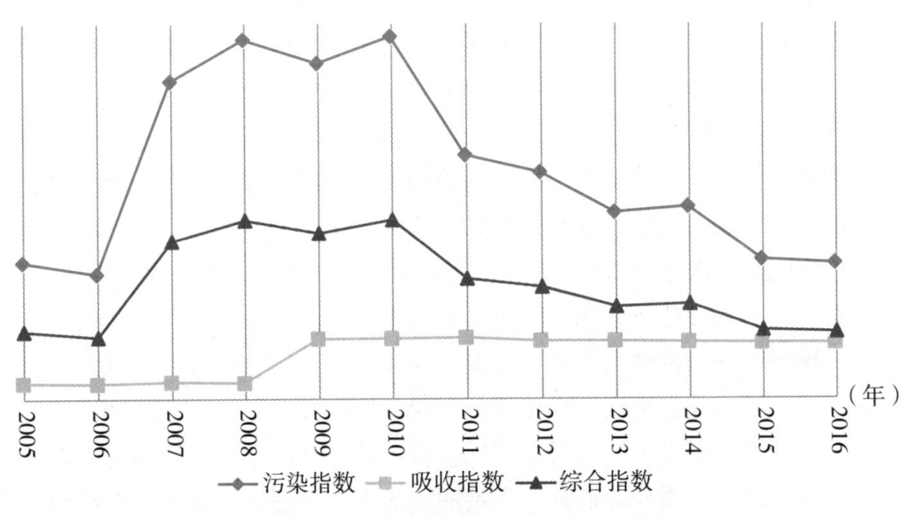

图3.14.22　珠海市环境指数变化趋势图

通过上述结果显示来看，珠海市近12年污染指数平均值为45.84，在全国74个样本城市中排名第14位，属于污染较少的城市，珠海市环境污染排放指数在2006—2010年中出现了较大幅度上升，从2006年24.89上升至2010

的72.31，2010年后随着人们逐渐认识保护环境的重要性，污染排放量开始大幅降低。珠海市环境吸收指数平均值为0.70，在全国74个样本城市中排名第42位，2008年以后，环境吸收能力有所提高，之后一直保持着稳定趋势，生态环境吸收能力总体较弱。从珠海市污染排放与吸收水平来看，珠海市整体属于“低污染—低吸收”型城市。

珠海市地处珠江口西岸，濒临广阔的南海，属典型的南亚热带季风海洋性气候。终年气温较高，1979—2000年年平均气温22.5℃；气候湿润，年平均相对湿度80%；雨量充沛，年平均降雨量达到2061.9毫米。

从首批“国家环保模范城市”到“中国十大最具幸福感城市”，再到“国家森林城市”“国家生态城市”，一直以来，都是环境保护领域的“领跑者”。

珠海市作为我国生态文明建设示范方面最高级别奖项“中国生态文明奖先进集体”获得者，在生态环保改革创新方面，珠海分步实施控制污染物排放许可证制度，同时推进城管执法体制改革，研究建立多部门协调处理和联合执法长效机制，开展企业环境信用评价，营造全社会自觉守法的良好氛围。珠海先后出台《珠海经济特区餐厨垃圾管理办法》《珠海经济特区生态文明建设促进条例》《珠海市生态控制线管理规定》《珠海市主体功能区规划》等多项环保法规条例；完成了《珠海市环境保护条例》的修订；拟颁布实施《珠海市无居民海岛开发利用管理暂行规定》《珠海经济特区海域海岛保护与开发条例》；研究起草《珠海市重点工业行业主要污染物排放标准》，制定更严格的污染物排放标准，加大落后产能、落后工艺的淘汰力度，促使企业转型升级，依托环境法制、执法监管、污染防治、严格环境准入等，珠海为生态宜居构建起了一道“环保长城”。

新常态、新形势下，珠海对生态文明建设和环保工作提出了新要求，此后，珠海市继续推动生态文明建设，完善生态文明考核机制，建立环保责任清单，压实部门责任，强化考核监督，确保环境保护责任落到实处；加大宣传教育，引导全社会树立“绿水青山就是金山银山”的理念，倡导公众秉行“绿色、循环、低碳”发展的生活方式，逐步形成全社会共同参与生态文明建设的良好风尚。在生态环保改革创新方面，珠海也要有新作为，计划分步实施控制污染物排放许可证制度，同时推进城管执法体制改革，研究建立多部门协调处理和联合执法长效机制，开展企业环境信用评价，营造全社会自觉守法的良好氛围。

第二十三节　肇庆市

2005—2016年肇庆市污染指数、吸收指数以及综合指数测算结果如表3.14.23。

表3.14.23　肇庆市环境指数结果

指数＼年份	2005	2006	2007	2008	2009	2010	2011
污染	23.67	20.80	28.51	31.04	29.35	31.99	32.40
吸收	1.86	1.83	1.86	1.80	1.65	1.66	1.68
综合	23.23	20.42	27.98	30.48	28.86	31.46	31.86

指数＼年份	2012	2013	2014	2015	2016	均值	排名
污染	34.01	32.46	31.97	29.67	29.23	29.59	7
吸收	1.64	1.68	1.65	1.64	1.65	1.72	6
综合	33.45	31.92	31.44	29.18	28.75	29.09	7

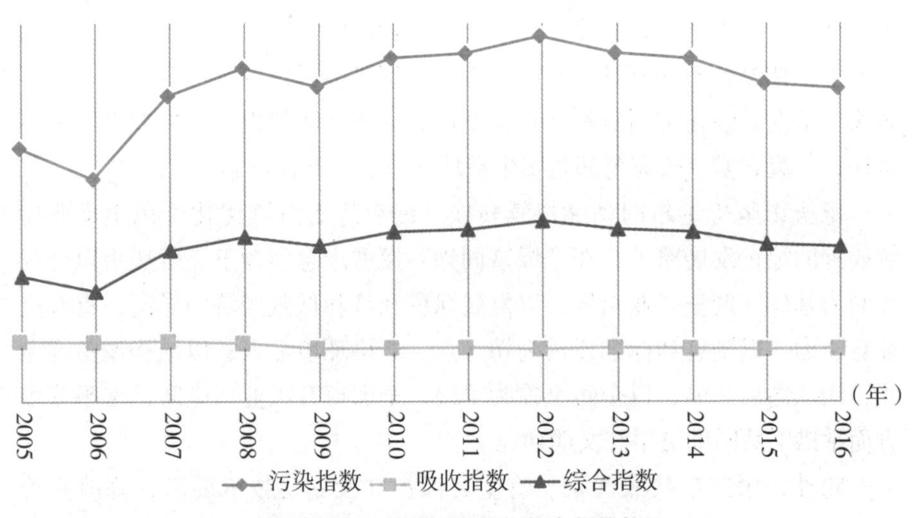

图3.14.23　肇庆市环境指数变化趋势图

通过上述结果显示来看，肇庆市近12年污染指数平均值为29.59，在全国74个样本城市中排名第7位，属于污染较少的城市，肇庆市环境污染排放指数自2006年后几乎一直保持着上升的趋势，2012年污染指数达到顶峰34.01，此后污染指数略有下降；肇庆市环境吸收指数平均值为1.72，在全国74个样本城市中排名第6位，吸收能力一直维持得较为稳定，生态吸收能力保持良好，生态环境吸收能力较强。从肇庆市污染排放与吸收水平来看，肇庆市整体属于“低污染—高吸收”型城市。

肇庆市属南亚热带季风气候。年平均气温21.2℃，1月份平均气温约12℃，7月份平均气温约28.7℃。年平均降雨量约1650毫米，主要集中在4—9月；年蒸发量1300毫米以上。早春多阴雨，夏秋受台风外围影响，晚秋有寒露风侵袭。肇庆市森林资源丰富，成功创建“国家森林城市”，全市森林覆盖率达70.56%，2014—2016年，肇庆新建森林公园65个、湿地公园8个，新增城区公园42个，市民走出家门口10分钟便有一处公园或绿地，年降水量较多，环境自净能力较强。

近年来，肇庆市委、市政府全面深入贯彻落实习近平总书记关于生态文明建设系列重要讲话精神，牢固树立和践行“绿水青山就是金山银山”绿色发展理念，提出了“绿富同兴”的发展目标，生态文明建设和生态环境保护制度体系加快形成，全面节约资源政策有效推进，全力打好污染防治攻坚战，生态文明建设成效显著，美丽肇庆建设迈出关键步伐。肇庆市制定实施《环境保护“党政同责、一岗双责”暂行办法》《党政领导干部生态环境损害责任追究制度》，生态环保指标纳入肇庆市年度地方党政领导班子工作综合考评方案，并明确生态环保指标考评的具体要求和“一票否决”情况，强化部门对经济社会发展、生态文明建设“一岗双责”主体责任，各级党委、政府全部落实生态环保一把手责任机制。

肇庆市坚持走新旧动能持续转换、绿色生态持续优化、民生事业持续改善的绿色发展路子。在“绿富同兴”发展理念引领下，肇庆市以分区控制为基础，调整产业布局；以发展绿色经济和低碳经济为导向，提升产业竞争力；以制度和标准建设为切入点，严格环境准入；以结构调整为主线，淘汰落后产能；以全防全控为手段，全面提升工业污染防治水平等多方面举措下共同推进生态文明建设。

此外，肇庆市按照国家、省生态保护红线划定技术要求，修改完善形成了《广东省肇庆生态保护红线划定初步方案》，严格实施空间分级管控，认真执行《市主体功能区规划》《环境保护规划纲要》，严格落实“优化开发区、重点开发区、生态发展区、禁止开发区”四级管控，严守环境质量底线和资源利用上限。2017年，肇庆市编制实施《肇庆市生态文明建设规划（2016—2030年）》，计划投资264.9亿元，规划实施七大生态环境工程，创建国家生态文明建设示范市。

第二十四节　江门市

2005—2016年江门市污染指数、吸收指数以及综合指数测算结果如表3.14.24。

表3.14.24　江门市环境指数结果

指数＼年份	2005	2006	2007	2008	2009	2010	2011
污染	40.24	39.04	50.21	50.94	44.88	44.48	48.67
吸收	2.20	1.98	1.86	1.66	0.78	0.72	0.72
综合	39.35	38.27	49.27	50.09	44.53	44.16	48.32

指数＼年份	2012	2013	2014	2015	2016	均值	排名
污染	47.33	43.37	39.45	35.02	35.32	43.25	13
吸收	0.78	0.77	0.76	0.77	0.79	1.15	17
综合	46.97	43.04	39.15	34.75	35.04	42.75	13

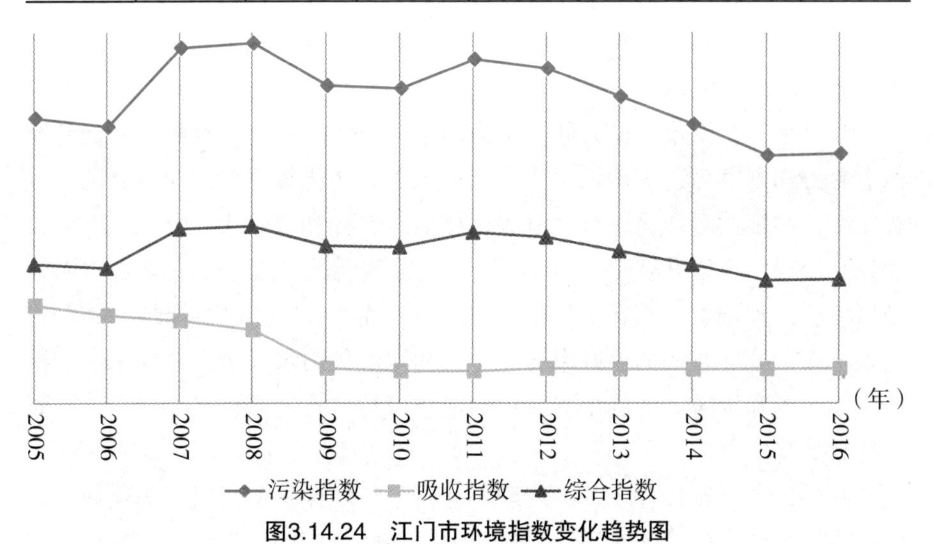

图3.14.24　江门市环境指数变化趋势图

通过上述结果显示来看，江门市这12年污染指数平均值为43.25，在全国74个样本城市中排名第13位，江门市环境污染排放指数除2007—2013年间污染指数维持在均值以上范围，其余年份污染排放指数一直较为稳定；江门市环境吸收指数平均值为1.15，在全国74个样本城市中排名17位，吸收能力在2009年发生了较大水平的下降，环境吸收能力12年来整体处于下降趋势，生态环境整体退化迹象较为明显。从江门市污染排放与吸收水平来看，江门市整体属于“低污染—高吸收”型城市。

江门市地貌特征为西北部偏高，以低山丘陵为主；西南部及东南部较低，以河谷冲积平原和少数丘陵为主，山地丘陵面积达4400多平方千米，占土地总面积46.8%。江门市属亚热带海洋性季风气候。冬短夏长，气候宜人，雨量丰沛，光照充足，环境吸收能力良好。

在随着江门市社会经济的不断发展和进步，广大市民对环境质量的要求也越来越高。江门提出了创建国家生态城市的新目标，一是发展生态农业，江门市重点以发展绿色农产品为农业结构调整的方向，提高绿色农产品在农业中的比重；二是发展生态工业，江门市走资源节约型内涵发展式的新型工业化道路。按照减量化、再利用、资源化的原则，坚持开发与节约并举，推动企业实施节能、节水和新型环保技术，推行清洁生产，发展循环经济。从工业生产源头和生产全过程控制工业污染，用高新技术、先进适用技术和“绿色技术”改造传统工业。引导企业向高新技术园区集聚，引进关键、稀缺项目，延长产业链，推进产业合理布局，构建城市生态工业系统。

绿色是一个城市生命力和竞争力的象征，江门市为保持和不断提升这种生命力和竞争力，发挥依山傍水、环境优美的优势，大力挖掘市区的生态要素，实施“青山、碧水、蓝天、绿地”工程和“绿化、美化、亮化、净化”工程，全面开展山、河、湖、城的生态治理和建设，打造山水园林城市特色，营造点（小区）、线（道路）、面（公园、公共绿地）结合，无处不绿、处处有树的良好生态环境，利用优美山水，吸引外地来客，推动房地产业和旅游产业的发展，推动经济增长方式向绿色经济转变，不断提高城市竞争力。

此外，面对城市环境污染问题，江门市环境保护部门通过强化环境管理、强化惩处力度、强化司法衔接以及督办问责“四个强化”，结合江门市近年来相继出台的《江门市潭江流域水质保护条例》《江门市市区山体保护条例》《江门市城市市容和环境卫生管理条例》《江门市扬尘污染防治管理办法》等地方性法规，通过约束破坏生态环境的行为，持续不断优化人居环境，改善城乡面貌，切实提高侨乡人民的幸福感、获得感，实现"天蓝、水绿、山青、城美"，为促进江门市经济发展，创建宜居宜业环境，建设美丽侨乡提供了法律保障。

第二十五节　海口市

2005—2016年海口市污染指数、吸收指数以及综合指数测算结果如表3.14.25。

表3.14.25　海口市环境指数结果

指数＼年份	2005	2006	2007	2008	2009	2010	2011
污染	1.53	1.54	10.62	10.88	12.34	13.52	0.86
吸收	0.54	0.52	0.53	0.52	0.50	0.50	0.51
综合	1.52	1.53	10.56	10.82	12.28	13.45	0.85

指数＼年份	2012	2013	2014	2015	2016	均值	排名
污染	0.88	0.89	0.94	1.13	1.38	4.71	2
吸收	0.49	0.52	0.51	0.49	0.51	0.51	60
综合	0.88	0.89	0.93	1.13	1.37	4.68	2

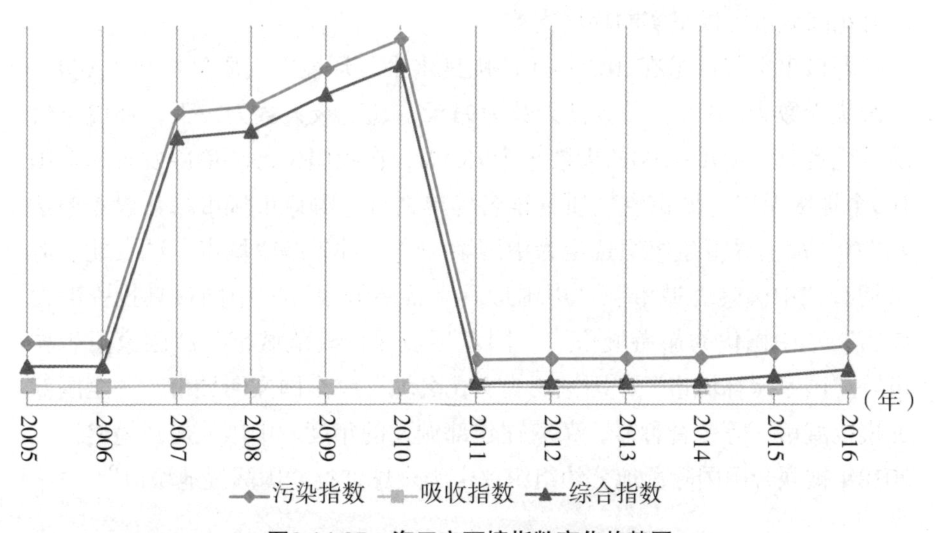

图3.14.25　海口市环境指数变化趋势图

通过上述结果显示来看，海口市近12年污染指数平均值在全国74个样本城市中排放量倒数第2少，污染排放量非常小；吸收指数平均值在全国74个样本城市中排名并列第60位，吸收能力比较靠后，整体来说海口市属于典型的“低污染—低吸收”型城市。污染指数均值仅为4.71，但是在2007—2010年污染排放指数有较高幅度上升。海口市环境吸收指数一直在均值0.51左右浮动，没有发生较大变化。

海口市地处热带地区，热带资源非常丰富，是一座富有海滨自然旖旎风光的南方滨海城市。海口气候舒适宜人，生态环境一流，其地处低纬度热带北缘，属于热带季风气候。这里冬无严寒，夏无酷暑，四季常青，温暖舒适。全年日照时间长，辐射能量大，年平均日照时数2000小时以上，太阳辐射量可达11万~12万卡。年平均气温24.3℃，最高平均气温28℃左右，最低平均气温18℃左右。年平均降水量2067毫米，年平均蒸发量1834毫米，常年风向以东南风和东北风为主，年平均风速3.4米/秒，因此其环境吸收能力良好。

海口市生态环境保护工作一直是市委、市政府的中心工作，以改善环境质量为核心，切实改进作风，认真履行职责，牢固树立“绿水青山就是金山银山”“山水林田湖草是一个生命共同体”“望得见山、看得见水、记得住乡愁”的发展理念，全面加强环境保护工作。全市环境空气质量、城市集中式饮用水源地水质、国控断面水质总体良好，为建设国际化滨江滨海花园城市提供坚实的环境支撑。

海口市空气质量在2017年保持优良水平。环境空气质量指数（AQI）一级优天数为261天，二级良天数为91天，超二级天数为13天，环境空气质量优良率（AQI≤100的天数）为96.4%，在我国生态环境部发布的全国169个地级及以上城市空气质量排名榜单之首。海口市城市绿化覆盖率达43.5%，被世界卫生组织选定为中国第一个“世界健康城市”试点地。海口拥有“中国魅力城市”“中国最具幸福感城市”“中国最具投资潜力城市”“中国优秀旅游城市”“国家环境保护模范城市”“国家卫生城市”“国家园林城市”“国家历史文化名城”“全国文明城市”“全国双拥模范城市”等荣誉称号，荣获住建部颁发的年度“中国人居环境奖”，2018年被联合国国际湿地公约组织评定为全球首批“国际湿地城市”。

第二十六节 拉萨市

2005—2016年拉萨市污染指数、吸收指数以及综合指数测算结果如表3.14.26。

表3.14.26 拉萨市环境指数结果

指数＼年份	2005	2006	2007	2008	2009	2010	2011
污染	1.57	1.65	1.43	0.91	0.85	0.37	5.22
吸收	1.79	1.73	1.76	1.67	1.62	1.62	1.65
综合	1.55	1.62	1.41	0.89	0.83	0.37	5.13

指数＼年份	2012	2013	2014	2015	2016	均值	排名
污染	5.75	5.55	5.79	7.04	7.23	3.61	1
吸收	1.61	1.61	1.60	1.57	1.57	1.65	7
综合	5.66	5.46	5.70	6.93	7.12	3.56	1

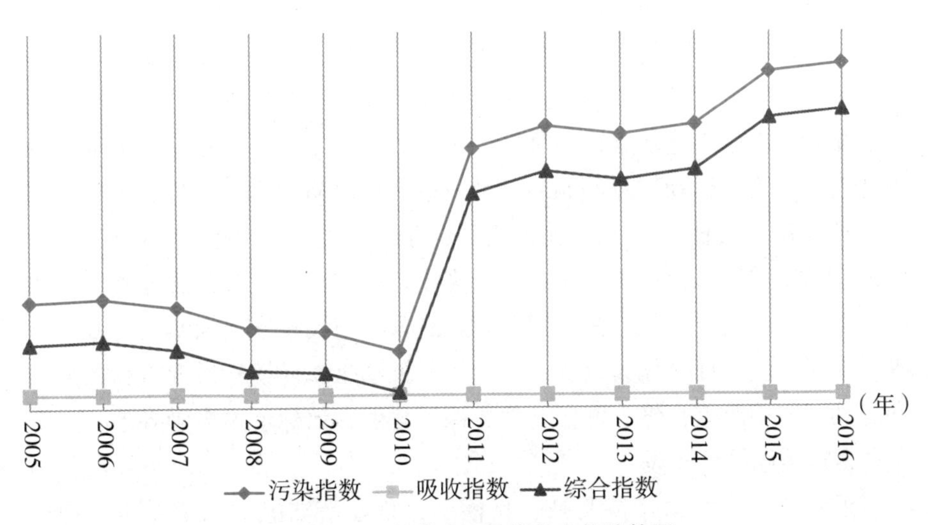

图3.14.26 拉萨市环境指数变化趋势图

通过上述结果显示来看，拉萨市这12年污染指数平均值为3.61，在全国74个样本城市中排名第1位，属于污染最少的城市，拉萨市环境污染排放指数在2010年之前较低，2011后污染指数大幅上升，从2010年的0.37上升到2011年的5.22，之后几乎一致保持缓慢上升趋势，2016年污染指数值为7.23；拉萨市环境吸收指数平均值为1.65，在全国74个样本城市中排名第7位，吸收能力一直保持得较为稳定，生态吸收能力保持良好，吸收能力较强。从拉萨市污染排放与吸收水平来看，拉萨市整体属于“低污染—高吸收”型城市。

拉萨市全年多晴朗天气，降水稀少，冬无严寒，夏无酷暑，气候宜人。全年日照时间在3000小时以上，素有“日光城”的美誉。全区共有天然草地面积8893.33万公顷，其中可利用天然草地面积7526.67万公顷。现有森林1490.99万公顷，森林覆盖率12.14%，全区森林面积居全国第5位。森林蓄积量22.83亿立方米，居全国第1位。湿地652.9万公顷，约占全区国土面积的5.3%，全区共建立国家湿地公园22处（含试点14处），总面积24.78万公顷。拉萨市地广人稀，环境污染排放较少，自然环境自净能力较强，所以拉萨市拥有优良的生态环境。

与此同时，拉萨市政府为保护拉萨市生态环境也做出了巨大努力。为保护生态环境，生态安全底线必须坚守。拉萨市严格落实“党政同责”“一岗双责”，严格执行环境保护“一票否决”制度，严把项目建设产业政策关、资源消耗关、生态环境关，严禁“三高”项目进入拉萨。

拉萨市认真贯彻落实习近平总书记“保护好青藏高原生态就是对中华民族生存和发展的最大贡献”的重要指示，按照吴英杰书记“用心呵护世界上最后一方净土这块金字招牌”的要求，拉萨市委、市政府相继推出一系列战略决策、行动方案和制度设计，落实最严格的生态环境保护制度，落实环境保护责任，大力推进属地、行业、业主+环保督查“3+1”工作模式，高度重视解决群众反映强烈的突出环境问题，认真开展自查自纠和问题整治。环境保护的“紧箍咒”越念越紧，把实现青山绿水作为基本追求，把保护生态环境作为重要责任，不断推动生态环境建设取得新的突破和提升。坚持尊重自然、顺应自然、保护自然，治标治本多管齐下，坚定不移推进美丽拉萨建设。

近年来，拉萨市始终坚持：优能源，创建清洁能源示范城市；护碧水，创建水生态文明城市；守净土，创建有机农业示范城市；保底色，创建国家园林城市；兴产业，走好绿色发展之路，用心呵护最后一方净土，全市上下齐心，共同致力于让拉萨的天更蓝、山更绿、水更清、环境更优美。

第二十七节　西宁市

2005—2016年西宁市污染指数、吸收指数以及综合指数测算结果如表3.14.27。

表3.14.27　西宁市环境指数结果

指数＼年份	2005	2006	2007	2008	2009	2010	2011
污染	51.26	51.03	54.44	56.69	55.40	66.69	63.06
吸收	0.22	0.19	0.20	0.19	0.16	0.15	0.14
综合	51.14	50.94	54.33	56.58	55.31	66.59	62.97

指数＼年份	2012	2013	2014	2015	2016	均值	排名
污染	64.20	65.72	63.12	54.71	51.98	58.19	22
吸收	0.14	0.14	0.14	0.13	0.13	0.16	73
综合	64.11	65.62	63.03	54.64	51.91	58.10	22

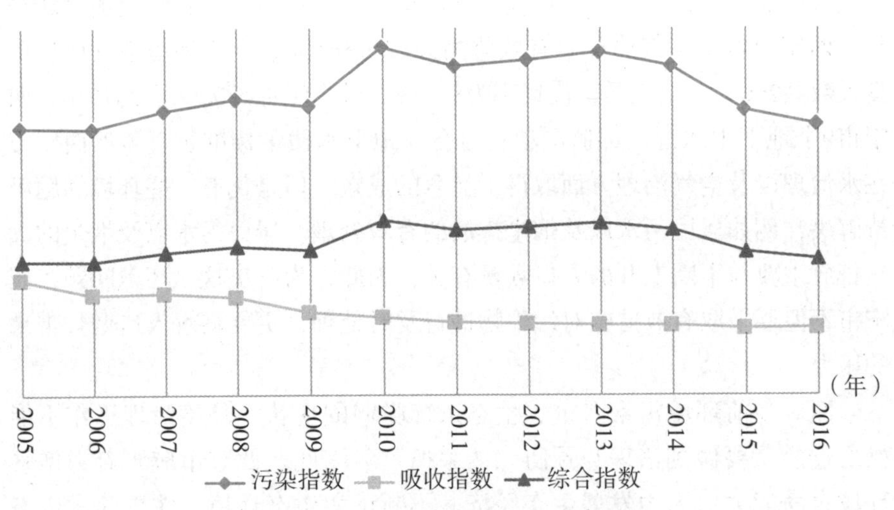

图3.14.27　西宁市环境指数变化趋势图

通过上述结果来看，西宁市属于典型的“低污染—低吸收”的城市。污染指数均值为58.19，在全国74个样本城市中排名22位，自2013年之后出现下降趋势；吸收指数均值为0.16，在全国74个样本城市中排名并列第72

位，自净能力较差。

近几年，西宁市经济持续增长，并形成以第二、第三产业为主导的产业结构，其中，工业对西宁市的GDP拉动作用最为突出。2017年，西宁市GDP增速为9.5%，工业增加值增长9.7%，对GDP贡献率为39.7%。工业的迅速扩张与发展为西宁市的经济发展提供了动力，同时也对其生态环境造成了一定负面影响。2015年，西宁市工业固体废弃物排放总量为493.5万吨，其中，工业固体废弃物469.7万吨，处置利用率为96.26%。尽管工业固体废弃物处置率较高，但是未及时处理部分仍给环境造成了恶劣影响。另外，西宁市机动车保有量连年增长，截至2018年8月末，西宁市机动车总数已突破60万辆，较2016年年底增长10万辆。机动车数量的迅速攀升导致大量汽车尾气排放，严重影响西宁市空气质量。随着经济的增长，西宁市的人口数目也在不断增加。2018年青海省政府公布的数据显示，西宁市年均净增人口数为2.62万。人口的增加也给环境造成了一定的负担，2015年，西宁市生活废水排放高达7781万吨，占排放总量的78%。

针对西宁市的环境问题，各级政府与部门相继出台了一系列治理政策与措施，并将空气治理与污水处理放在首位。西宁市目前有4个国控环境空气自动监测点位，对全市环境空气质量进行24小时连续自动监测。2017年，西宁市城市空气质量总有效监测天数为365天，全年环境空气质量优良天数共296天，空气质量优良率为81.1%，较上年提高0.7%。2015年，西宁市9个地下水水源全部监测项目符合《地下水质量标准》。虽然西宁市在水治理以及空气治理方面取得了显著的成效，但是仍有一些环境问题亟待解决，例如居民污水以及烟尘排放的有效处理。居民污水以及烟尘的大量排放主要与不断上升的人口数量有关，因此，为解决这一环境问题，西宁市不但要采取有效措施对污染物进行及时处理，更要缓解人口增长带来的压力。

面对当前环境污染严重、生态系统脆弱的现状，环境治理工作不能操之过急，要做到治理与预防“两手抓”。因此，西宁市应当着力增强环境自净能力，大力发展生态经济，不断优化生态环境，注重建设生态文化，着力完善体制机制，加快形成节约能源资源和保护生态环境的产业结构、增长方式和消费模式，在不断推进生态文明建设的同时，缓解人口压力。

第二十八节　银川市

2005—2016年银川市污染指数、吸收指数以及综合指数测算结果如表3.14.28。

表3.14.28　银川市环境指数结果

指数＼年份	2005	2006	2007	2008	2009	2010	2011
污染	52.45	52.03	54.94	20.98	30.79	35.28	74.66
吸收	0.21	0.20	0.19	0.18	0.15	0.15	0.15
综合	52.33	51.93	54.83	20.94	30.75	35.22	74.55

指数＼年份	2012	2013	2014	2015	2016	均值	排名
污染	90.94	91.28	74.41	70.05	70.24	59.84	24
吸收	0.14	0.14	0.14	0.14	0.14	0.16	72
综合	90.80	91.15	74.30	69.96	70.14	59.74	24

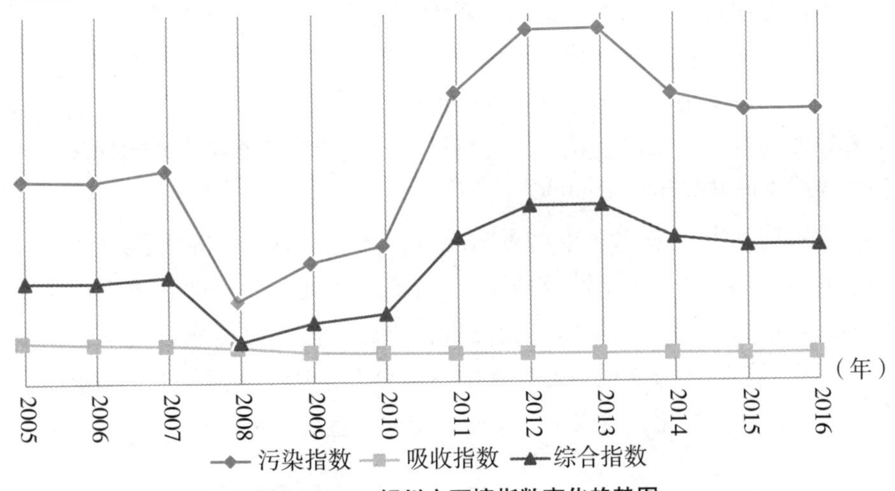

图3.14.28　银川市环境指数变化趋势图

通过上述结果来看，银川市属于典型的“低污染—低吸收”的城市。污染指数均值为59.84，在全国74个样本城市中排名24位，自2013年之后出现下降趋势；吸收指数均值为0.16，在全国74个样本城市中排名第72位，自净能力较差。

近年来，银川市经济不断增长。2017年，全市实现地区生产总值1803.17亿元，同比增长8.0%。在产业结构方面，制造业比重不断上升，工业发展迅速。加工制造业的规模正在不断扩大，由此带来的环境问题也日益严重。工业废气以及废水的不当排放预处理成为水源污染以及大气污染的主要原因。工业废气以及废水的不当排放预处理成为水源污染以及大气污染的主要原因。另外，银川市的能源结构仍然以原煤为主。生活民用煤以及工业燃煤的大量使用严重影响了银川市的大气质量。在地理环境方面，银川市地处西北内陆干旱半干旱区，地理位置毗邻沙漠，自然条件恶劣，常年多风少雨，地表风蚀强烈，植被覆盖率低，外源输尘和就地扬尘严重，造成了大气环境中降尘、总悬浮颗粒物浓度居高不下。此外，银川市机动车保有量呈现逐年递增的趋势。截至2017年年底，银川市新增机动车10万辆，总数达到81万辆。汽车排放大量废气，直接增加地面空气污染物，也是导致近地面环境空气污染严重的原因之一。

针对银川市的环境污染问题，各级政府及相关部门相继出台并实施了一系列环保政策以及措施，并将空气质量改善以及污水治理作为主要环保目标。2018年，银川市政府出台了《银川市2018—2019年秋冬季大气污染综合治理专项行动方案》，提出了防治有害气体排放的具体措施，并将严管燃煤污染作为主要的环境治理任务。尽管一系列措施的出台在一定程度上缓解了环境压力，但仍然有一些问题亟待解决。例如，人口数量的不断上升导致的生活污水以及垃圾的大量排放，机动车保有量不断增加所导致的空气污染以及噪声污染问题等。

面对当前空气及水污染严重的现状，环境治理工作不能操之过急，要做到循序渐进、有针对性地解决与防治环境问题。因此，银川市应继续增强环境自净能力，加紧治理污染物排放并落实节能减排政策。按照“十三五”期间生态文明体制改革的总体要求，建设“国家森林城市”，促进生态补偿多样化，建设生态文明，全面促进资源节约。

第四部分　典型案例分析：西安市大气环境质量评价研究

改革开放40年来，中国经济迅猛增长，在诸多领域取得了显赫成就，西安市搭乘改革开放的快车也取得了飞速发展。但是，经济高速增长引发生态环境急剧恶化，粗放型的发展方式已经“亮起红灯”，所以经济高质量发展成为新时代人们的强烈诉求。本书的第四部分以西安市大气环境质量问题作为典型案例分析进行研究，探寻环境质量与经济发展之间的关系。这一部分内容首先以西安市大气环境质量为切入点，通过“污染”和“吸收”两个方面测算了西安市月度空气质量指数和年度空气质量指数，对西安市的大气环境进行了规律总结。在此基础上，利用EKC原理，选取西安市年度空气质量指数和GDP两个指标分析了环境与经济发展之间的关系，认为到2028年左右会实现经济与环境相协调发展的趋势。接下来针对大气环境质量，分析了影响西安市大气环境质量水平的主要因素。最后根据研究结果发现：西安市经济建设与环境质量处于不协调发展的状态，产业布局不合理、能源结构不合理、城镇化建设和人口增长过快、城市绿化建设人均面积不足、地理位置与气象条件弊端明显等原因是造成全市大气环境质量不高的主要原因，基于此，提出了引导市民经济与环境协调发展的思维观念、打破损害环境的经济发展模式，培育经济增长新动能、科学提升空气质量，着重补强自净能力、以生态建设理念指导城市规划和建设布局、完善地区联防联控机制等对策建议。

一、引言

改革开放40年来，中国发展成就巨大，已经成为世界第二大经济体。然而，长期以规模和数量为目标的发展模式造成污染问题加剧，环境承载力吃紧，自然资源告急。低效率的要素粗放型发展方式已经对自然环境造成了严重破坏，给人民群众的健康和财产带来巨大损失。同时，环境破坏和资源短缺的现状也难以继续维持长久的可持续发展。

2017年，党的十九大报告在面对新时代的发展机遇和挑战时更加突出以人民为中心的发展理念，将“美丽中国”建设上升为建设社会主义强国的高度，提出要从数量型经济发展模式向高质量经济发展模式转变。实现经济高质量发展，意味着要用较少的投入换取较多的产出，要促使经济建设与环境质量协调共生，从而让人民有更多的获得感、幸福感和安全感，否则发展就不是绿色发展，更不能称之为高质量发展。

回顾西安市改革开放40年的发展，无疑是复制了“先污染后治理，边治理边消耗”的道路。尽管西安市多年来在社会经济诸多领域取得了巨大的发展成就，但是依然不能适应我国当前经济社会快速发展的需要，尤其是空气质量的急剧恶化，已经严重影响人们正常的生产生活。目前，全市一年中空气质量不达标的天数依然较多，雾霾天气现象仍然存在，氮氧化物、可吸入颗粒物、二氧化硫等污染物持续增加，居民生活环境没有得到根本的改善。恶劣的空气质量已经严重制约了经济发展，成为西安完成赶超东部经济发达城市目标的绊脚石，如何破解当下既要进行大气环境治理，又要谋求经济的高质量发展的难题就成为重中之重的关键课题。

由于基础薄弱、历史欠账较多等原因，西安市经济发展规模、空间布局、增长速度与大气环境承载能力之间的矛盾越来越突出，长期积累的大气环境质量问题正在集中显现，大气质量改善的程度、速度与公众需求之间存在较大差距，相关的环境事件也极易成为社会矛盾的激发点。因此，本研究就以西安市大气环境质量水平为切入点，首先动态评价西安市大气环境质量并分析其特点；其次，分析大气环境质量与经济发展之间的关系；然后，寻找影响西安市大气环境质量的因素是什么；最后根据研究结论找到适合全市环境质量提升的对策。课题的研究内容对于完善大气环境治理研究体系，拓宽大气环境治理研究的领域和范畴，丰富大气环境治理相关的研究内容，以及实现全市人与自然的和谐发展均提供了强有力的理论支持。同时为切实保护西安市大气环境，增强公众环境危机意识、环境的保护意识、资源的节约意识、消费的适度意识提供学术努力，为西安市相关部门了解目前西安市大气环境保护的发展趋势，制定切实有效的大气环境治理政策提供了有力支撑，从而为西安市补齐大气环境“短板”，推动经济转向高质量发展作出贡献。

二、西安市空气质量现状分析

通过污染和自净两个方面对西安市的空气质量进行月度和年度的综合评价，全面展示2013年9月—2018年10月西安市的月度空气质量状况和2005—2017年西安市年度空气质量状况。

（一）评价方法与步骤

此处与本书第二章第三节介绍的内容一致，可直接参考。

（二）指标选取与指数构建

本文遵循科学性、系统性、可比性、可操作性等原则选取大气污染和吸收的评价指标。

1. 月度空气质量指数

污染方面，我们选取PM2.5、PM10、一氧化碳、二氧化硫、二氧化氮、臭氧这6项主要的人类生产生活过程中排放的大气污染物的浓度进行月度大气污染指数的测算，用以综合衡量西安市的大气污染程度；吸收方面，城市中的绿地可以截留大气中的粉尘，空气平均湿度越大污染物越容易扩散，降水可以有效地去除二氧化硫、烟尘和工业粉尘的污染物。另外，气温越低、风速越小、气压越高越有利于雾霾天气的形成。综上，本文选取月降水量、月相对湿度、月均风速、月均气压、月均气温、每月城市绿化新增面积6项指标测算月度大气吸收指数，用以衡量西安市大气自净能力。以上所有数据来自中国环境质量检测总站网站、中央气象台网站、《中国城市统计年鉴》《西安市统计年鉴》。

2. 年度空气质量指数

污染方面，我们选取氮氧化物排放总量、二氧化硫排放总量、烟（粉）尘排放总量和二氧化碳排放量进行年度大气污染指数的测算；吸收方面，我们选取城市绿地面积、森林面积、水资源总量、年降水量、年均相对湿度、湿地面积测算年度大气吸收指数。以上所有数据来自《中国环境统计年鉴》《陕西省统计年鉴》《中国城市统计年鉴》《西安市统计年鉴》，其中二氧化碳数值是根据标准量转换系数和碳排放系数测算得来。

（三）评价结果

1. 月度指数测算结果

2013年9月—2018年10月的月度大气污染指数和大气吸收指数测算结果如下：

表4.1　西安市月度空气质量指数

年份月份	污染指数	年/月	污染指数	年/月	吸收指数	年/月	吸收指数
2013.09	4.12	2016.04	4.65	2013.09	3.21	2016.04	3.68
2013.10	3.05	2016.05	5.01	2013.10	2.98	2016.05	5.98
2013.11	4.84	2016.06	5.78	2013.11	1.32	2016.06	4.68
2013.12	4.63	2016.07	5.05	2013.12	1.01	2016.07	4.85
2014.01	4.99	2016.08	4.59	2014.01	0.98	2016.08	3.86
2014.02	4.60	2016.09	3.12	2014.02	1.12	2016.09	3.73
2014.03	3.59	2016.10	5.69	2014.03	1.15	2016.10	3.23
2014.04	3.03	2016.11	6.39	2014.04	3.28	2016.11	3.01
2014.05	3.25	2016.12	5.69	2014.05	3.26	2016.12	2.60
2014.06	3.67	2017.01	4.96	2014.06	4.56	2017.01	1.03
2014.07	3.03	2017.02	4.69	2014.07	4.89	2017.02	2.23
2014.08	3.54	2017.03	4.17	2014.08	4.56	2017.03	3.22
2014.09	2.48	2017.04	4.38	2014.09	4.37	2017.04	3.08
2014.10	2.93	2017.05	3.48	2014.10	3.25	2017.05	4.01

续表

年份月份	污染指数	年/月	污染指数	年/月	吸收指数	年/月	吸收指数
2014.11	4.43	2017.06	3.04	2014.11	1.86	2017.06	4.23
2014.12	3.29	2017.07	3.18	2014.12	1.96	2017.07	4.56
2015.01	4.11	2017.08	4.90	2015.01	1.22	2017.08	6.38
2015.02	3.78	2017.09	4.55	2015.02	0.86	2017.09	5.06
2015.03	4.01	2017.10	3.83	2015.03	2.88	2017.10	4.23
2015.04	4.27	2017.11	5.38	2015.04	3.06	2017.11	1.68
2015.05	4.56	2017.12	4.85	2015.05	4.21	2017.12	1.77
2015.06	4.34	2018.01	4.25	2015.06	4.36	2018.01	1.75
2015.07	5.37	2018.02	4.16	2015.07	5.35	2018.02	1.68
2015.08	4.92	2018.03	4.88	2015.08	4.21	2018.03	2.98
2015.09	4.08	2018.04	4.67	2015.09	4.98	2018.04	4.36
2015.10	3.89	2018.05	3.10	2015.10	3.51	2018.05	3.06
2015.11	4.85	2018.06	3.89	2015.11	2.86	2018.06	4.37
2015.12	4.17	2018.07	4.01	2015.12	0.89	2018.07	5.26
2016.01	4.16	2018.08	4.78	2016.01	1.68	2018.08	6.45
2016.02	3.73	2018.09	4.39	2016.02	2.06	2018.09	5.06
2016.03	4.59	2018.10	3.73	2016.03	4.06	2018.10	4.06

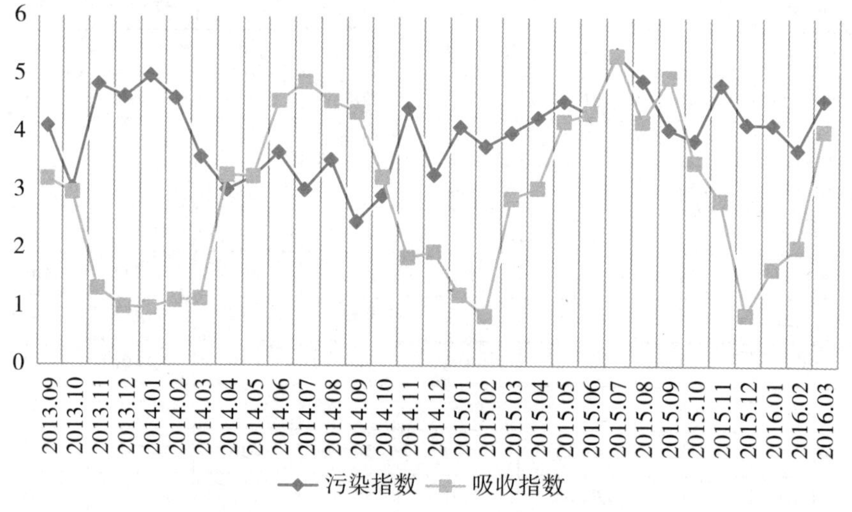

图4.1　2013.09—2016.03西安市月度空气质量指数

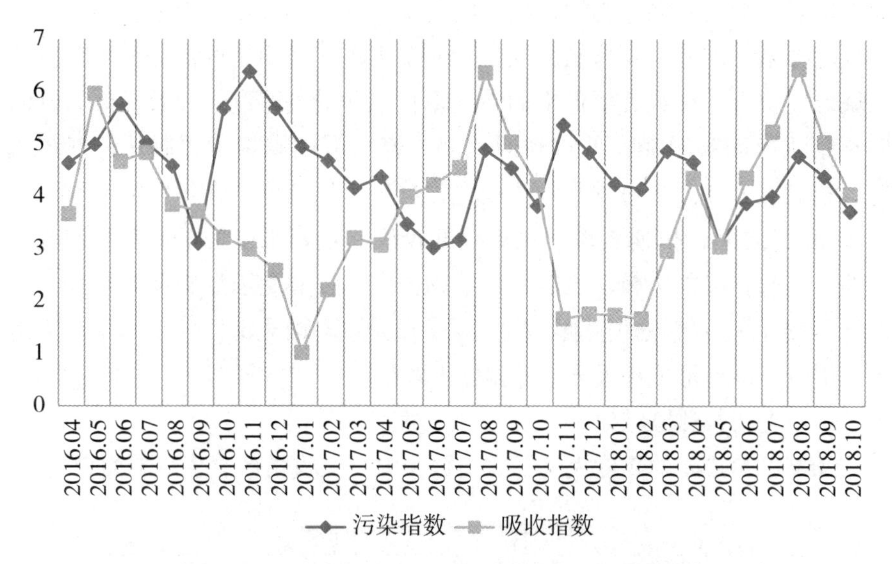

图4.2　2016.04—2018.10西安市月度空气质量指数

从污染方面来看，西安市的大气污染程度在2016年时最为严重，2017年起开始有所下降，这与《西安市大气污染防治条例》、强制淘汰“黄标车”、禁烧秸秆、拆改燃煤锅炉等一系列举措的实施有一定关系。从月度结果来看，春季和秋季的空气质量相对较好，夏季和冬季的大气污染程度相对较高。2016年冬季的大气污染程度最为严重，2017年相比2016年大气污染程度有所下降。每年冬季供暖后的11月、12月、1月和2月都是污染严重的时期，PM2.5与PM10的月均浓度都在100微克/立方米以上，工业生产和取暖需要大量燃煤，产生的二氧化硫和一氧化碳浓度在每年冬季的11月、12月、1月和2月都处于一年中的峰值状态。二氧化氮浓度在近几年中呈现波动增长的趋势，每年峰值也在逐年增加，随着全市天然气使用量以及机动车保有量的增加必然引起二氧化氮排放量的增加。虽然夏季时的PM2.5和PM10浓度有所下降，但是近几年夏季阳光照射充足，气温异常炎热，加之工业发展和城市建设的步伐加快，使得夏季的臭氧浓度逐年增高，二氧化硫和一氧化碳浓度也在升高。

从吸收方面来看，西安市的大气自净能力呈波动上升的趋势，每年5—9月较强。西安市地处关中平原中部，北濒渭河，南依秦岭，年平均相对湿度70%左右，年平均风速1.8m/s，全年盛行风向为东北风，属于典型的温带季风气候。通过近5年的月均数据我们可以看到，在秋冬季节，地面因辐射冷却而降温，与地面接近的气层极度冷却降温，而上层的空气只小幅度降温，因此，使低层大气产生逆温现象，逆温层好比一个锅盖覆盖在城市上空，使得大气层低空的空气垂直运动受到限制，导致污染物难以向高空飘散而被阻滞在低空和近地面，容易形成雾霾。我们从近五年风速、相对湿度和降水量的月均浓度变化趋势可以看到，在每年的冬季11月到春季3月之间，风速较缓、相对湿度较低并且降水量处于一年中的低谷时期，因此自净能力较弱也容易出现霾天气。夏季化石燃料使用较少，加之气温较高、空气流动性强、相对湿度较大且降雨充沛，使得大气污染物容易扩散，不易形成霾天气，自净能力较强。

2. 年度指数测算结果

2005—2017年的年度大气污染指数和大气吸收指数测算结果如表4.2。

表4.2　西安市年度空气质量指数

	2005	2006	2007	2008	2009	2010	2011	2012	2013	2014	2015	2016	2017
污染指数	53.21	54.98	55.39	58.93	60.23	65.72	69.62	71.32	75.39	74.21	78.12	77.34	62.36
吸收指数	18.32	19.46	20.23	22.23	25.36	23.87	22.18	20.28	19.36	23.69	24.58	25.69	26.38

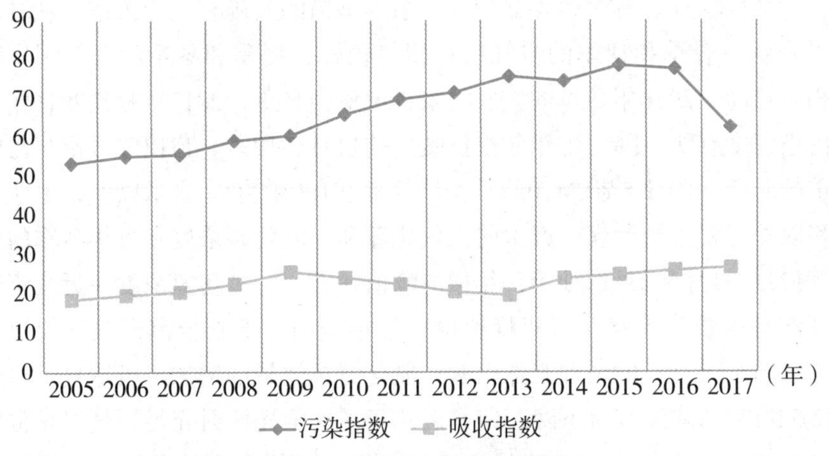

图4.3　西安市年度空气质量指数

通过上述结果来看，西安市属于典型的“高污染—低吸收”的城市。大气污染指数均值为65.92，自2009年之后出现下降趋势，但仍属于污染较为严重的城市；吸收指数均值为22.43，自净能力较差。

2005年后，全市氮氧化物、硫化物等排放量不断上升，这间接表明西安市的重工业比重逐步增加，设备制造、纺织、石化、电力等行业在很长时间内成为西安市的支柱产业。虽然西安市科技实力雄厚，但科技转化水平较低，高技术产业发展步伐较慢，技术进步对工业经济增长的贡献率较低，粗放型经济增长方式未得到根本转变。2010年后，西安市的机动车保有量以每年10%的速度增长，尾气排放导致硫化物和氮氧化物浓度不断上升，成为大气污染的主要来源之一。随着经济建设规模的不断扩大，资源消耗量不断增加。多年来产能利用率低下，资源被大量索取和浪费，导致地下水、森林、湿地锐减，自净能力很弱。以煤炭为主的“黑色”能源燃烧后产生大量的二氧化硫和烟尘等排放物成为大气污染的“罪魁祸首”。

近年来，西安市各级政府及相关部门切实提高了对环境保护工作的认识，各项举措相继实施，尤其把治污减霾工作摆在突出位置。例如，强制淘汰“黄标车”，拆改燃煤锅炉，推进城市绿化，增加景观带建设等，一系列举措实施后空气质量达到二级以上的天数逐年增多。但是，水体和土壤的治理工作一直没有显著的成效，氨氮化物、化学需氧量、固体废弃物和垃圾排放量持续增长，违法违规开采现象严重。加之近年来全市外来人口年均增加50万人，人口增长使污染物总量增大，对资源的消耗增多，人口增长的压力成为影响西安市环境质量提升的一个新问题。

三、西安市空气质量与经济发展的关系分析

上述研究对西安市的空气质量现状进行了动态的定量测算和分析，本章则依据2005—2017年西安市年度大气污染指数和GDP两个指标分析近年来全市经济发展与环境质量之间的关系变化。

（一）EKC原理

20世纪50年代中期，著名经济学家库兹涅茨提出了环境污染与经济增长关系的理论假说。1991年格罗斯曼（Gene M. Grossman）和克鲁格（Alan Kureger）的研究认为经济发展和环境污染之间呈“倒U”型的关系，环境质量随着经济增长的积累呈先恶化后改善的趋势。即在早期的工业化或经济发展的较低阶段，由于经济发展水平较低，环境受影响的程度较小；到了工业化进程加快或经济起飞时期，人们更加重视对物质层面的追求，经济建设与生态环境协调发展的意识淡薄，自然资源的耗费及废物的排放超过了环境的承载能力，环境恶化严重，此时经济增长与生态环境的矛盾较

为突出；到后工业化社会和经济发展的更高阶段，生产技术改进降低了污染程度，人们在满足基本物质需求后开始追求高质量的美好生活，社会也有更充足的资本投入环境改善中，环境与经济发展从“两难”到“双赢”区间中会出现一个转折点。

对于特定的污染物而言，某些环境指标和收入水平之间确实存在清晰、明确的关系。然而并不是每个环境指标都符合EKC的“倒U型”模型，有研究发现环境指标与经济之间还可能存在“N型”“倒N型”“W型”等各种不同形状的曲线。因而，本文希望通过构建西安市空气质量的EKC曲线方程分析西安市空气质量的EKC曲线形状和拐点位置，为探寻西安市空气质量和经济发展的关系提供更准确的实证依据。

（二）西安市空气质量的EKC 曲线

环境库兹涅茨曲线的理论形状是一条“倒U型”的曲线，它的数学表达式一般用一条开口向下的抛物线来表示：

$$Y_t = a_0 + a_1 X_t + a_2 X_t^2 + \varepsilon_t \tag{4-1}$$

在上式中，Y_t表示因变量或者被解释变量，通常代表环境污染指标；X_t表示自变量或者解释变量，通常代表经济增长指标；a_0、a_1、a_2表示待估参数，ε_t为随机误差项。

本文采用时间序列数据，选取西安市2005—2017年的年度大气污染值和国内生产总值数据，构建西安市空气质量综合指标来衡量西安市空气质量，利用人均GDP衡量西安市经济增长指标，来构建西安市空气质量的EKC曲线模型，模型如下：

$$Y_t = a_0 + a_1 PGDP_t + a_2 PGDP_t^2 + \varepsilon_t \tag{4-2}$$

其中，Y_t表示因变量或者被解释变量，代表西安市的空气质量，$PGDP_t$表示自变量或者解释变量，表示西安市的经济发展水平，a_0、a_1、a_2表示待估参数，ε_t为随机误差项。在“倒U型”的环境库兹涅茨曲线中，a_2小于0，a_1大于0，曲线顶点出现在$X^* = -a_1 / 2a_2$，当X_t处于顶点左侧时，经济增长和环境污染呈现正相关关系，处于顶点右侧时，则呈现负相关的关系。实证结果如表4.3。

表4.3　西安市空气质量EKC曲线方程回归结果

Y	Coef.	t	P>t
GDP	0.0013092***	6.38	0.000
GDP_2	–0.000000318**	–9.38	0.000
_cons	53.94597*	13.80	0.000

注：***、**、*分别表示1%、5%、10%的显著性水平。

（三）形状和拐点分析

根据表4.3实证结果可以看到，*PGDP*相关系数 a_1 为正，$PGDP^2$相关系数 a_2 为负，且相关系数通过 t 检验，因而显著，所以可以得证，西安市空气质量的EKC曲线呈现“倒U型”。下面通过曲线图来更为直观展示：

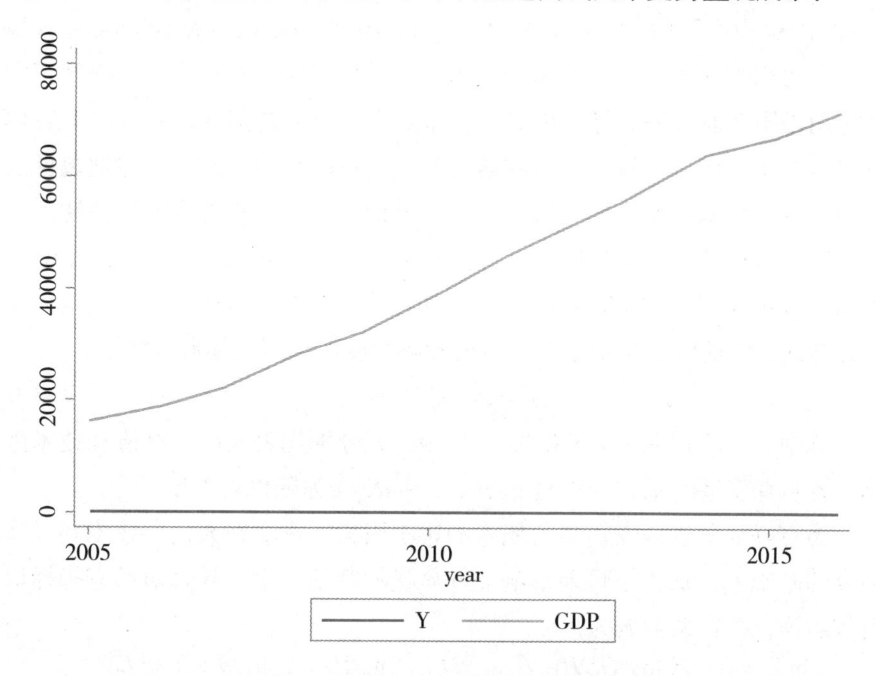

图4.4　西安市空气质量EKC曲线图

由上图观察，可以看到曲线图只呈现了“倒U型”曲线的顶点左侧部分，这可以得出截至数据统计的2017年，西安市空气质量的EKC曲线仍处于顶点左侧，这也意味着随着经济的不断发展，环境质量仍处于不断恶化的阶段。

根据顶点的计算公式 $X^* = -a_1 / 2a_2$，结合实证的相关系数可以得到，西安市的空气质量EKC曲线将在2028年前后达到顶点，这意味着依照目前的发展模式，西安市距离拐点还有10年左右的时间，因而西安市目前处于环境随着经济增长而不断恶化的状态，急需采取措施进行调整，促进空气质量的进一步改善，以加快拐点的后移。

四、西安市空气质量的影响因素分析

依据2005—2017年西安市年度大气污染指数和社会经济发展中的多项指标分析近年来影响空气质量的影响因素是什么。

（一）指标选取与模型构建

为研究西安市空气质量的影响因素，本文中选用改进后的IPAT模型（STIRPAT模型）作为理论分析模型。IPAT最初由Ehrlich & Holdren首先提出，主要用来描述人口、经济和技术因素对环境质量的影响，并得到了广泛应用。同任何方法一样，IPAT模型也具有一定的局限性，一方面IPAT模型只考虑了人口、经济和技术因素对环境质量的影响，忽略了除此之外的其他因素对环境质量产生的影响；另一方面，该模型不能全面地描述各个影响因素对环境影响的程度大小。在此基础上，Dietz and Rosa提出了IPAT模型的改进模型，即STIRPAT模型。改进的模型不仅对环境影响因素表述更为全面，更能够定量描述各因素的影响程度。模型具体形式如下：

$$I_i = aP_i^b A_i^c T_i^d \varepsilon_i \tag{4-3}$$

其中，I 表示环境质量指标，P、A、T 分别代表人口、经济和技术因素。各解释变量的系数分别是 a、b、c 和 d，ε 为随机误差项。

为更好地测度西安市空气质量的影响因素，本文在人口、技术和经济因素的基础上，加入了可能影响空气质量的其他因素，并且对所有指标取对数运算，将模型扩展为：

$$\begin{aligned}\ln Y_t = a_i + \beta_1 \ln PGDP_t + \beta_2 \ln PD + \beta_3 \ln RD + \beta_4 \ln IS + \beta_5 \ln ES \\ + \beta_6 \ln URB + \beta_7 \ln OPEN + \varepsilon_i\end{aligned} \tag{4-4}$$

其中，Y 表示西安市空气质量指标；$PGDP$表示经济增长，采用人均GDP来表示，PD表示人口密度，采用单位面积的人口数衡量；RD指技术水平，即R&D（研究与开发）经费；IS表示产业结构，指第二产业总产值占GDP比重；ES指能源结构，采用煤炭消费占能源消费总量的比重来衡量；URB指代城镇化进程，即城镇人口占总人口比重；$OPEN$表示对外开放，用

FDI（外商直接投资）占GDP总量比重来衡量。数据来源于国家统计局。

（二）回归结果分析

本文选取西安市2005—2016年的西安市空气质量指标和七项解释变量数据，采用时间序列数据对西安市空气质量影响因素进行回归分析，具体的结果见表4.4。

表4.4　西安市空气质量影响因素回归结果

ln*Y*	系数	*T*
ln*PGDP*	0.039***	4.05
ln*PD*	9.608**	2.64
ln*RD*	−0.044***	−6.24
ln*IS*	3.040***	6.68
ln*ES*	0.077***	5.43
ln*URB*	5.073*	1.88
ln*OPEN*	0.165*	1.75
_cons	−37.068***	−9.08

注：***、**、*分别表示1%、5%、10%的显著性水平。

根据上表回归结果可以看到，整体上7个控制变量的回归结果均显著，均对西安市空气质量产生显著影响。具体来讲，人均GDP（*PGDP*）的系数为0.039，且通过了1%的显著性水平检验；人均GDP每增加1个单位，西安市污染指数上升3.9%，即人均GDP的提升会导致空气污染增加；这是因为经济增长，人均GDP的提高有一部分归因于环境资源的置换。人口密度（*PD*）指标的系数为9.608，且通过了5%的显著性水平检验；即人均密度提高1个单位，西安市空气污染增加9.608个单位；可能的原因在于随着人均密度的增加，各类生活污染的数量急剧增加，导致环境污染增加。研发和技术经费（*RD*）指标的系数为-0.044，且通过了1%的显著性水平检验；研发和技术经费（*RD*）每提高1个单位，空气污染指数下降4.4%，即研发和技术经费的增加有助于降低空气污染；这是因为研发和技术经费投入的增加，带动了新一轮的技术升级，更多绿色、环保的工艺和技术投入的增加直接降低了污染排放，进而降低了空气污染。产业结构（*IS*）的系数为3.040，且通过了1%的显著性水平检验；第二产业占比每提高1个单位，空气污染指数提高3.040个单位，即第二产业占比的提高会增加空气污染；这是因为相较于第一三产业，第二产业对环境的影响较大，尤其是重工业，几乎囊括了所有重大污染源，因而其总产值占GDP比重的提高会加剧环境污染。能源结构（*ES*）的系数为0.077，在1%的显著性水平上显著为正；煤炭消费占能源消费比重每提高1个单位，空气污染指数相应地增加7.7%，即煤炭消费占能源消费比重的提高会加剧西安市的空气污染；这是因为煤炭相较于天然气等清洁能源，其开采、加工、储存和燃烧等各方面都对环境有较大污染，而且由于技术和现实限制，煤炭的污染过滤难以得到推广，因而其消费占能源消费比重提高会加剧空气污染。城镇化进程（*URB*）的系数为5.073，且通过了10%的显著性水平检验；城镇化进程（*URB*）每提高一个单位，空气污染质量会增加约5个单位，即城镇化进程的提高会增加西安市空气污染指数；这是因为城镇化率提高意味着城市人口的增长，为满足相应的人口需要，各项生产活动会加剧环境污染，导致空气不断恶化。对外开放（*OPEN*）的系数为0.165，且通过了10%的显著性水平检验；对外开放（*OPEN*）程度每增加1个单位，西安市空气污染指数增加16.5%，即对外开放程度的增加会加剧西安市的空气污染指数；这是因为随着经济的不断增长，外商直接投资不断增加，由于相对成本优势，国内一般只能接受低端制造业的转移，而这带来的环境压力也是较大的，因而随着FDI占GDP比重的不断增加，空气质量可能进一步下滑。

根据上述分析，为了提升空气质量，西安市政府需要从以下几方面着手：一是加大研发和技术投入，促进清洁能源和节能技术的发展和推广；二是加强对第二产业尤其是低端制造业和重工业的监控和控制，敦促其遏制污染物排放；三是适当减少煤炭资源的消费，大力推广清洁能源使用；四是在城市化的发展道路上，稳扎稳打，促进农村人口有效转化为城市人口，避免过快城市化造成一系列环境和社会问题。

五、西安市大气环境质量面临的挑战

（一）经济发展方式粗放，经济与环境关系不够协调

1978年，党的十一届三中全会拉开了改革开放大幕，全党的工作中心转移到“四个现代化”建设上。这一阶段经济建设逐渐复苏，发展整体水平较低，以经济建设为中心的思想驱使人们更加追求建设速度，而环境问题根本得不到重视。地处西部的西安市在改革开放初期对快速发展的渴

望更为迫切，要素都被配置到见效快、不确定性小的粗放型项目中去，无暇兼顾环境质量。1978年，西安市的GDP仅为25亿元人民币；到1990年，GDP达到106亿元，位居全国第34位。然而，在物质匮乏的年代，通过发展经济使人民摆脱贫困成为政府的主要目标和任务，在基本生活需求没有得到满足时，人们对于环境质量重要性的认识是欠缺的。1988年，全市工业废气和废水的排放量与1978年相比分别增加了68%和179%，经济快速发展的背后是污染不断加剧。进入20世纪90年代后期，中国企业开始大范围参与全球经济分工，地处西部地区的西安承接了众多发达地区产业转移，高污染、高耗能行业，导致环境污染和生态退化现象更加严重。进入21世纪，中国成为“世界工厂”，低附加值、高耗能、高污染的产业呈现“井喷式”发展，直接导致西安市自然资源不断减少，生态系统不断退化，污染程度不断加剧。虽然国家对环境治理的力度不断增大，但是治理速度赶不上破坏速度，环境问题已成为掣肘经济发展的一大因素。

党的十八大以来，西安作为西部地区特大城市代表，依靠“一带一路”政策取得了大跨步发展，GDP即将突破万亿元大关，但是大气污染问题依然没有得到全面解决。党的十八大提出了“五位一体”总体布局，正式把生态文明建设纳入全面建设中国特色社会主义的范畴，指明了经济和环境协调发展的方向。2017年11月党的十九大胜利召开，党的十九大报告在总结此前理论和实践的基础上，结合当下面临的经济下行压力和环境质量恶化等问题，进一步把“美丽中国”上升到建设社会主义强国的高度，并将建设生态文明提升至中华民族永续发展千年大计的高度。2018年第十三届全国人大一次会议又将“生态文明”写入了宪法，十九届二中、三中全会也再次强调将生态文明建设与绿色发展理念作为中华民族伟大复兴的重要抓手，绿水青山就是金山银山的理念逐步深入人心。在这一“阵痛期”，粗放式发展将向内涵型发展转变，要素劳动力资本驱动将向创新驱动转变，数量型经济将向质量型经济发展。

格罗斯曼（G. Grossman）和克鲁格（A. Kureger）认为经济发展和环境污染之间呈“倒U”型的关系，环境质量随着经济增长的积累呈先恶化后改善的趋势。即在早期的工业化或经济发展的较低阶段，由于经济发展水平较低，环境受影响的程度较小；到了工业化进程加快或经济起飞时期，人们更加重视对物质层面的追求，经济建设与生态环境协调发展的意识淡薄，自然资源的耗费及废物的排放超过了环境的承载能力，环境恶化严重，此时经济增长与生态环境的矛盾较为突出；到后工业化社会和经济发展的更高阶段，生产技术改进降低了污染程度，人们在满足基本物质需求后开始追求高质量的美好生活，社会也有更充足的资本投入环境改善中，环境与经济发展从“两难”到“双赢”区间中会出现一个转折点。大量研究表明，美国、英国、日本等发达国家的经济发展和环境质量呈“倒U”型特征，体现“先污染后治理”的发展历程。随着19世纪末西方资本主义国家工业化的蓬勃发展，尤其是“二战”之后的大规模恢复性生产建设，引发资源耗竭、污染加重等问题。它们都经历了牺牲环境换取经济发展、环境抑制经济发展、经济与环境和谐发展的几个阶段。回顾中国包括西安市改革开放以来的发展历程，当前正处在“先污染后治理”的后遗症中，环境容量已经无法满足经济持续向好的需要。40年间，西安市的工业化发展规模不断扩大，但是多以低附加值、高污染的产业为主，粗放型发展方式造成污染物持续增加，人民群众在改革开放初期也只是关注物质成果的发展，忽略了环境污染可能带来的危害。可以说当下还是处在大规模建设时期，矿产、钢铁、化工、水泥等低端产业是经济支柱，并且“小作坊”式的生产单位遍地皆是，污染控制难以保证，EKC曲线拐点出现尚需时间。本文计算预测，“倒 U ”型曲线拐点的出现应当在2028年前后。

（二）产业结构和能源结构不合理

西安市经济正处于工业化的中期阶段，产业内部结构趋向重型化，经济虽然保持着相对高速增长的趋势，但长期延续粗放式增长模式。陕西省第二产业能源消费所占比重逐年上升，工业废气排放是造成城市大气污染的主要原因。在资源高消耗和技术水平相对较低的情况下，一些污染较重的行业，如设备制造、纺织、石化、电力等，在很长时间内还将是西安市的支柱产业，且生产规模仍将扩大。虽然西安市科技实力雄厚，但科技转化水平较低，工业的技术水平不高，高技术产业化步伐较慢，技术进步对工业经济增长的贡献率较低，粗放型经济增长方式未得到根本转变，导致资源浪费和污染物排放总量增加，对环境的压力不断加大，经济增长方式有待改进。

就西安市而言，根据相关数据分析可知，工业废气排放仍然是造成大气污染的主要原因。2010—2017年，西安市工业废气排放量总体上呈现上升趋势，除2012—2013年存在一定幅度的下降以外，均出现连年增长的态势。从2010年的5704.27亿立方米上升到2017年的7303.5亿立方米，增幅达到28.1%。其中从2010—2017年，二氧化硫的排放中工业排放占总排放量的比例始终保持在80%以上，比例突出。而氮氧化物的排放中工业排放占总排放量的比例也始终在69%以上，居于绝对优势地位，且二氧化氮年均值在经过2010—2017年长达7年治理后不降反升，治理形势严峻。从烟尘粉尘的排放来看，工业烟尘粉尘的排放量占比始终在75%以上，这反映工业废气污染在当下依然严峻，仍需加大力度严厉治理。

西安的能源结构仍以煤炭为主，其次是电力、天然气。因此由能源消耗所产生的污染物主要是煤炭产生的二氧化硫、烟尘、二氧化氮等。随着煤基化工的原料和产成品价格关系渐趋合理，陕西煤炭资源就地转化的需求变强；化工、冶金行业景气程度回升，使得能耗增长加快趋势尤为明显；新投产项目耗能构成规模以上工业能耗增量主体；生活能源消费对陕西省城市大气污染的贡献比例在逐年上升。与工业发达城市相比，西安市万元工业能耗、排污量都相对较高，明显反映出西安市工业发展的高投入与低产出现象，资源利用率不高。尤其是在旧工业区，相当一部分企业设备陈旧、工艺落后，能源浪费严重，资源利用效率较低。

随着西安市城市化进程的加快和人们生活方式的改变，城镇居民的生活废气排放对城市大气污染的影响程度在日益加大，具体表现为各类污染物排放中的生活废气排放占比在逐年增加。其中从2010—2016年，西安市城镇生活二氧化硫排放占比由9.34%上升到18.46%，增幅明显。城镇生活氮氧化物排放量占比由2.31%上升到5.36%，比例逐年增大。城镇生活造成的烟尘粉尘排放量占比由9.35%上升到22.43%，超过了总排放量的1/5。这反映出城镇生活空气污染排放迅速增加，对大气污染程度不断加深，给空气污染治理工作带来了较大的阻力。

（三）机动车保有量不断增多，尾气排放所占比重不断上升

随着西安市机动车保有量的迅速上升，截至2015年，机动车保有量超过237万辆，较上年增加25.4万辆，同比增加约12%。机动车尾气排放量也在加快增长，氮氧化物浓度不断上升，机动车污染成为主要大气污染源。当前，机动车排气污染呈逐年加重趋势，已成为城市空气污染的重要来源，造成西安市二环路以内低层面空气质量趋于恶化，其发展趋势将导致西安市空气污染由“煤烟扬尘型”向“烟尘与尾气混合型”转变。

细化来看，从2010—2017年，西安市机动车行驶对氮氧化物的排放贡献在不断加大，其所占比例逐年增加，比重已经达到西安市整个氮氧化物排放量的1/4，仅次于工业排放的所占比例。这表明机动车尾气治理任务依然严峻，急需强化相关政策对机动车尾气污染进行控制。

（四）城镇化建设和人口增长对生态环境破坏增强

进入21世纪，西安市的城镇化进程显著加快，城镇化形态较之以前有了很大的变化。然而，万事万物都是相对的、辩证的，城镇化的发展也带来一系列不可避免的问题，这些问题阻碍了城镇化可持续发展的目标。城镇化建设首先加剧了空气污染。城市规模的扩张必然加剧交通污染、生活垃圾排放、建筑污染、生产污染等，促使空气污染物总量上升。其次，大规模的城市建设会破坏原有生态系统。一方面城镇的占地面积是固定的，而生活在城镇中的人口数量却不断增加，这就造成了每个人平均土地占有率的降低，如何提高占有率是城镇化必须解决的问题。目前来看，只能牺牲绿地面积，将绿地面积变为建筑面积才能满足日益增长的人员需求。另外地方政府单纯为了追求GDP，对开发商监管力度不够，导致开发商为了私利肆意开发土地盖楼，于是城镇的绿地越来越小，钢筋水泥越来越多。另一方面城市的大规模发展会消耗甚至浪费大量资源。城镇供水紧张这一问题产生的原因还是在于人为的破坏。城镇化脚步的加快的核心因素是劳动生产力的增加，城镇中的人口密度越来越大，人们用水量也随之增加，生活污水也越来越多。大部分城镇用水水源都来源于地下。长期大量的给水给地下水造成了很大的压力，地下水位也一再下降，以前距地面4—5米就可以出水的地方现在要挖到几十米甚至上百米才能出水。另外有些地方政府为了实现GDP的目标，对污水处理这一问题向来睁一只眼闭一只眼，不引进先进的污水处理设备，将生产生活污水直接排放到河流或地下水域当中，给人们赖以生存的水源造成了极大的破坏。

近几年，西安市外来人口持续增加，人口增长带来的对生态环境的压力是影响西安市经济与环境协调发展的一个重要原因。人口增加和经济发展，使污染物总量增大，大量工农业废弃物和生活垃圾排放到环境中，影响了环境的纳污量以及对有毒、有害物质的降解能力，加剧了环境污染，从而进一步影响到人类的健康。由于人口问题始终是制约西安市全面协调可持续发展的重大问题，是影响经济社会发展的关键因素，因此，必须把人口问题摆在西安建设的重要位置加以解决。只有解决好人口问题，才能确保西安建设各项目标的顺利实现，才能推动西安市经济与环境的协调发展。

（五）对外开放导致西安市承接了大量高污染产业

当今的全球化趋势在导致贸易壁垒不断削减的同时，各国的环境规制却随之不断提升。近年来环境规制与污染产业迁移的关系倍受关注，成为贸易与环境研究的前沿问题。标准的贸易理论认为，相对于发展中国家宽松的环境标准而言，贸易自由化会使实施严格环境规制的发达国家的污染产业迁移至环境标准较宽松的国家，即环境规制的差异将给企业带来不同的环境成本，形成有差异的资本回报率，从而驱动高污染行业向环境规制宽松区域转移，使得发展中国家成为专业化生产污染产品的“污染避难所”。而对于接收地政府来说，一方面，污染型产业会因为日益突出的环境保护的需要而成为环境规制的主要对象；另一方面，污染型产业以其利税高、促收入、稳就业等特点又可能成为政策支持和保护的对象。这一问题的核心在于政府在经济增长与环境保护之间的权衡，需要慎重对待，才能做到双赢。

对于当下中国来说，产业转移是优化生产力空间布局、形成合理产业分工体系的有效途径，是推进产业结构调整、加快经济发展方式转变的必然要求。西安所处的中西部地区当下正处于承接产业转移的新时期，《国务院关于中西部地区承接产业转移指导意见》指出中西部地区需要发挥资源丰富、要素成本低、市场潜力大的优势，壮大产业规模，构建现代产业体系，主要包括劳动力密集型产业、能源矿产开发和加工业、农产品加工业、装备制造业、加工贸易、现代服务业和高技术产业。可以看出，这些产业以劳动力密集型和资源密集型产业为主，可以带来高额经济增加值，迅速解决剩余劳动力资源，但对环境的负担较重。

西安市近年来为寻求经济的快速发展，在周边县市区承接了不少国外的淘汰产业，这些产业运行效率低、污染高、耗能大，对环境造成的整体压力加重，尤其是对空气质量负面影响明显。

（六）城市绿化建设人均面积不足，地理位置与气象条件弊端明显

一般情况下，气温越低、降水量越少、风速越小、日照越少、气压越

高，越有利于霾天气的形成。在秋冬季节，在晴朗无风或微风的夜晚，地面因辐射冷却而降温，与地面接近的气层冷却降温最强烈，而上层的空气冷却降温缓慢，因此使低层大气产生逆温现象，逆温层好比一个锅盖覆盖在城市上空，使得大气层低空的空气垂直运动受到限制，导致污染物难以向高空飘散而被阻滞在低空和近地面，形成霾。当近地面空气湿度较大、冷空气不足、风速较小时，近地面空气迅速降温使得水汽凝结，易形成轻雾或雾，再与空气中的污染物相遇，使得污染物被雾滴“锁住”，雾、霾同时出现，更加难以扩散，污染加重。西安周边城市常年主导风向分别为渭南东北偏东风、宝鸡东南风、铜川东北风、咸阳西北风，即渭南、咸阳、铜川均位于西安上风向，常年主导风均吹向西安城区，而西安本地主导风向为东北风，如果上游地区有污染出现、均向西安城区输送，再加上南边秦岭山脉的屏障作用，使污染物得以在此堆积，形成雾霾天气。

从西安地区雾霾月度变化情况看，雾霾天气多出现在冬季，夏季较少。一方面是由于采暖季节人们取暖和做饭燃烧大量化石燃料，加之降水稀少，气候干燥，风速较小，大气逆温出现频率和强度较高，污染物不易扩散和稀释，致使大气中的总悬浮颗粒物等污染物大量堆积，形成灰霾天气；而夏季6—10月化石燃料的使用较少，加之气温高、太阳辐射强、空气对流旺盛，使得大污染物容易扩散，同时大量降水的沉降和稀释作用，使大气中气溶胶粒子大量减少，不易形成灰霾天气。另一方面，冬季秦岭山脉对冷空气的阻挡，容易在关中盆地形成“冷湖效应”，进而在近地面易形成逆温层，阻碍大气污染物垂直和水平方向的扩散。

另外，“十三五”期间，西安市按照生态文明体制改革的总体要求，建设“国家森林城市”。自2014年6月1日起西安市施行《西安市城市绿化条例》，近几年，西安的城市绿化情况有了很大发展。但与此同时，西安的人口也在增长，按人口平均，人均公共绿地面积相对较低，在道路、工厂、居民区等人口密度较大、土地面积利用率高的区域绿化建设不够，绿化形式单一，缺乏多样化。

综上所述，我们可以发现，雾霾是局地特征十分明显的现象，其形成是由多种气象条件和环境因素等外因决定的，但是人为因素造成雾霾增多，也是近年来不可忽视的因素。西安地区雾霾的形成主要有三方面因素，即气象条件、人为因素以及西安地区特殊的地形因素。根据雾霾及其空间和时间的分布特征及雾霾形成的具体原因，为减少雾霾对社会和公众造成的不利影响，应当在内因和外因上同时作出有效措施。

六、西安市提升大气环境质量的对策建议

（一）引导市民“经济与环境协调发展”的思维观念

以往“增长至上”的功利化思想对生态环境造成了极大破坏，“增长”等同于“发展”的错误认知必须摒弃。全社会需要共同树立起“保护环境就是保护生产力，改善环境就是发展生产力”的意识和理念，正确处理人与自然的关系，在环境保护的前提下进行合理的开发与利用，让良好的环境成为经济发展的有力保障。各级政府必须改变“以GDP论英雄”的发展思想，杜绝陷入一味追求经济高速发展的误区，并且要在全社会做好引领和宣传工作，打破此前对待环境问题消极防治的做法；企业必须树立起底线思维，不能为了单纯追求经济利益而不顾环境问题，要做到自身可持续发展和全社会可持续发展的统一；公民需要在日常生活中履行好爱护环境的责任和义务，保护好我们共同的生存环境，主动学习和掌握基本的环境治理相关知识和技能。在正确理念的指引下，依靠多方参与共同创造一个绿色协同发展的良好氛围。

（二）打破损害环境的经济发展模式，培育经济增长新动能

以“高投入、高耗能、高污染、低效率”为特征的粗放型发展方式已经不能维持未来西安市经济的健康运行。改变发展方式，减少资源浪费和污染物排放，有利于降低发展给生态环境带来的破坏程度，也可以使经济获得更加稳定充足的发展空间。改变发展方式，首先要加快经济体制改革。政府发挥引导职能的同时，要让市场在资源配置中起决定性作用，避免权力寻租，减少资源浪费，使各类生产要素分配在正确的地方，进而减小对环境的破坏。当然，市场是以追求利益为先导，政府需要在市场失灵时发挥其引导作用，从而起到保护环境的目的；其次，推动要素驱动向创新驱动转变。以科技为支点，大力推动科技创新，提升技术水平，将投资和要素投入为主导的发展方式向创新驱动的发展方式转变，形成新的内生增长动力，从源头上降低污染排放和资源浪费，提高经济发展的绿色含量；最后，加快产业转型升级。一方面要优化提升传统产业，由劳动密集型为主的产业布局向以知识密集型为主的产业布局转变，从而使更多高技

术含量和高附加值产品融入社会；同时，要鼓励发展以金融、物流、信息产业为代表的现代服务行业，让更多优良的服务融入社会。

（三）科学提升空气质量，着重补强自净能力

西安市在治理大气污染过程中“一刀切”现象普遍存在。不少基层政府面对上级的任务要求，为逃避责任不分青红皂白，不看实际情况，简单粗暴地关停企业，这种掩耳盗铃式的治理治标不治本，严重破坏了经济发展，这就需要打破传统的消极防治方式。因此，全市需要在尊重自然规律的前提下，深入了解当地的自然禀赋、经济支柱和发展阶段等特征，杜绝简单粗暴的停止发展或“一刀切”处理，结合当地实际情况制定差异化的治理政策和治理方案，统筹治污减排和生态修复两项工作同时进行，“双管齐下”提高环境治理效率。

在当前经济发展程度相对东中部地区落后的时期，一定不能急于求成。可以加强环境的自净能力用以空气污染的治理。由于城市植被能吸附灰尘、吸收有害气体、调节二氧化碳和氧气比例，因此能很好地净化城市环境空气。城市公园、人行道、庭院中的树木和草坪能通过叶片来吸纳烟灰和粉尘。一般而言，绿化地区上空的飘尘浓度较非绿化地区少10%~15%。树木和草坪还拥有“有害气体净化场”的美称，具备吸收环境空气中的悬浮颗粒物、二氧化硫、氟化氢和氯气等有害物质的功能。

但是随着城市建设的快速发展，城市人口在不断增加，因人为造成的大城市中心地区局部高温现象的热岛效应也日益严重。西安应该在城区内道路、工厂、居民区等人口密度较大、土地面积利用率高的区域，建设公共绿地、附属绿地、居住区绿地、道路系统绿地、楼顶绿地等多种形式的城市绿地，并将城市绿化建设作为控制城市环境空气污染的既经济又有效的措施之一。

（四）以生态建设理念指导城市规划和建设布局

生态建设是人类文明进步的标志，是城市化发展与生态环境和谐的必然方向，是建设理念的升华，是环境意识的觉醒，是发展观念的变革，是城市发展的方向。生态城市是社会和谐、经济高效、生态良性循环的人类居住形式，是自然、城市与人融合为一个有机整体所形成的互惠共生结构，是当今世界城市发展的主要方向。

目前，国外很多城市都在理解生态背景的基础上，调整了发展方向，使城市向着生态城市的方向发展。很多城市通过开展区域生态调查、生态背景分析，以及设定自然敏感区、保护区、限制区、发展区、增长容量等来确保城市生态背景的稳定。实现生态城市与所在区域的、大范围的生态系统联系是实现生态城市的基础和前提，只有城市所在区域的生态环境保持稳定，城市才能得以稳定地发展。将生态城市建设理念应用到西安城市化建设的布局、规划、建设和管理中是治理环境空气污染的长效机制。

（五）完善地区联防联控机制，强化环境保护网格化管理

城市间大气污染是相互影响的，形成PM2.5的污染物可以跨越城市甚至省级的行政边界远距离输送，所以仅从行政区划的角度考虑单个城市大气污染防治难以解决大气污染问题。因此，开展城市之间甚至省级之间的区域大气污染联防联控是解决区域大气污染问题的有效手段。

例如，长三角区域大气污染防治协作机制建立以来，各级政府聚焦能源、产业、交通、建设、农业、生活等领域，加快推进重点治理工作，较好完成了各年度目标任务，预测预报、应急联动、重大科研合作取得积极进展，区域协作有了一个良好开端。

西安市应该借鉴其经验，近期，空气污染加重原因有自然因素，但更多的是人为因素。不断加强的人类活动，南依秦岭、北有黄土高原的地理环境和不利气象条件，使得污染物局部累积，多重因素影响致使空气质量明显变差。关中平原空气污染整体较为严重，受空气污染物运移和地区产业布局、市政建设影响，各主要城市不同时期空气治理重点区域和重点控制污染源不同，全面完善关中平原地区空气污染联防联控机制，可以有效改善大气整体环境，但从实际情况看，关中地区产业布局、能源结构调整、执法监管措施尚未围绕联防联控要求实现统筹决策、统一部署、统一行动。而西安作为中心城市、省会城市，市政府需要落实“协商统筹、责任共担、信息共享、联防联控”的区域协作机制，强化城市之间在环境治理中的组织协调，改进绩效考核方式，降低协调沟通制度成本，推动区域大气污染防治整体进步，加快区域经济、社会、环境协调发展。

网格化管理是把大气污染治理顶层谋划的最先一公里和具体落实的最后一公里结合起来的重要抓手。兰州实行市、区、街道三级领导包抓，建立了网格长、网格员、巡查员、监督员“一长三员”制度，污染防控效果

明显。西安市应进一步强化网格化管理。深化网格长制，实行市委常委和市政府副市长分片包抓铁腕治霾网格化管理工作，每人负责1~2个区县，每半月巡查一次，每一个月现场办公一次，召开协调推进会，解决网格化管理中的突出问题，确保各项措施和要求落到实处。各级编制部门要深入基层进行调研，科学配置一线执法监管力量，保证大气污染问题能够及时处理，有效处置。各级财政部门也要尽快拿出资金保障措施，让基层网格员留得住、愿意干、能干好。另外，为了资金的有效利用，还要对现有城市管理信息化平台有效整合，减少重复建设。

（六）加大宣传力度，强化公众监督

有学者认为，我国环境问题解决的根本途径就是建立多中心环境治理的体制，即：将众多具有不同动机、不同利益追求的异质性社会组织联合起来，共同致力于环境问题的治理。西安应加强对非政府环境组织的支持，形成更多的环保志愿者队伍的力量，发挥他们在环境保护中的作用。要创新群众参与环境保护相关决策的方式方法，使更广泛的群众参与更广泛的政府行政事务中来，群策群力解决环境保护中的难点问题。自2017年以来，市环保局已集中在全市35家集中供热企业安装了实时监测数据显示屏，接受公众监督。往后，应该把对环境有影响的企业（单位）纳入监测目标中，更广泛地发挥市民在推进环保工作中的作用。继续坚持环境违法行动有奖举报制度，并建立举报—监督—反馈—处罚—公告的监管体系，实现从单一执法向社会化执法转变，依靠人民群众打一场全民治霾攻坚战。加强环境治理，一方面要求政府自觉带头行动，做绿色管理者；另一方面还要求企业履行主体责任，做绿色生产者；动员公众积极参与，做绿色消费者。围绕“铁腕治霾·保卫蓝天”，市政府在西安电视台开设了“铁腕治霾”工作专题，跟进全市治霾工作，对西安市空气质量提升起到了重要作用。为了增强企业的责任感，调动广大市民的参与积极性，政府应进一步积极创新宣传方式方法，加大宣传力度，增强宣传效果，让市委、市政府的倡导转变为整个社会的积极行动。

参考文献

[1] 班斓, 袁晓玲, 贺斌. 中国环境污染的区域差异与减排路径[J]. 西安交通大学学报(社会科学版), 2018(3): 42–51.

[2] 曹永辉. 生态承载力持续承载下的经济发展模式研究[J]. 生态经济, 2013(10): 61–64.

[3] 陈红蕾, 陈秋峰. 经济增长、对外贸易与环境污染: 联立方程的估计[J]. 产业经济研究, 2009(3): 29–34.

[4] 陈诗一. 中国各地区低碳经济转型进程评估[J]. 经济研究, 2012, 47(8): 32–44.

[5] 陈晓红, 万鲁河. 城市化与生态环境耦合的脆弱性与协调性作用机制研究[J]. 地理科学, 2013, 33(12): 1450–1457.

[6] 邓楠. 中国的可持续发展与绿色经济——2011中国可持续发展论坛主旨报告[J]. 中国人口・资源与环境, 2012(1): 1–3.

[7] 丁菡, 胡海波. 城市大气污染与植物修复[J]. 南京林业大学学报(人文社会科学版), 2005(2).

[8] 董继元, 王式功, 尚可政. 降水对中国部分城市空气质量的影响分析[J]. 干旱区资源与环境, 2009(9).

[9] 方红卫, 孙世群, 朱雨龙等. 主成分分析法在水质环境中的应用及分析[J]. 环境科学与管理, 2009(12): 152–154.

[10] 方淑荣. 环境科学概论[M]. 北京: 清华大学出版社, 2011.

[11] 封志明, 唐焰, 杨艳昭, 等. 基于GIS 的中国人居环境指数模型的建立与应用[J]. 地理学报, 2008(12): 1327–1336.

[12] 盖美, 胡杭爱, 柯丽娜. 长江三角洲地区资源环境与经济增长脱钩分析[J]. 自然资源学报, 2013, 28(2): 185–198.

[13] 高苇, 李永盛. 矿产资源开发利用的环境效应: 空间格局和演化趋势[J]. 环境经济研究, 2018, 3(1): 76–93.

[14] 谷树忠, 胡咏军, 周洪. 生态文明建设的科学内涵与基本路径[J]. 资源科学, 2013(1): 2–13.

[15] 郭莉, 郭亚军. 区域生态经济评价模型及实证研究[J]. 技术经济, 2006(8): 124–128.

[16] 郭亚军, 马凤妹, 董庆兴. 无量纲化方法对拉开档次法的影响分析[J]. 管理科学学报, 2011, 14(5): 19–28.

[17] 郭亚军. 综合评价理论、方法及应用[M]. 北京: 科学出版社, 2007.

[18] 韩君. 中国区域环境库兹涅茨曲线的稳定性检验——基于省级面板数据[J]. 统计与信息论坛, 2012(8): 56–62.

[19] 何龙斌. 国内污染密集型产业区际转移路径及引申——基于2000—2011年相关工业产品产量面板数据[J]. 经济学家, 2013(6): 78–86.

[20] 贺俊, 刘亮亮, 张玉娟. 税收竞争、收入分权与中国环境污染[J]. 中国人口・资源与环境, 2016, 26(4): 1–7.

[21] 洪大用. 经济增长, 环境保护与生态现代化——以环境社会学为视角[J]. 中国社会科学, 2012(9) : 82–99.

[22] 洪开荣, 浣晓旭, 孙倩. 中部地区资源—环境—经济—社会协调发展的定量评价与比较分析[J]. 经济地理, 2013, 33(12): 16–23.

[23] 洪滔, 王英姿, 何东进等. 武夷山风景名胜区生态旅游环境质量综合评价研究[J]. 地域研究与开发. 2009(2): 117–122.

[24] 侯伟丽, 方浪, 刘硕. “污染避难所”在中国是否存在？——环境管制与污染密集型产业区际转移的实证研究[J]. 经济评论, 2013(4): 65–72.

[25] 胡炜霞, 刘家明, 李明, 朱林珍. 山西煤炭经济替代产业探索[J]. 中国人口・资源与环境, 2016(4).

[26] 胡宗义, 刘亦文, 唐李伟. 低碳经济背景下碳排放的库兹涅茨曲线研究[J]. 统计研究, 2013, 30(2): 73–79.

[27] 黄菁. 环境污染与城市经济增长: 基于联立方程的实证分析[J]. 财贸研究, 2010, 21(5): 8–16.

[28] 黄茂兴, 林寿富. 污染损害、环境管理与经济可持续增长——基于五部门内生经济增长模型的分析[J]. 经济研究, 2013, 48(12): 30–41.

[29] 黄勤, 曾元, 江琴. 中国推进生态文明建设的研究进展[J]. 中国人

口·资源与环境, 2015(2): 111–120.

[30] 黄滢, 刘庆, 王敏. 地方政府的环境治理决策: 基于SO_2减排的面板数据分析[J]. 世界经济, 2016(12): 166–188.

[31] 姜翠玲, 严以新. 水利工程对长江河口生态环境的影响[J]. 长江流域资源与环境, 2003(1).

[32] 金维明, 降水量变化对大气污染物浓度影响分析[J]. 环境保护科学, 2012(1).

[33] 康芒(英), 格尔(英). 生态经济学引论[M]. 北京: 高等教育出版社, 2012.

[34] 李斌, 赵新华. 经济结构、技术进步与环境污染[J]. 财经研究, 2011, 37(5): 112–122.

[35] 李惠娟, 龙如银. 资源型城市环境库兹涅茨曲线研究——基于面板数据的实证分析[J]. 自然资源学报, 2013, 28(1): 19–27.

[36] 李树, 陈刚. 环境管制与生产率增长——以APPCL2000的修订为例[J]. 经济研究, 2013, 48(1): 17–31.

[37] 李小胜, 宋马林, 安庆贤. 中国经济增长对环境污染影响的异质性研究[J]. 南开经济研究, 2013(5): 96–114.

[38] 李玉恒, 刘彦随. 中国城乡发展转型中资源与环境问题解析[J]. 经济地理, 2013, 33(1): 61–65.

[39] 李政大, 刘坤. 中国绿色包容性发展图谱及影响机制分析[J]. 西安交通大学学报(社会科学版), 2018(1): 41–53.

[40] 李政大, 袁晓玲, 杨万平. 环境质量评价研究现状, 困惑和展望[J]. 资源科学, 2014(1): 175–181.

[41] 廖日文, 章燕妮. 生态文明的内涵及其现实意义[J]. 中国人口·资源与环境, 2011(S1): 377–380.

[42] 林伯强, 蒋竺均. 中国二氧化碳的环境库兹涅茨曲线预测及影响因素分析[J]. 管理世界, 2009, 39(4): 27–36.

[43] 刘冰, 张光生, 周青等. 城市环境污染的植物修复[J]. 环境科学与技术, 2005(2).

[44] 刘伯龙, 袁晓玲. 中国省级环境质量动态综合评价及收敛性分析: 1996—2012[J]. 西安交通大学学报(社会科学版), 2015(4): 7–15.

[45] 刘臣辉, 吕信红, 范海燕. 主成分分析法用于环境质量评价的探讨

[J]. 环境科学与管理, 2011(3): 183–186.

[46] 刘传江, 吴晗晗, 胡威. 中国产业生态化转型的IOOE模型分析[J]. 中国人口・资源与环境, 2016(2).

[47] 刘殿国, 郭静如. 中国省域环境效率影响因素的实证研究[J]. 中国人口・资源与环境, 2016(8).

[48] 刘洁, 李文. 中国环境污染与地方政府税收竞争——基于空间面板数据模型的分析[J]. 中国人口・资源与环境, 2013, 23(4): 81–88.

[49] 刘燕华, 周宏春. 中国资源环境形势与可持续发展[M]. 北京: 经济科学出版社, 2001.

[50] 刘志国, 杨永春. 中国西部河谷型城市环境质量评价[J]. 干旱区资源与环境, 2005, 19(3): 10–15.

[51] 绿水青山就是金山银山[N]. 人民日报, 2014–7–11(12).

[52] 马凯. 坚定不移推进生态文明建设[J]. 求是, 2013(9): 3–9.

[53] 马丽, 金凤君, 刘毅. 中国经济与环境污染耦合度格局及工业结构解析[J]. 地理学报, 2012, 67(10): 1299–1307.

[54] 马丽梅, 张晓. 中国雾霾污染的空间效应及经济、能源结构影响[J]. 中国工业经济, 2014(4): 19–31.

[55] 梅国平, 龚海林. 环境规制对产业结构变迁的影响机制研究[J]. 经济经纬, 2013(2): 72–76.

[56] 梅宁, 尹凤, 陆虹涛. 湿度变化对气体污染物扩散影响的研究[J]. 中国海洋大学学报(自然科学版), 2006(5).

[57] 宁吉喆. 贯彻新发展理念 推动高质量发展[J]. 求是, 2018(3): 29–31.

[58] 牛振国, 孙桂凤. 近10年中国可持续发展研究进展与分析[J]. 中国人口・资源与环境, 2007(3): 122–128.

[59] 彭向刚, 向俊杰. 中国三种生态文明建设模式的反思与超越[J]. 中国人口・资源与环境, 2015(3): 12–18.

[60] 齐结斌, 胡育蓉. 环境质量与经济增长——基于异质性偏好和政府视界的分析[J]. 中国经济问题, 2013(5): 28–38.

[61] 钱争鸣, 刘晓晨. 中国绿色经济效率的区域差异与影响因素分析[J]. 中国人口・资源与环境, 2013, 23(7): 104–109.

[62] 秦书生, 杨硕. 习近平的绿色发展思想探析[J]. 理论学刊, 2015(6): 11–19.

[63] 屈文波. 中国区域生态效率的时空差异及驱动因素[J]. 华东经济管理, 2018, 32(2): 59–66.

[64] 荣宏庆. 论我国新型城镇化建设与生态环境保护[J]. 现代经济探讨, 2013(8): 5–9.

[65] 邵波, 陈兴鹏. 甘肃省生态环境质量综合评价的AHP分析[J]. 干旱区资源与环境. 2005(4): 29–32.

[66] 邵帅, 李欣, 曹建华, 等. 中国雾霾污染治理的经济政策选择——基于空间溢出效应的视角[J]. 经济研究, 2016, 51(9): 73–88.

[67] 沈费伟, 刘祖云. 农村环境善治的逻辑重塑[J]. 中国人口・资源与环境, 2016(5).

[68] 沈锋. 上海市经济增长与环境污染关系的研究——基于环境库兹涅茨理论的实证分析[J]. 财经研究, 2008, 34(9): 81–90.

[69] 宋马林, 王舒鸿. 环境规制、技术进步与经济增长[J]. 经济研究, 2013, 48(3): 122–134.

[70] 宋涛, 郑挺国, 佟连军. 环境污染与经济增长之间关联性的理论分析和计量检验[J]. 地理科学, 2007, 27(2): 156–162.

[71] 隋玉正, 史军, 崔林丽. 上海市人居生态质量综合评价研究[J]. 长江流域资源与环境, 2013, 22(8): 965.

[72] 谭娟, 陈晓春. 基于产业结构视角的政府环境规制对低碳经济影响分析[J]. 经济学家, 2011(10): 91–97.

[73] 童玉芬, 王莹莹. 中国城市人口与雾霾: 相互作用机制路径分析[J]. 北京社会科学, 2014(5): 4–10.

[74] 涂正革. 环境、资源与工业增长的协调性[J]. 经济研究, 2008(2): 93–105.

[75] 汪克亮, 杨力, 杨宝臣, 程云鹤. 能源经济效率、能源环境绩效与区域经济增长[J]. 管理科学, 2013, 26(3): 86–99.

[76] 王红梅. 中国环境规制政策工具的比较与选择[J]. 中国人口・资源与环境, 2016(9).

[77] 王蕾, 王志, 刘连友等. 城市园林植物生态功能及其评价与优化研究进展[J]. 环境污染与防治, 2006, 28(1).

[78] 王敏, 黄滢. 中国的环境污染与经济增长[J]. 经济学(季刊), 2015, 14(2): 557–578.

[79] 土庆喜, 钱遂, 庞尧. 环境约束下中国工业化与城镇化的关系演变——效率分析视角[J]. 地理科学, 2017(3): 1–10.

[80] 王让会, 宋郁东, 樊自立, 等. 新疆塔里木河流域生态脆弱带的环境质量综合评价[J]. 环境科学, 2001.

[81] 王西琴, 李芬. 天津市经济增长与环境污染水平关系[J]. 地理研究, 2005, 24(6): 834–842.

[82] 习近平. 决胜全面建成小康社会 夺取新时代中国特色社会主义伟大胜利——在中国共产党第十九次全国代表大会上的讲话[M]. 北京: 人民出版社, 2017.

[83] 夏光, 李丽平, 高颖楠等. 国外生态环境保护经验与启示[M]. 北京: 社会科学文献出版社, 2017.

[84] 夏华永, 李绪录, 韩康. 大鹏湾环境容量研究 Ⅰ: 自净能力模拟分析[J]. 中国环境科学, 2011, 31(12): 2031–2038.

[85] 肖兴志, 李少林. 环境规制对产业升级路径的动态影响研究[J]. 经济理论与经济管理, 2013(6): 102–112.

[86] 熊学萍, 何劲, 陶建平. 农村金融生态环境评价与影响因素分析[J]. 统计与决策, 2013(2): 100–103.

[87] 许俊杰. 城市总体环境质量的二级模糊综合评价[J]. 统计研究. 2002(3): 52–54.

[88] 杨继生, 徐娟, 吴相俊. 经济增长与环境和社会健康成本[J]. 经济研究, 2013, 48(12): 17–29.

[89] 杨龙, 胡晓珍. 基于DEA的中国绿色经济效率地区差异与收敛分析[J]. 经济学家, 2010(2): 46–54.

[90] 杨孟禹, 蔡之兵, 张可云. 中国城市规模的度量及其空间竞争的来源——基于全球夜间灯光数据的研究[J]. 财贸经济, 2017, 38(3): 38–51.

[91] 杨万平, 袁晓玲. 对外贸易、FDI对环境污染的影响分析[J]. 世界经济研究, 2008(12): 62–68.

[92] 杨万平. 中国省级环境污染的动态综合评价及影响因素[J]. 经济管理, 2010, 32(8): 159–165.

[93] 杨文兰. 安徽省经济与环境保护协调发展的实证研究[J]. 财贸研究, 2011(3): 56–60.

[94] 杨子晖, 田磊. “污染天堂”假说与影响因素的中国省级研究[J]. 世

界经济, 2017, 40(5): 148–172.

[95] 叶文虎, 唐剑武. 可持续发展的衡量方法及衡量指标初探. 可持续发展之路, 2010(8): 159–165.

[96] 叶文虎, 张月娥. 论环境科学中的一些基本概念[J]. 中国人口・资源与环境, 1993(4): 14–18.

[97] 叶亚平, 刘鲁君. 中国省域生态环境质量评价指标体系研究[J]. 环境科学研究, 2000(3).

[98] 于维洋, 许良. 京津冀区域生态环境质量综合评价研究[J]. 干旱区资源与环境. 2008(9): 20–24.

[99] 俞雅乖. 我国财政分权与环境质量的关系及其地区特性分析[J]. 经济学家, 2013(9): 60–67.

[100] 袁晓玲, 班斓. 中国经济增长的动力转换与区域差异——基于包含资源、环境的非参数核算框架的经济增长分解[J]. 陕西师范大学学报(哲学社会科学版), 2017, 46(3): 48–59.

[101] 袁晓玲, 邸勍, 李政大. 改革开放40年中国经济发展与环境质量的关系分析[J]. 西安交通大学学报(社会科学版), 2018, 38(6): 108–113.

[102] 袁晓玲, 景行军, 李政大. 中国生态文明及其区域差异研究——基于强可持续视角[J]. 审计与经济研究, 2016, 31(1): 92–101.

[103] 袁晓玲, 李政大, 刘伯龙. 中国区域环境质量动态综合评价[J]. 长江流域资源与环境, 2013(1): 118–128.

[104] 袁晓玲, 吕文凯, 李政大. 中国区域发展非平衡格局的形成机制与实证检验——基于绿色发展视角[J]. 河南师范大学学报(哲学社会科学版), 2018, 45(5): 27–32.

[105] 袁晓玲, 李政大. 中国环境动态变化, 区域差异和影响机制[J]. 经济科学, 2013, 35(6): 59–76

[106] 袁晓玲, 许杨, 徐玉菁. 基于综合排放净化视角的中国省域经济与环境状况分析[J]. 统计与信息论坛, 2011(4): 30–34.

[107] 袁晓玲, 杨万平, 刘伯龙. 中国环境质量综合评价报告2013[M]. 西安: 西安交通大学出版社, 2015.

[108] 袁晓玲, 杨万平, 刘伯龙. 中国环境质量综合评价报告2014[M]. 西安: 西安交通大学出版社, 2016.

[109] 袁晓玲, 张宝山, 杨万平. 基于环境污染的中国全要素能源效率研

究[J]. 中国工业经济, 2009(2): 79-96.

[110] 袁晓玲, 张剑, 王仑. 将环境吸收因子纳入成本的厂商区位投资分析[J]. 西安交通大学学报(社会科学版), 2005(3): 15-19.

[111] 袁晓玲, 张跃胜, 杨万平, 吴忠涛, 邸勍. 中国环境质量综合评价报告2017[M]. 北京: 中国经济出版社, 2018.

[112] 原毅军, 刘柳. 环境规制与经济增长: 基于经济型规制分类的研究[J]. 经济评论, 2013(1): 27-33.

[113] 原毅军, 谢荣辉. 环境规制的产业结构调整效应研究——基于中国省级面板数据的实证检验[J]. 中国工业经济, 2014(8): 57-69.

[114] 张高丽. 大力推进生态文明 努力建设美丽中国[J]. 求是, 2013(24): 3-11.

[115] 张红凤, 周峰, 杨慧. 环境保护与经济发展双赢的规制绩效实证分析[J]. 经济研究, 2009, 44(3): 14-26.

[116] 张华, 曹月, 武晶, 等. 科尔沁沙地生态环境质量综合评价[J]. 中国人口・资源与环境, 2008(2): 125-128.

[117] 张圣兵, 王松, 崔向阳. 引入自由时间的小康社会指标体系及评价[J]. 管理学刊, 2017, 30(5): 1-12.

[118] 张文彬, 李国平. 环境保护与经济发展的利益冲突分析——基于各级政府博弈视角[J]. 中国经济问题, 2014(6): 16-25.

[119] 张芸, 王秀兰, 李兵. 白洋淀污染机理及防治探讨[J]. 水资源保护, 1999(4): 29-32.

[120] 郑思齐, 万广华, 孙伟增, 罗党论. 公众诉求与城市环境治理[J]. 管理世界, 2013(6): 72-84.

[121] 周生贤. 积极建设生态文明[J]. 求是, 2009(22): 30-32.

[122] 周亚敏, 黄苏萍. 经济增长与环境污染的关系研究[J]. 国际贸易问题, 2010(1): 25-29.

[123] 朱承亮, 岳宏志, 师萍. 环境约束下的中国经济增长效率研究[J]. 数量经济技术经济研究, 2011(5): 3-20.

[124] 朱晓华, 杨秀春, 谢志仁. 江苏省生态环境质量动态评价研究[J]. 经济地理. 2002(1): 97-100.

[125] Akbostanci E., Türüt-Asik S., Tunç G., I. The relationship between income and environment in Turkey: Is there an environmental Kuznets curve? [J].

Energy Policy, 2009, 37(3): 861–867.

[126] Anselin L., Local indicators of spatial association–LISA[J]. *Geographical Analysis*, 1995, 27(2): 93–115.

[127] Bartz S., Kelly D. L., Economic growth and the environment: Theory and facts [J]. *Resource and Energy Economics*, 2008, 30(2): 115–149.

[128] Bertinelli L., Strobl E., Zou B., Sustainable Economic Development and the Environment: Theory and Evidence[J]. *Energy Economics*, 2012, 34(4): 1105–1114.

[129] Bhargava D. S., Expression for drinking water supply standards[J]. *Journal of Environment Engineer*, 1985, 111(3): 304–316.

[130] Caviglia–Harris J. L., Chambers D., Kahn J. R., Taking the "U" out of Kuznets: A comprehensive analysis of the EKC and environmental degradation[J]. *Ecological Economics*, 2009, 68(4): 1149–1159.

[131] Chen T. B., Zheng Y. M., Lei M., et al., Assessment of heavy metal pollution in surface soils of urban parks in Beijing, China[J]. *Chemosphere*, 2005, 60(4): 542–551.

[132] Culas R. J., Deforestation and the environmental Kuznets curve: An institutional perspective[J]. *Ecological Economics*, 2007, 61(2): 429–437.

[133] Dai Y., Wang D. G., Numerical study on the purification performance of riverbank[J]. *Journal of Hydrodynamics*, 2007, 19(5): 643–652.

[134] Dasgupta S., Hamilton K., Pandey K. D., et al., Environment during growth: Accounting for governance and vulnerability [J]. *World Development*, 2006, 34(9): 1597–1611.

[135] Dinius S. H., Social accounting system for evaluating water resources[J]. *Water Res*, 1972, 8(5): 1159–1177.

[136] Dojlido J., Raniszewski J., Woyciechowska J., Water quality indexapplication for rivers in Vistula River Basin in Poland[J]. *Water Science Technology*, 1994, 30(10): 57–64.

[137] Esmaeili A., Abdollahzadeh N., Oil Exploitation and the Environmental Kuznets Curve[J]. *Energy Policy*, 2009(37): 371–374.

[138] Fang J., Yu G., Liu L. et al., Climate change, human impacts, and carbon sequestration in China[J]. *Proceedings of the National Academy of*

Sciences, 2018, 115(16): 4015.

[139] Fare R., Grosskopf S., Pasurka Jr. C. A., Toxic releases: An environmental performance index for coal-fired power plants[J]. *Energy Economics*, 2010, 32(1): 158-165.

[140] Fujii S., Cha H., Kagi N., et al., Effects on air pollutant removal by plant absorption and adsorption[J]. *Building and Environment*, 2005, 40(1): 105-112.

[141] Gawande K., Bohara A. K., Berrens R. P., et al., Internal migration and the environmental Kuznets curve for US hazardous waste size[J]. *Ecological Economics*, 2000, 33(1): 151-166.

[142] Getis A., Ord J. K., The analysis of spatial association by use of distance statistics[J]. *Geographical Analysis*, 1992, 24(3): 189-206.

[143] Grossman G. M., Krueger A. B., Environmental Impacts of a North American Free Trade Agreement[J]. *Social Science Electronic Publishing*, 1991, 8(2): 223-250.

[144] Holm S. O., Englund G., Increased ecoefficiency and gross rebound effect: Evidence from USA and six European countries 1960—2002[J]. *Ecological Economics*, 2009, 68(3): 879-887.

[145] Huang W. M., Lee G. W. M., Wu C. C., GHG emissions, GDP growth and the Kyoto protocol: A revisit of environmental Kuznets curve hypothesis [J]. *Energy Policy*, 2008, 36(1): 239-247.

[146] Inhaber H., An approach to a water quality index for Canada[J]. *Water Res*, 1975(9): 821-833.

[147] Kahalas H., Groves D. L., Ecology, pollution and business: A proposed planning solution[J]. *Long Range Planning*, 2011, 11(6): 62 -66.

[148] Kumi E., Arhin A. A., Yeboah T., Can post-2015 sustainable development goals survive neoliberalism? A critical examination of the sustainable development-neoliberalism nexus in developing countries[J]. *Environment Development & Sustainability*, 2014, 16(3): 539-554.

[149] Kuo Y. M., Wang S. W., Jang C. S., et al., Identifying the factors influencing PM2.5 in southern Taiwan using dynamic factor analysis[J]. *Atmospheric Environment*, 2011, 45(39): 7276-7285.

[150] Lesage R. K., Spatial Econometric Modeling of Origin-Destination

Flows[J]. *Journal of Regional Science*, 2008, 48(5): 941–967.

[151] Li W. X., Zhang X. X., Wu B., et al., A comparative analysis of environmental quality assessment methods for heavy metal contaminated soils[J]. *Pedosphere*, 2008, 18(3): 344–352.

[152] Lindmark M., An EKC–pattern in historical perspective carbon dioxide emission, technology, fuel prices and growth in Sweden1870–1997[J]. *Ecological Economics*, 2002, 42(1): 333–347.

[153] Liu X. Z., Heilig G. K., Chen J., et al., Interactions between economic growth and environmental quality in Shenzhen, China, the first special economic zone[J]. *Ecological Economics*, 2007, 62(3): 559–570.

[154] Luzzati T., Orsini M., Investigating the energy environmental Kuznets curve [J]. *Energy*, 2009, 34(3): 291–300.

[155] Managi S., Jena P. R., Environmental productivity and Kuznets Curve in India[J]. *Ecological Economics*, 2008, 65(2): 432–440.

[156] Merlevede B., Verbeke T., De Clereq M., The EKC for SO_2: Does firm size matter [J]. *Ecological Economics*, 2006, 59(4): 451–461.

[157] Pao H. T., Fu H. C., Competition and stability analyses among emissions, energy, andeconomy: Application for Mexico[J]. *Energy*, 2015, 82(3): 98–107.

[158] Ritter A., Regalado C. M., Muñoz–Carpena R., Temporal common trends of topsoil water dynamics in a humid subtropical forest watershed[J]. *Vadose Zone Hydrology*, 2009, 8(2): 437–449.

[159] Roca J., Serrano M., Income growth and atmospheric pollution in Spain: An input–output approach[J]. *Ecological Economics*, 2007, 63(1): 230–242.

[160] Sadiq R., Haji S. A., Cool G., et al., Using penalty functions to evaluate aggregation models for environmental indices[J]. *Journal of Environmental Management*, 2010, 91(3): 706–716.

[161] Sadiq R., Rodrigucz M. J., Fuzzy synthetic evaluation of disinfection byproducts a risk–based indexing system[J]. *Journal of Environmental Management*, 2004, 73(1): 1–13.

[162] Sadiq R, Tesfamariam S., Ordered weighted averaging(OWA)operators for developing water quality indices using probabilistic density functions[J].

Europe Journal of Operation Research, 2007, 182(3): 1350–1368.

[163] Smith D. G., A better water quality indexing system for rivers and streams[J]. *Water Res*, 1990, 24(10): 1237–1244.

[164] Song G., Li Y., The Effect of Reinforcing the Concept of Circular Economy in West China Environmental Protection and Economic Development[J]. *Procedia Environmental Sciences*, 2011, 20(12): 785–792.

[165] Song T., Zheng T., Tong L., An empirical test of the environmental Kuznets curve in China: A Panel cointegration approach[J]. *China Economic Review*, 2008, 19(3): 381–392.

[166] Stem D. I., The Rise and Fall of the Environmental Kuznets Curve[J]. *World Development*, 2004, 32(8): 1419–1439.

[167] Tian S., Wang Z., Shang H., Study on the self-purification of Jumariver[M]. *Procedia Environmental Science*, 2011, 11: 1328–1333.

[168] Tian X., Ju M., Shao C., et al., Developing a new grey dynamic modeling system for evaluation of biology and pollution indicates of the marine environment in coastal areas[J]. *Ocean & Coastal Management*, 2011, 54(10): 750–759.

[169] Tran L. T., Knight C. G., O' Neill R. V., et al., Integrated environmental assessment of the mid-Atlantic region with analytical networkprocess[J]. *Environmental Monitoring and Assessment*, 2004, 94(1–3): 263–277.

[170] Vagnetti R., Miana P., Fabris M., et al., Self-purification ability of a resurgence stream[J]. *Chemosphere*, 2003, 52(10): 1781–1795.

[171] Wang X. D., Zhong X. H., Liu S. Z., et al., Regional assessment of environmental vulnerability in the Tibetan Plateau: Development and application of a new method[J]. *Journal of Arid Environments*, 2008, 72(10): 1929–1939.

[172] Wei Z. Y., Wang D. F., Zhou H. P., et al., Assessment of soil heavymetal pollution with principal component analysis and geoaccumulation index[J]. *Environmental Sciences*, 2011, (10): 1946–1952.

[173] Yang C. L., Strategy of Chongqing Rural Labor Resources Development: From the Respective of Urban-Rural Coordinated Development[J]. *Management Science & Engineering*, 2014, 8(1): 73–77.

[174] Zhang Y., Song W., Nuppenau E. A., Farmers' Changing Awareness of Environmental Protection in the Forest Tenure Reform in China[J]. *Society & Natural Resources*, 2016, 29(3): 299–310.